高等学校算法类课程系列教材

算法设计与分析基础

（C++版）学习和实验指导

◎ 李春葆 陈良臣 喻丹丹 编著

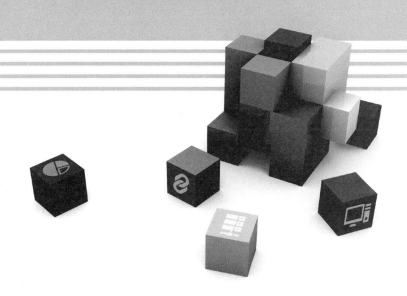

清华大学出版社

北京

内容简介

本书是《算法设计与分析基础(C++版)(微课视频版)》(李春葆等,清华大学出版社)的配套学习和实验指导书,给出了主教材中所有单项选择题、问答题、上机实验题和在线编程题的参考答案,通过研习有助于提高读者灵活运用算法设计策略解决实际问题的能力。书中列出了所有题目,自成一体,可以脱离主教材单独使用。

本书适合高等学校计算机及相关专业本科生及研究生使用,也适合 IT 企业面试者和编程爱好者研习。

图书在版编目(CIP)数据

算法设计与分析基础(C++版)学习和实验指导/李春葆,陈良臣,喻丹丹编著.—北京:清华大学出版社,2023.6
高等学校算法类课程系列教材
ISBN 978-7-302-62636-7

Ⅰ.①算… Ⅱ.①李… ②陈… ③喻… Ⅲ.①算法设计—高等学校—教学参考资料 ②算法分析—高等学校—教学参考资料 ③C 语言—程序设计—高等学校—教学参考资料 Ⅳ.①TP301.6 ②TP312.8

中国国家版本馆 CIP 数据核字(2023)第 019729 号

策划编辑:魏江江
责任编辑:王冰飞
封面设计:刘　键
责任校对:时翠兰
责任印制:杨　艳

出版发行:清华大学出版社
　　　　网　　　址:http://www.tup.com.cn,http://www.wqbook.com
　　　　地　　　址:北京清华大学学研大厦 A 座　　　邮　　编:100084
　　　　社 总 机:010-83470000　　　　邮　　购:010-62786544
　　　　投稿与读者服务:010-62776969,c-service@tup.tsinghua.edu.cn
　　　　质量反馈:010-62772015,zhiliang@tup.tsinghua.edu.cn
　　　　课件下载:http://www.tup.com.cn,010-83470236
印 装 者:三河市君旺印务有限公司
经　　销:全国新华书店
开　　本:185mm×260mm　　印　张:17.75　　　　字　　数:434 千字
版　　次:2023 年 6 月第 1 版　　　　　　　　　印　　次:2023 年 6 月第 1 次印刷
印　　数:1～1500
定　　价:49.80 元

产品编号:095789 01

前 言 Preface

党的二十大报告指出,教育、科技、人才是全面建设社会主义现代化国家的基础性、战略性支撑。必须坚持科技是第一生产力、人才是第一资源、创新是第一动力,深入实施科教兴国战略、人才强国战略、创新驱动发展战略,开辟发展新领域新赛道,不断塑造发展新动能新优势。

本书是《算法设计与分析基础(C++版)(微课视频版)》(李春葆等,清华大学出版社,以下简称为《教程》)的配套学习和实验指导书。全书分为9章,与《教程》的各章相同。本书包含单项选择题93道、问答题103道、算法设计题93道,所有题目均给出了详细的解题思路和参考答案;上机实验题31道,所有实验题均给出了详细的解题思路、实验参考程序和实验测试结果;在线编程题70道,与相关知识点对应,难度适中,其中27道选自力扣中国,23道选自HDU网站,20道选自POJ网站,所有在线编程题给出了解题思路、提交可通过(Accept)的源代码、执行时间和空间信息。

本书提供所有算法设计题、上机实验题和在线编程题的程序源码。书中所有程序的调试和运行环境为Dev C++5,读者稍加修改也可以在其他C++编译器中运行。书中同时列出了全部单项选择题、问答题、算法设计题、上机实验题和在线编程题(英文题目均翻译为中文),因此自成一体,可以脱离《教程》单独使用。

资源下载提示

源码等资源:扫描封底的文泉云盘防盗码,再扫描目录上方的二维码下载。

格式说明:举例来说,第2章的所有源代码位于ch2文件夹中,ch2\Example为第2章的所有算法设计题的源代码(如其中exercise2-3.cpp为算法设计题3的源文件),ch2\Exp为第2章的所有上机实验题的源代码(如其中exp2-2.cpp为上机实验题2的源文件),ch2\OJ为第2章的所有在线编程题的源代码(按在线编程题编号命名,如其中POJ1988.cpp为POJ1988题目的源文件)。

本书第1、3、4章由中国劳动关系学院陈良臣编写,第2章和第9章

由武汉大学喻丹丹编写,第5～8章由武汉大学李春葆编写,李春葆负责全书的规划和统稿工作。本书的出版得到清华大学出版社魏江江分社长的全力支持,王冰飞老师给予精心编辑,力扣中国、POJ 和 HDU 网站提供了无私的帮助,编者在此一并表示衷心感谢。

尽管编者不遗余力,但由于水平所限,本书仍可能存在不足,敬请教师和同学们批评指正。

编　者

2023 年 5 月

目 录 Contents

源码下载

第5章 回溯法 /113

第6章 分支限界法 /155

第9章　NP完全问题　/272

第 1 章　概论

1.1　单项选择题及其参考答案 ✳

1. 下列关于算法的说法中正确的有_____。

Ⅰ. 求解任何问题的算法是唯一的

Ⅱ. 算法必须在有限步操作之后停止

Ⅲ. 算法的每一步操作必须是明确的,不能有歧义或含义模糊

Ⅳ. 算法执行后一定产生确定的结果

  A. 一个   B. 两个   C. 3个   D. 4个

答: 由于算法具有有穷性、确定性和输出性,所以Ⅱ、Ⅲ、Ⅳ正确,而解决某一个问题的算法不一定是唯一的。答案为 C。

2. 算法分析的目的是_____。

  A. 找出数据结构的合理性   B. 研究算法中输入和输出的关系

  C. 分析算法的效率以求改进   D. 分析算法的易读性和可行性

答: 算法分析即算法性能分析,包括时间复杂度和空间复杂度分析,其目的是改进算法的效率。答案为 C。

3. 以下关于算法的说法中正确的是_____。

  A. 算法最终必须用计算机程序实现 B. 算法等同于程序

  C. 算法的可行性是指指令不能有二义性 D. 以上几个都是错误的

答: 算法最终不一定用计算机程序实现。算法具有有穷性,而程序不必具有有穷性。算法的确定性是指指令不能有二义性。答案为 D。

4. 在采用C++语言描述算法时通常输出参数用_____形参表示。

    A. 指针   B. 引用   C. 传值   D. 常值

答：输出参数应该用引用形参表示。答案为B。

5. 某算法的时间复杂度为$O(n^2)$，表明该算法的_____。

    A. 问题规模是n^2 B. 执行时间等于n^2

    C. 执行时间与n^2成正比   D. 问题规模与n^2成正比

答：算法的时间复杂度是问题规模n的函数，时间复杂度为$O(n^2)$表示该算法的上界为n^2，即执行时间与n^2成正比。答案为C。

6. 下述表达中不正确的是_____。

    A. $n^2/2+2^n$的渐进表达式上界函数是$O(2^n)$

    B. $n^2/2+2^n$的渐进表达式下界函数是$\Omega(2^n)$

    C. $\log_2 n^3$的渐进表达式上界函数是$O(\log_2 n)$

    D. $\log_2 n^3$的渐进表达式下界函数是$\Omega(n^3)$

答：$n^2/2+2^n=O(2^n)$，$n^2/2+2^n=\Omega(2^n)$，$\log_2 n^3=3\log_2 n=O(\log_2 n)$。答案为D。

7. 当输入规模为n时，算法增长率最快的是_____。

    A. 5^n B. $20\log_2 n$ C. $2n^2$ D. $3n\log_3 n$

答：5^n是指数级的，其他为多项式级的。答案为A。

8. 设n是描述问题规模的非负整数，下面程序片段的时间复杂度为_____。

```
int x=2;
while (x<n/2)
    x=2*x;
```

    A. $O(\log_2 n)$ B. $O(n)$ C. $O(n\log_2 n)$ D. $O(n^2)$

答：该算法中的基本操作是$x=2*x$，设其执行时间为$f(n)$，则有$2^{f(n)}\leqslant n/2$，即$f(n)<\log_2(n/2)=O(\log_2 n)$。答案为A。

9. 下面的算法段针对不同的正整数n做不同的处理，其中函数odd(n)是当n是奇数时返回true，否则返回false。

```
while (n>1)
{   if (odd(n))
        n=3*n+1;
    else
        n=n/2;
}
```

该算法所需计算时间的下界是_____。

    A. $\Omega(2^n)$ B. $\Omega(n\log_2 n)$ C. $\Omega(n!)$ D. $\Omega(\log_2 n)$

答：算法的下界是考虑最好的情况，该算法最好的情况是 $n = 2^k$，$k = \log_2 n$，此时 while 循环仅执行 k 次 n=n/2 语句，对应的时间复杂度为 $\Omega(\log_2 n)$。答案为 D。

10. 某算法的空间复杂度为 $O(1)$，则＿＿＿＿＿＿。

    A. 该算法执行不需要任何辅助空间

    B. 该算法执行所需辅助空间大小与问题规模 n 无关

    C. 该算法执行不需要任何空间

    D. 该算法执行所需空间大小与问题规模 n 无关

答：算法的空间复杂度表示执行该算法所需辅助空间大小与问题规模 n 的关系，空间复杂度为 $O(1)$ 表示所需辅助空间大小与问题规模 n 无关。答案为 B。

1.2 问答题及其参考答案

1. 什么是算法？算法有哪些特性？

答：算法是求解问题的一系列计算步骤。算法具有有限性、确定性、可行性、输入性和输出性 5 个重要特性。

2. 判断一个大于 2 的正整数 n 是否为素数的方法有多种，给出两种算法，说明其中一种算法更好的理由。

答：判断一个大于 2 的正整数 n 是否为素数的两种算法如下。

```
#include <stdio.h>
#include <math.h>
bool isPrime1(int n)              //算法1
{   for (int i=2;i<n;i++)
        if (n%i==0)               //n能够被i整除
            return false;
    return true;
}
bool isPrime2(int n)              //算法2
{   for (int i=2;i<=(int)sqrt(n);i++)
        if (n%i==0)               //n能够被i整除
            return false;
    return true;
}
int main()
{   int n=5;
    printf("%d,%d\n",isPrime1(n),isPrime2(n));
    return 0;
}
```

算法 1 的时间复杂度为 $O(n)$，算法 2 的时间复杂度为 $\sqrt{n}$，所以算法 2 更好。

3. 写出下列阶函数从低到高的顺序。

$2^n, 3^n, \log_2 n, n!, n\log_2 n, n^2, n^n, 10^3$

答：$10^3, \log_2 n, n\log_2 n, n^2, 2^n, 3^n, n!, n^n$。

4. XYZ公司宣称他们最新研制的微处理器的运行速度为其竞争对手 ABC 公司同类产品的 100 倍。对于时间复杂度分别为 n、n^2、n^3 和 $n!$ 的各算法，若用 ABC 公司的计算机在一小时内能解决输入规模为 n 的问题，那么用 XYZ 公司的计算机在一小时内分别能解决输入规模为多大的问题？

答：XYZ公司的计算机在一小时内能解决的问题规模为 n'，则

(1) 对于时间复杂度为 n 的算法，$n'=100n$。

(2) 对于时间复杂度为 n^2 的算法，$(n')^2 = 100n^2$，则 $n'=10n$。

(3) 对于时间复杂度为 n^3 的算法，$(n')^3 = 100n^3$，则 $n' = \sqrt[3]{100}\,n \approx 4.64n$。

(4) 对于时间复杂度为 $n!$ 的算法，$n'! = 100n!$，则 $n' < +\log_2 100 = n + 6.64$。

5. 试证明以下关系成立：

(1) $10n^2 - 2n = \Theta(n^2)$

(2) $2^{n+1} = \Theta(2^n)$

证明：(1) 因为 $\lim\limits_{n \to \infty} \dfrac{10n^2 - 2n}{n^2} = 10$，所以 $10n^2 - 2n = \Theta(n^2)$ 成立。

(2) 因为 $\lim\limits_{n \to \infty} \dfrac{2^{n+1}}{2^n} = 2$，所以 $2^{n+1} = \Theta(2^n)$ 成立。

6. 试证明 $O(f(n)) + O(g(n)) = O(\max\{f(n), g(n)\})$。

证明：对于任意 $f_1(n) \in O(f(n))$，存在正常数 c_1 和正常数 n_1，使得对所有 $n \geq n_1$ 有 $f_1(n) \leq c_1 f(n)$。

类似地，对于任意 $g_1(n) \in O(g(n))$，存在正常数 c_2 和自然数 n_2，使得对所有 $n \geq n_2$ 有 $g_1(n) \leq c_2 g(n)$。

令 $c_3 = \max\{c_1, c_2\}$，$n_3 = \max\{n_1, n_2\}$，$h(n) = \max\{f(n), g(n)\}$。则对于所有的 $n \geq n_3$ 有 $f_1(n) + g_1(n) \leq c_1 f(n) + c_2 g(n) \leq c_3 f(n) + c_3 g(n) = c_3(f(n) + g(n)) \leq 2c_3 \max\{f(n), g(n)\} = 2c_3 h(n) = O(\max\{f(n), g(n)\})$。

7. 试证明 $\max(f(n), g(n)) = \Theta(f(n) + g(n))$。

证明：当 n 足够大时，显然有 $0 \leq \max(f(n), g(n)) \leq f(n) + g(n)$。

假设 $f(n) \leq g(n)$，则

$$\max(f(n), g(n)) = g(n) = \frac{1}{2}g(n) + \frac{1}{2}g(n) \geq \frac{1}{2}f(n) + \frac{1}{2}g(n) = \frac{1}{2}(f(n) + g(n))$$

假设 $f(n) \geq g(n)$，则

$$\max(f(n), g(n)) = f(n) = \frac{1}{2}f(n) + \frac{1}{2}f(n) \geq \frac{1}{2}f(n) + \frac{1}{2}g(n) = \frac{1}{2}(f(n) + g(n))$$

所以总有 $\max(f(n), g(n)) \geq \frac{1}{2}(f(n) + g(n))$ 成立。

合并起来：

$$\frac{1}{2}(f(n) + g(n)) \leq \max(f(n) + g(n)) \leq (f(n) + g(n))$$

即 $\max(f(n),g(n))=\Theta(f(n)+g(n))$。

8. 证明若 $f(n)=O(g(n))$，则 $g(n)=\Omega(f(n))$。

证明：若 $f(n)=O(g(n))$，有 $\lim\limits_{n\to\infty}\dfrac{f(n)}{g(n)}=c\ne\infty$，则 $\lim\limits_{n\to\infty}\dfrac{g(n)}{f(n)}=\dfrac{1}{c}\ne 0$，所以有 $g(n)=\Omega(f(n))$。

9. 试证明如果一个算法在平均情况下的时间复杂度为 $\Theta(g(n))$，则该算法在最坏情况下的时间复杂度为 $\Omega(g(n))$。

证明：设该算法在平均情况下的执行时间为 $f_1(n)$，在最坏情况下的执行时间为 $f_2(n)$。由于平均时间复杂度为 $\Theta(g(n))$，则 $c_1 g(n)\leqslant f_1(n)\leqslant c_2 g(n)$，其中 c_1 和 c_2 均为正常量。根据定义可知算法最坏情况下的执行时间 $f_2(n)\geqslant$ 平均情况下的执行时间 $f_1(n)\geqslant c_1 g(n)$，所以有 $f_2(n)\geqslant c_2 g(n)$，即 $f_2(n)=\Theta(g(n))$。

10. 化简下面 $f(n)$ 函数的渐进上界表达式。

(1) $f_1(n)=n^2/2+3^n$

(2) $f_2(n)=2^{n+3}$

(3) $f_3(n)=\log_2 n^3$

(4) $f_4(n)=2^{\log_2 n^2}$

(5) $f_5(n)=\log_2 3^n$

答：(1) $f_1(n)=O(3^n)$

(2) $f_2(n)=2^{n+3}=8\times 2^n=O(2^n)$

(3) $f_3(n)=\log_2 n^3=3\log_2 n=O(\log_2 n)$

(4) $f_4(n)=2^{\log_2 n^2}=2^{2\log_2 n}=2^{\log_2 n+\log_2 n}=2^{\log_2 n}\times 2^{\log_2 n}=n\times n=O(n^2)$

(5) $f_5(n)=\log_2 3^n=n\log_2 3=O(n)$

11. 对于下列各组函数 $f(n)$ 和 $g(n)$，确定 $f(n)=O(g(n))$ 或 $f(n)=\Omega(g(n))$ 或 $f(n)=\Theta(g(n))$，并简要说明理由。注意这里渐进符号按照各自严格的定义。

(1) $f(n)=2^n$，$g(n)=n!$

(2) $f(n)=\sqrt{n}$，$g(n)=\log_2 n$

(3) $f(n)=100$，$g(n)=\log_2 100$

(4) $f(n)=n^3$，$g(n)=3^n$

(5) $f(n)=3^n$，$g(n)=2^n$

答：(1) $f(n)=O(g(n))$，因为 $f(n)$ 的阶低于 $g(n)$ 的阶。

(2) $f(n)=\Omega(g(n))$，因为 $f(n)$ 的阶高于 $g(n)$ 的阶。

(3) $f(n)=\Theta(g(n))$，因为 $f(n)$ 和 $g(n)$ 都是常量阶，即同阶。

(4) $f(n)=O(g(n))$，因为 $f(n)$ 的阶低于 $g(n)$ 的阶。

(5) $f(n)=\Omega(g(n))$，因为 $\lim\limits_{n\to\infty}\dfrac{f(n)}{g(n)}=\lim\limits_{n\to\infty}1.5^n=\infty$，$f(n)$ 的阶高于 $g(n)$ 的阶。

12. $2^{n^2} = \Theta(2^{n^3})$ 成立吗? 证明你的答案。

答:不成立。证明如下:

$$\lim_{n \to \infty} \frac{2^{n^2}}{2^{n^3}} = \lim_{n \to \infty} 2^{n^2 - n^3} = 2^{-\infty} = \frac{1}{2^{\infty}} = 0$$

应该是 $2^{n^2} = O(2^{n^3})$,而不是 $2^{n^2} = \Theta(2^{n^3})$。

13. $n! = \Theta(n^n)$ 成立吗? 证明你的答案。

答:不成立。证明如下:

$$n! \approx \sqrt{2\pi n}\left(\frac{n}{e}\right)^n$$

$$\lim_{n \to \infty} \frac{n!}{n^n} \approx \lim_{n \to \infty} \frac{\sqrt{2\pi n}\left(\frac{n}{e}\right)^n}{n^n} = \lim_{n \to \infty} \frac{\sqrt{2\pi n}}{e^n} = 0$$

应该是 $n! = O(n^n)$,而不是 $n! = \Theta(n^n)$。

14. 有一个算法 del(h, p),其功能是删除单链表 h 中的指针 p 指向的结点。该算法是这样实现的:

(1) 若结点 p 不是尾结点,将结点 p 的后继结点数据复制到结点 p 中,再删除其后继结点。

(2) 若结点 p 是尾结点,pre 从 h 开始遍历找到结点 p 的前驱结点,再通过 pre 结点删除结点 p。

分析该算法的时间复杂度。

答:假设单链表 h 中含 n 个结点,情况(1)的时间复杂度为 $O(1)$,情况(2)的时间复杂度为 $O(n)$(从头到尾遍历的时间为 $O(n)$)。

采用平摊分析方法,del(h, p)算法根据 p 分为 n 个状态(分别是 p 指向第 1 个结点,第 2 个结点,…,第 n 个结点),其中只有一个状态属于情况(2),其他 $n-1$ 个状态属于情况(1),平摊结果是 $\dfrac{(n-1)O(1) + O(n)}{n} = O(1)$。

15. 以下算法用于求含 n 个整数的数组 a 中任意两个不同元素之差的绝对值的最小值,分析该算法的时间复杂度,并对其进行改进。

```cpp
#define INF 0x3f3f3f3f          //表示∞
int mindiff(int a[], int n)
{   int ans=INF;
    for(int i=0;i<n;i++)
        for(int j=0;j<n;j++)
            if(i!=j)
            {   int diff=abs(a[i]-a[j]);
                ans=min(ans,diff);
            }
    return ans;
}
```

答：该算法中采用两重循环，所以时间复杂度为 $O(n^2)$。可以先对数组 a 递增排序，再求出两两相邻元素之差的绝对值 diff，比较求出最小值 ans。对应的改进算法如下：

```
int mindiff(int a[],int n)
{    sort(a,a+n);                   //对 a[0..n-1]递增排序
     int ans=INF;
     for(int i=1;i<n;i++)
     {   int diff=abs(a[i]-a[i-1]);
         ans=min(ans,diff);
     }
     return ans;
}
```

上述算法的时间主要花费在排序上，排序的时间复杂度为 $O(n\log_2 n)$，所以整个算法的时间复杂度也为 $O(n\log_2 n)$。

1.3　算法设计题及其参考答案

1. 设计一个尽可能高效的算法求 $1+\dfrac{1}{2!}+\dfrac{1}{3!}+\cdots+\dfrac{1}{n!}$，其中 $n \geqslant 1$。

解：对应的算法如下。

```
double sum(int n)              //求和算法
{    double s=1.0;
     int f=1;                  //求 i!
     for(int i=2;i<=n;i++)
     {   f*=i;
         s+=1.0/f;
     }
     return s;
}
```

上述算法的时间复杂度为 $O(n)$，属于高效的算法。

2. 有一个数组 a 包含 $n(n>1)$ 个整数元素，设计一个尽可能高效的算法将后面 $k(0 \leqslant k \leqslant n)$ 个元素循环右移。例如，$a=(1,2,3,4,5)$，$k=3$，结果为 $a=(3,4,5,1,2)$。

解：设 $a=xy$，x 表示前面 $n-k$ 个元素序列，y 表示后面 k 个元素序列，a' 表示 a 的逆置，题目的结果为 yx，而 $yx=((yx)')'=(x'y')'$。对应的算法如下：

```
void swapst(int a[],int s,int t)              //逆置 a[s..t]
{   int i=s,j=t;
    while(i<j)
    {   swap(a[i],a[j]);
        i++; j--;
    }
}
void crightk(int a[],int n,int k)              //循环右移 k 个元素
{   swapst(a,0,n-k-1);
    swapst(a,n-k,n-1);
    swapst(a,0,n-1);
}
```

上述算法的时间复杂度为 $O(n)$，属于高效的算法。

第 **2** 章

常用数据结构及其应用

2.1　单项选择题及其参考答案　✳

1. 在以下 STL 容器中，_____是有序的。

    A. vector

    B. stack

    C. map

    D. unordered_map

答：map 采用红黑树实现，满足二叉排序树的性质，是有序的。答案为 C。

2. 查找第一个大于或等于关键字 key 的元素，以下 STL 容器中最快的是_____。

    A. vector

    B. list

    C. deque

    D. set

答：D。

3. 判断容器中是否存在关键字为 key 的元素，以下 STL 容器中最快的是_____。

    A. map

    B. unordered_map

    C. deque

    D. set

答：unordered_map 采用哈希表实现，按关键字查找的时间接近于 $O(1)$。答案为 B。

4. 以下 STL 容器中不能顺序遍历的是_____。

    A. queue

    B. deque

    C. vector

    D. list

答：queue 是队列容器，不能顺序遍历。答案为 A。

5. 以下 STL 容器中没有提供［idx］(idx 为下标)成员函数的是_____。

    A. vector

    B. deque

C. list
D. string

答：list 是链表容器，没有提供按下标 idx 查找的成员函数，如果要查找下标为 idx 的元素只能采用顺序遍历实现。答案为 C。

6. 迭代器函数 end()的返回值是_____。

A. 容器的首元素地址
B. 容器的首元素的前一个地址
C. 容器的尾元素地址
D. 容器的尾元素的后一个地址

答：迭代器函数 end()不是返回最后一个元素的地址，而是返回最后一个元素之后的地址。答案为 D。

7. 假设有 vector＜int＞v＝{2,4,1,5,3}，则执行 sort(v. begin(),v. begin()＋3)语句后 v 的结果是_____。

A. 1,2,4,5,3
B. 1,2,4,3,5
C. 4,2,1,5,3
D. 5,4,2,1,3

答：sort(v. begin(),v. begin()＋3)语句用于将 v 的前面 3 个元素递增排序。答案为 A。

8. 假设有 vector＜int＞v＝{2,4,1,5,3}，则执行 sort(v. begin()＋1,v. end(),greater＜int＞())语句后 v 的结果是_____。

A. 5,4,3,2,1
B. 2,5,4,3,1
C. 2,1,3,4,5
D. 2,5,4,3,1

答：sort(v. begin()＋1,v. end(),greater＜int＞())用于将 v 的第 2 个元素开始的全部元素递减排序。答案为 B。

9. 以下代码段的输出结果是_____。

```
vector＜int＞v＝{2,4,1,5,3};
priority_queue＜int＞pq(v. begin(),v. end());
while(! pq. empty())
{    printf("%d ",pq. top());
     pq. pop();
}
```

A. 1 2 3 4 5
B. 1 2 4 5 3
C. 5 4 3 2 1
D. 5 4 2 1 3

答：pq 是一个大根堆，元素值越大越优先出队。答案为 C。

10. 以下代码段的输出结果是_____。

```
vector＜int＞v＝{2,4,1,5,3};
priority_queue＜int,vector＜int＞,greater＜int≫ pq(v. begin(),v. end());
while(! pq. empty())
{    printf("%d ",pq. top());
     pq. pop();
}
```

A. 1 2 3 4 5
B. 1 2 4 5 3

C．5 4 3 2 1   D．5 4 2 1 3

> 答：pq 是一个小根堆,元素值越小越优先出队。答案为 A。

2.2 问答题及其参考答案 ✳

1. 在按序号 $i(0 \leqslant i \leqslant n)$ 插入删除元素时 vector 容器和 list 容器有什么区别?

答：在按序号 i 插入删除元素时,vector 容器需要对现有元素进行移动,时间复杂度为 $O(n)$,在末尾($i=n$)插入和删除时性能最好,对应的时间复杂度为 $O(1)$。list 容器需要通过遍历找到序号为 i 的结点,再实施插入和删除,时间复杂度也为 $O(n)$,在首部($i=0$)插入和删除时性能最好,对应的时间复杂度为 $O(1)$。

2. 在什么情况下用 vector 容器? 在什么情况下用 list 容器?

答：vector 容器具有随机存取特性,但在非尾部插入和删除操作时效率低,适合按序号查找操作的数据,特别适合 front/back、push_back/pop_back 操作(时间复杂度均为 $O(1)$),不适合频繁插入和删除操作的数据。list 容器不具有随机存取特性,按序号查找时性能较差,适合频繁插入和删除操作的数据,特别适合 front/back、push_front/pop_front 和 push_back/pop_back 操作(时间复杂度均为 $O(1)$)。

3. list 容器是链表容器,为什么采用循环双链表实现?

答：list 容器用于存储序列数据(线性表),需要提供正向和反向遍历操作,单链表不适合反向遍历,所以采用双链表。而循环双链表能够以 $O(1)$ 的时间找到尾结点,这样就可以快速实现 rbegin→rend 的反向遍历了。

4. 在很多情况下字符串既可以用 string 容器表示,也可以用 vector < char >容器表示,两者有什么不同?

答：vector < char >容器可以表示字符串,但 string 容器是专门针对字符串设计的,提供了更多的字符串功能,例如＋、substr 等都是前者没有的,所以在算法中字符串尽可能采用 string 表示。

5. 简述 deque 与 vector 的区别。

答：vector 和 deque 容器中的数据都是线性表,线性表有两个端点,可以做插入和删除操作的端点称为开口,vector 只有后端是开口(前端插入和删除的性能低),deque 两端都是开口。尽管 vector 和 deque 容器都具有随机存取特性,但 deque 支持随机访问的迭代器比 vector 迭代器复杂很多,性能也要差一些。

6. STL 中适配器容器是以底层容器为基础实现的,包括 stack、queue 和 priority_queue 容器,说明它们各自可以选择哪些容器作为底层容器?

答：可以作为底层容器的只有 vector、list 和 deque,vector 只有后端是开口(前端插入和删除的性能低),list 和 deque 两端都是开口。

stack 是满足后进先出特点的栈容器,只有一端是开口,所以可以选择 vector、list 和 deque 作为底层容器。

queue 是满足先进先出特点的栈容器,两端都是开口,所以只能选择 list 和 deque 作为底层容器。

priority_queue 容器比较特殊,可以看成一棵完全二叉树的顺序存储结构,不适合链表结构,所以只能选择 vector 和 deque 作为底层容器。

7. STL 中包括多种容器,哪些容器不能顺序遍历?

答:顺序遍历是指正向或者反向访问所有元素,STL 中的大多数容器都可以顺序遍历,支持顺序遍历的容器都提供了迭代器函数(例如 begin/end 等),而 stack、queue 和 priority_queue 容器都规定了特殊的插入和删除操作,它们不支持顺序遍历,恰好这些容器都是适配器容器,所以说适配器容器不能顺序遍历。

8. 简述为什么 map 和 set 不能像 vector 一样提供 reserve() 函数来预分配数据空间。

答:map 和 set 是采用红黑树存储元素的,属于链式存储结构,每个结点单独分配空间,所有结点的地址不一定是连续的,所以不必通过 reserve() 函数来预分配数据空间(例如 list 链式容器就是如此)。而 vector 容器采用数组存储元素,属于顺序存储结构,所有元素占用一片连续的空间,所以可以通过 reserve() 函数来预分配数据空间。

9. 简述 map 和 unordered_map 容器的相同点和不同点。

答:map 和 unordered_map 容器都用于存储若干 < key,value > 键值对的元素,每个元素的 key 是唯一的,可以实现快速插入、删除和查找。

map 容器的内部由红黑树实现,查找时间复杂度为 $O(\log_2 n)$,而 unordered_map 容器的内部由哈希表实现,通过哈希函数 hash(key) 等查找元素,查找时间复杂度接近 $O(1)$,所以 unordered_map 容器比 map 容器拥有更快的查找速度。

正是因为 map 容器的内部由红黑树实现,所以元素按 key 有序排列,而 unordered_map 容器是无序的,因此在对有顺序要求的问题中应该使用 map 容器,没有顺序要求的问题中应该使用 unordered_map 容器。

10. 在 n 个整数中找出最大整数的时间复杂度为 $O(n)$,那么找出其中前 $n/2$ 个最大整数的时间复杂度一定是 $O(n^2)$ 吗?请说明理由。

答:如果在 n 个整数中找出一个最大整数,采用的方法只能是简单选择,即依次两两元素比较。对应的算法如下:

```
int maxe(int a[], int n)
{    int maxi=0;
     for(int i=1;i<n;i++)
         if(a[i]>a[maxi])
             maxi=i;
     return a[maxi];
}
```

其中固定比较 $n-1$ 次,所以时间复杂度为 $O(n)$。但如果要找其中前 $n/2$ 个最大整数,可以采用许多方法提高性能,最简单的方法是递减排序后取前面 $n/2$ 个元素,对应的算法如下:

```
vector < int > maxe(int a[], int n)
{    vector < int > ans;                    //存放前 n/2 个最大整数
     sort(a, a+n, greater < int >());
     for(int i=0; i < n/2; i++)
         ans. push_back(a[i]);
     return ans;
}
```

上述算法的时间主要花费在排序上,时间复杂度为 $O(n\log_2 n)$。另外也可以用大根堆或者小根堆求解,时间复杂度都是 $O(n\log_2 n)$。所以说找前 $n/2$ 个最大整数的时间复杂度一定是 $O(n^2)$ 是错误的。

11. 假如输入若干学生数据,每个学生包含姓名和分数(所有姓名唯一),要求频繁地按姓名查找学生的分数,请说明最好采用什么数据结构存储学生数据。

答:采用 unordered_map 容器最合适。定义 unordered_map < string, int > 容器 stud 存储学生数据,姓名作为关键字(string 类型),分数作为值(int 类型),这样按姓名 name 查找学生分数(即 stud[name])的时间为 $O(1)$。

2.3 算法设计题及其参考答案 ✳

1. 给定一个整数序列采用 vector 容器 v 存放,设计一个算法删除相邻重复的元素,两个或者多个相邻重复的元素仅保留一个。

解:采用《教程》中例 2-1 的整体建表法(也可以采用该例的其他方法)。对应的算法如下:

```
void delsame(vector < int > &v)
{    int k=1;
     for(int i=1; i < v. size(); i++)
     {    if (v[i]!=v[k-1])                    //保留的元素
          {    v[k]=v[i];
               k++;
          }
     }
     v. resize(k);
}
```

2. 给定一个整数序列,采用 vector 容器 v 存放,设计一个划分算法,以首元素为基准将所有小于基准的元素移动到前面,将所有大于或等于基准的元素移动到后面。例如,$v=\{3,1,4,6,3,2\}$,划分后结果 $v=\{2,1,3,6,3,4\}$。

解:采用《教程》中例 2-1 的区间划分法。以 $v[0]$ 为基准,$v[0..j]$ 存放所有小于 $v[0]$ 的元素,初始时该区间含 $v[0]$(初始时 $j=0$),$v[j+1..n-1]$ 存放所有大于或等于基准的元素。用 i 从 1 开始遍历 v 中的其他元素,若 $v[i]<v[0]$,将其前移,即执行 $j++$,将 $v[j]$ 和 $v[i]$ 交换,再执行 $i++$ 继续循环。最后将 $v[0]$ 与 $v[0..j]$ 区间中的最后元素 $v[j]$ 交换。对应的算法如下:

```
void partition(vector < int > &v)
```

```
{   int j=0,i=1;
    while(i<v.size())
    {   if(v[i]<v[0])
        {   j++;
            swap(v[j],v[i]);
        }
        i++;
    }
    swap(v[0],v[j]);
}
```

3. 若干长方形,每个长方形有一个编号以及长和宽(均为整数),采用 vector < vector < int >>容器 v 存储,v 中每个元素形如 $\{a,b,c\}$,a、b、c 分别是编号、长和宽。设计一个算法按长方形面积从大到小输出它们的编号。

解:用 vector < int >容器 ans 存放结果,调用 STL 通用排序算法 sort 对 v 中所有的长方形按面积递减排序,再将长方形编号依次添加到 ans 中,最后返回 ans。对应的算法如下:

```
bool myfun(vector < int > &s,vector < int > &t)
{
    return s[1] * s[2]>t[1] * t[2];              //用于按面积递减排序
}
vector < int > Recsort(vector < vector < int >> &v)
{   vector < int > ans;
    sort(v.begin(),v.end(),myfun);
    for(int i=0;i<v.size();i++)
        ans.push_back(v[i][0]);
    return ans;
}
```

4. 给定一个整数序列,采用单链表 h 存放,设计一个划分算法,以首结点值为基准将所有小于基准的结点移动到前面,将所有大于或等于基准的结点移动到后面。例如,$h=\{3,1,4,6,3,2\}$,划分后结果 $h=\{2,1,3,4,6,3\}$。

解:采用删除插入法。用 base 存放基准值,pre 指向首结点,p 指向 pre 结点的后继结点。当 p 不空时循环:若 $p->$val<base,通过 pre 结点删除结点 p,再将结点 p 插入表头,同时让 p 指向 pre 结点的后继结点;否则 pre 和 p 同步后移一个结点。对应的算法如下:

```
void partition(ListNode * &h)
{   if(h->next==NULL || h->next->next==NULL)
        return;
    int base=h->next->val;                      //基准值
    ListNode * pre=h->next, * p=pre->next;
    while(p!=NULL)
    {   if(p->val<base)
        {   pre->next=p->next;                  //删除结点 p
            p->next=h->next;                    //将结点 p 插入表头
            h->next=p;
            p=pre->next;
        }
        else
        {   pre=p;
            p=p->next;
        }
    }
}
```

5. 一个字母字符串采用 string 容器 *s* 存储,设计一个算法判断该字符串是否为回文,这里字母比较是大小写不敏感的。例如 *s*="Aa"是回文。

解:采用双指针方法求解。$i=0,j=n-1$,当 $i<j$ 时循环:若 $s[i]$ 和 $s[j]$ 的大写不同则返回 false,否则置 $i++,j--$ 继续判断,当 $i=j$ 时返回 true。对应的算法如下:

```
bool ispal(string&s)                    //求解算法
{   int i=0,j=s.size()-1;
    while(i<j)
    {   if(toupper(s[i])!=toupper(s[j]))    //若两个字母不相同(大小写不敏感)
            return false;               //返回 false
        i++; j--;
    }
    return true;                        //返回 true
}
```

6. 有一个表达式用 string 容器 *s* 存放,可能包含小括号、中括号和大括号,设计一个算法判断其中各种括号是否匹配。

解:采用栈求解。定义一个 stack<char>容器 st,用 *i* 遍历 *s* 的字符,若 $s[i]$ 为各种左括号,将其进栈;若 $s[i]$ 为各种右括号,如果栈为空或者栈顶不是相匹配的左括号,则返回 false,否则退栈,跳过其他非括号字符。当表达式 *s* 遍历完毕,如果栈空返回 true,否则返回 false。对应的算法如下:

```
bool ismatch(string s)
{   stack<char> st;
    int i=0;
    while(i<s.size())
    {   if(s[i]=='(' || s[i]=='[' || s[i]=='{')
            st.push(s[i]);
        else if(s[i]==')')
        {   if(st.empty() || st.top()!='(')
                return false;
            else st.pop();
        }
        else if(s[i]==']')
        {   if(st.empty() || st.top()!='[')
                return false;
            else st.pop();
        }
        else if(s[i]=='}')
        {   if(st.empty() || st.top()!='{')
                return false;
            else st.pop();
        }
        i++;
    }
    return st.empty();
}
```

7. 有 *n* 个人,编号为 1~*n*,每轮从头开始按 1,2,1,2,…报数,报数为 1 的出列,再做下一轮,设计一个算法求出列顺序。

解:采用队列求解。用 vector<int>容器 ans 存放最后的出列顺序,定义一个 queue<int>容器 qu,先将 1~*n* 进队表示 *n* 个人的初始队列,在队不空时循环:求出队列中元素的个数

n,循环 n 次,出队元素 x,用 i 表示对应的报数序号,若 $i\%2=1$,x 出列,将其添加到 ans 中,否则表示报数为 2,将 x 再进队排在末尾。最后返回 ans。对应的算法如下:

```
vector < int > solve( int n)
{    vector < int > ans;
     queue < int > qu;
     for(int i=1;i<=n;i++)
         qu. push(i);
     while(!qu. empty())
     {   n=qu. size();
         for(int i=1;i<=n;i++)
         {   int x=qu. front(); qu. pop();          //出队 x
             if(i%2==1)                              //报数为 1
                 ans. push_back(x);
             else                                    //报数为 2
                 qu. push(x);
         }
     }
     return ans;
}
```

8. 给定一个含多个整数的序列,设计一个算法求所有元素之和,规定每步只能做两个最小整数的加法运算,给出操作的步骤。

解:采用优先队列求解。定义一个小根堆的优先队列 pq,先将 v 中的全部整数进队,在 pq 中元素的个数大于 1 时循环,出队两个最小整数 x 和 y,执行一次加法运算得到结果 z,再将 z 进队。对应的算法如下:

```
void solve( vector < int > & v)
{    priority_queue < int, vector < int >, greater < int >> pq;     //小根堆
     for(int i=0;i<v. size();i++)
         pq. push(v[i]);
     int step=1;
     while(pq. size()>1)
     {   int x=pq. top(); pq. pop();                //出队 x
         int y=pq. top(); pq. pop();                //出队 y
         int z=x+y;
         printf("第%d 步:%d+%d=%d\n", step++, x, y, z);
         pq. push(z);
     }
}
```

9. 给定一个整数序列和一个整数 k,设计算法求与 k 最接近的整数,如果有多个最接近的整数,求最小者。

解:采用 set 求解。定义一个 set < int >容器 s,先将 v 中的全部整数插入 s 中(去重并且递增排序),若 k 小于或等于最小整数,返回该最小整数;若 k 大于或等于最大整数,返回该最大整数;否则在 s 中找到第一个大于或等于 k 的整数 y,置 x 为 y 的前一个整数,在 x 和 y 中比较找到最接近的整数并返回之。对应的算法如下:

```
int solve( vector < int > & v, int k)
{    set < int > s;
     for(int i=0;i<v. size();i++)
         s. insert(v[i]);
     set < int > :: iterator it;
```

```
    it＝s.begin();                    //it 指向最小整数
    if(k<=*it) return *it;
    it＝s.end();
    it--;                            //it 指向最大整数
    if(k>=*it) return *it;
    it＝s.lower_bound(k);             //it 指向第一个大于或等于 k 的整数
    int y＝*it;
    it--;                            //it 指向 y 的前一个整数
    int x＝*it;
    if(k-x<=y-k) return x;           //x 更接近时返回 x
    else return y;                   //y 更接近时返回 y
}
```

10. 给定一个字符串采用 string 容器 s 存放,设计一个算法按词典顺序列出每个字符出现的次数。

解:采用 map 求解。定义一个 map < char, int >容器 mp,遍历 s 将每个字符作为关键字插入 mp 中并计数。最后遍历 mp 输出每个字符及其计数。对应的算法如下:

```
void solve(string & s)
{   map < char, int > mp;
    for(int i＝0;i<s.size();i++)               //字符计数
        mp[s[i]]++;
    for(auto it＝mp.begin();it!=mp.end();it++)  //输出结果
        printf("%c->%d\n",it->first,it->second);
}
```

11. 有一个整数序列采用 vector < int >容器 v 存放,设计一个算法求众数,所谓众数就是这个序列中出现次数最多的整数,假设给定的整数序列中众数是唯一的。例如,$v=\{1,3,2,1,4,1\}$,其中的众数是整数 1。

解:采用 unordered_map 求解。定义一个 unordered_map < int, int >容器 mp,遍历 v 将每个整数作为关键字插入 mp 中并计数。最后遍历 mp 找到计数最大的关键字并返回之。对应的算法如下:

```
int solve(vector < int > & v)
{   unordered_map < int, int > mp;
    for(int i＝0;i<v.size();i++)                        //整数计数
        mp[v[i]]++;
    unordered_map < int, int >::iterator it,maxit;
    for(it＝maxit＝mp.begin();it!=mp.end();it++)        //找到计数最大的 maxit
        if(it->second > maxit->second)
            maxit＝it;
    return maxit->first;
}
```

12. 给定一个采用 vector 容器 v 存放的整数序列和一个整数 k,判断其中是否存在两个不同的索引 i 和 j,使得 $v[i]=v[j]$,并且 i 和 j 的差的绝对值最大为 k。例如,$v=[1,2,3,1]$,$k=3$,结果为 true;$v=[1,2,3,1,2,3]$,$k=2$,结果为 false。

解:采用 unordered_map 求解。定义一个 unordered_map < int, int >容器 mp,用于记录一个整数的最后索引(下标)。用 i 遍历 v 中的整数,若 $v[i]$ 在 mp 中说明 $v[i]$ 是重复整数,前面最近的重复整数的索引为 $mp[v[i]]$,如果 $i-mp[v[i]]<=k$ 成立,返回 true,否则执行 $mp[v[i]]=i$ 重新设置 $v[i]$ 的最后索引为 i。v 遍历完后返回 false。对应的算法如下:

```
bool solve(vector < int > & v, int k)
{    unordered_map < int, int > mp;
    for (int i=0;i<v.size();i++)
    {    if (mp.find(v[i])!=mp.end() && i-mp[v[i]]<=k)
            return true;
        else
            mp[v[i]]=i;
    }
    return false;
}
```

2.4 上机实验题及其参考答案 ❋

2.4.1 高效地插入、删除和查找

编写一个实验程序 exp2-1,设计一种好的数据结构,尽可能高效地实现如下操作。

1 s:插入字符串 s(每个字符串均由字母构成,不含空格,长度不超过 10,输入的所有字符串不相同)。

2 s:删除字符串 s。

3 s:输出 s 的序号(s 的序号是指当前数据结构中 s 从前往后排列的位置或者索引,规定从 0 开始)。

4 x:输出序号为 x 的字符串。

5:输出当前的所有字符串。

输入格式:输入文件为 data2-1. txt,其中包含一个测试用例,每一行为一个上述操作。假设所有的操作都是合适的,例如执行操作 2 秒时当前数据结构中一定存在 s。

输出格式:按样例格式输出。

输入样例:data2-1. txt 文件如下。

```
1 Mary
1 Smitch
1 John
1 Anany
5
3 John
2 John
5
4 2
1 Xiao
5
```

输出样例:输出结果如图 2.1 所示。

解:数组的插入和删除的时间复杂度为 $O(n)$,按序号查找的时间复杂度为 $O(1)$,而 unordered_map 容器按键值查找的时间复杂度为 $O(1)$。将两者结合起来,对应的数据结构和算法如下:

```
# include < iostream >
```

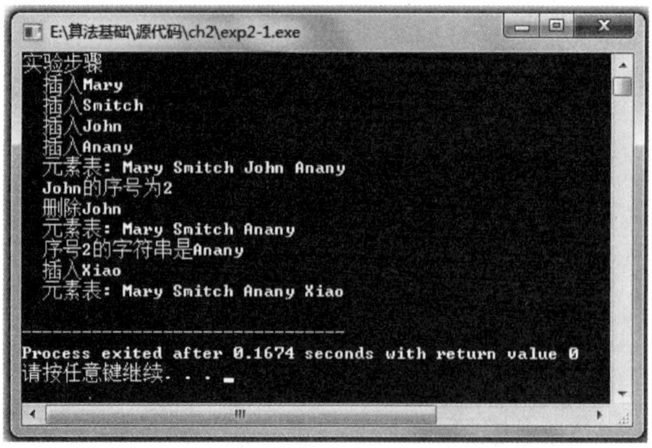

图 2.1　实验程序 exp2-1 的输出样例

```cpp
# include < string >
# include < vector >
# include < unordered_map >
using namespace std;
struct DataStruct                          //本实验的数据结构
{    vector < string > data;               //用向量容器存放元素
     unordered_map < string, int > mp;     //存放元素的下标
};
void Insert(DataStruct &ds, string str)    //插入元素 str
{    ds.data.push_back(str);
     int i=ds.data.size()-1;               //获取最后元素的下标
     ds.mp[str]=i;
}
string Searchi(DataStruct ds, int i)       //查找下标为 i 的元素
{
     return ds.data[i];
}
int Searchs(DataStruct ds, string& str)    //查找值为 str 的元素的下标
{    unordered_map < string, int >::iterator it;
     it=ds.mp.find(str);
     if (it!=ds.mp.end())
         return it-> second;
     else
         return -1;
}
bool Delete(DataStruct &ds, string& str)   //删除元素 str
{    int i=Searchs(ds, str);               //查找元素 str 的下标
     if(i==-1) return false;               //没有 str 元素返回 false
     int j=ds.data.size()-1;               //求尾元素的下标
     ds.data[i]=ds.data[j];                //i 下标元素用尾元素替代
     ds.mp[ds.data[j]]=i;                  //修改哈希表中原来尾元素的下标
     ds.data.pop_back();                   //从 data 中删除尾元素
}
void Display(DataStruct ds)                //输出所有元素
{    vector < string >::iterator it;
     for (it=ds.data.begin();it!=ds.data.end();it++)
         cout << * it << " ";
     cout << endl;
}
int main()
{    freopen("data2-1.txt", "r", stdin);   //输入重定向
```

```
        DataStruct ds;
        int op,i;
        string s;
        printf("实验步骤\n");
        while (~scanf("%d",&op))
        {   if(op==1)                          //操作1:插入s
            {   cin >> s;
                cout << " 插入" << s << endl;
                Insert(ds,s);
            }
            else if(op==2)                     //操作2:删除s
            {   cin >> s;
                cout << " 删除" << s << endl;
                Delete(ds,s);
            }
            else if(op==3)                     //操作3:查找s的序号
            {   cin >> s;
                cout << " " << s << "的序号为" << Searchs(ds,s) << endl;
            }
            else if(op==4)                     //操作4:查找序号为i的元素
            {   scanf("%d",&i);
                printf(" 序号%d 的字符串是",i);
                cout << Searchi(ds,i) << endl;
            }
            else if(op==5)                     //操作5:输出全部元素
            {   cout << " 元素表: ";
                Display(ds);
            }
        }
        return 0;
}
```

2.4.2　一种特殊的队列

编写一个实验程序 exp2-2,设计一种特殊队列,尽可能高效地实现如下操作。

1 *s* *f*：输入学生 *s* 和 *f*,其中 *s* 为表示学生姓名的字符串(不含空格,长度不超过10,输入的所有字符串不相同),*f* 为表示分数的 0~100 的整数。

2：按当前最高分数出队一个学生,多个相同分数者按先输入的先出队。

3：按操作 2 的方式出队所有学生。

输入格式：输入文件为 data2-2.txt,其中包含一个测试用例,每一行为一个上述操作。假设所有的操作都是合适的,在执行操作 2 和 3 时当前数据结构非空。

输出格式：按样例格式输出。

输入样例：data2-2.txt 文件如下。

```
1 Mary 80
1 John 90
1 Smitch 85
1 Anany 90
2
2
1 Rosa 80
1 Judy 85
2
```

```
2
1 Linda 70
2
2
1 Jane 85
1 Kelly 90
3
```

输出样例：输出结果如图 2.2 所示。

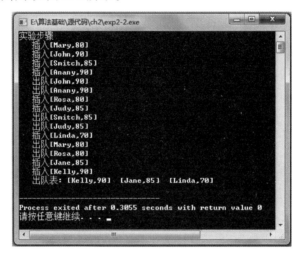

图 2.2 实验程序 exp2-2 的输出样例

解：采用 map < int, queue < string >> 类型的容器 mp，以学生分数为关键字，将所有相同分数的学生的姓名存放在对应的队列中，mp 按关键字递减排列。

① Insert(name, score)：用于插入学生(name, score)，先在 mp 中查找分数为 score 的结点 it，若存在则将 name 插入该结点的队列中，若不存在则新建一个队列 qu，进队 name，再插入 mp 中。

② Delete()：用于出队一个学生，找到 mp 的首结点 it(分数最高结点)，从其队列中出队一个学生，若队列变空则删除该结点。

③ Deleteall()：用于出队所有学生，与②类似。

对应的数据结构和算法如下：

```cpp
#include < iostream >
#include < queue >
#include < map >
#include < algorithm >
using namespace std;
map < int, queue < string >, greater < int >> mp;
void Insert(string name, int score)            //插入学生(name, score)
{   cout << "    插入[" << name << "," << score << "]" << endl;
    map < int, queue < string >, greater < int >>::iterator it;
    it = mp.find(score);
    if (it != mp.end())                        //mp 中存在该分数
        it-> second.push(name);
    else
    {   queue < string > qu;
```

```
            qu. push(name);
            mp[score]=qu;
        }
    }
    void Delete( )                                      //出队一个学生
    {   map < int,queue < string >,greater < int >>::iterator it;
        it=mp.begin();
        int score=it—>first;
        string name=it—>second.front();
        it—>second.pop();
        if(it—>second.empty())                         //队列空时
            mp.erase(it);                              //从 mp 中删除该结点
        cout << " 出队[" << name << "," << score << "]" << endl;
    }
    void Deleteall( )                                   //出队所有学生
    {   map < int,queue < string >,greater < int >>::iterator it;
        cout << " 出队表: ";
        while(!mp.empty())
        {   it=mp.begin();
            int score=it—>first;
            string name=it—>second.front();
            it—>second.pop();
            if(it—>second.empty())                     //队列空时
                mp.erase(it);                          //从 mp 中删除该结点
            cout << "[" << name << "," << score << "]" << " ";
        }
        cout << endl;
    }
    int main( )
    {   freopen("data2-2.txt","r",stdin);               //输入重定向
        string name;
        int score,op;
        printf("实验步骤\n");
        while (~scanf("%d",&op))
        {   if(op==1)                                   //操作 1:插入(name,score)
            {   cin >> name >> score;
                Insert(name,score);
            }
            else if(op==2)                             //操作 2:出队一个学生
                Delete();
            else if(op==3)                             //操作 3:出队所有学生
                Deleteall();
        }
        return 0;
    }
```

说明：本实验题也可以采用优先队列,每个结点存放(name,score,no),其中 no 表示插入的序号(从 1 开始),出队时按分数越高越优先,分数相同按 no 越小越优先。

2.4.3 方块操作

编写一个实验程序 exp2-3.cpp,有 n 个方块,编号为 $1 \sim n$,共有 p 个操作,全部操作分为两种类型。

m x y：将包含方块 x 的方块堆整体放在包含方块 y 的方块堆上面。

c x：询问在方块 x 的下面有多少个方块。

输入格式：输入文件为 data2-3.txt，其中包含一个测试用例，每一行为整数 p，接下来的 p 行每行一个上述操作。假设所有的操作都是合适的，$n \leqslant 100$，$p \leqslant 200$。

输出格式：对于每个询问操作输出对应的答案。

输入样例：data2-3.txt 文件如下。

```
6
m 1 6
c 1
m 2 4
m 2 6
c 3
c 4
```

输出样例：输出结果如图 2.3 所示。

图 2.3　实验程序 exp2-3 的输出样例

解：采用并查集求解，n 个方块的编号为 $1 \sim n$，同属于一个堆的两个方块具有等价关系，每个堆用一棵树表示。设置 parent、cnt 和 upp 共 3 个一维数组，parent$[i]$ 表示方块 i 的双亲，cnt$[i]$ 表示以方块 i 为根结点的树中的方块总数，upp$[i]$ 表示方块 i 到所在树中根结点的距离，即该堆中方块 i 上面的方块总数。

在并查集查找算法 Find(x) 中包含路径压缩，假设 x 的双亲为 px，它们所在树的根结点为 rx，路径压缩会将 px 的双亲改为指向根结点 rx，此时应该执行 upp$[x]$ += upp$[px]$，即修改 upp$[x]$ 为 x 到改变前根结点的距离，即 x 到 px 的距离加上 px 到根结点的距离，如图 2.4 所示。

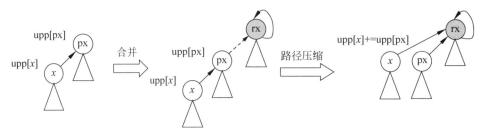

图 2.4　在路径压缩中更新 upp$[x]$

并查集合并算法 Union(x, y) 用于完成 m x y 操作，将 x 所在堆的方块叠到 y 所在堆的上面，执行 rx = Find(x)，ry = Find(y) 求出 x 的根结点 rx 和 y 的根结点 ry，若两者不在一个堆中,置 parent[ry]＝rx,即 rx 作为合并后的根结点(不能将 ry 作为根结点,正是由于这里的合并有方向性,所以并查集中没有 rnk 数组),同时执行 upp[ry]＋＝cnt[rx](增加 ry 上面的方块总数),cnt[rx]＋＝cnt[ry](增加 rx 为根的总方块数),如图 2.5 所示。

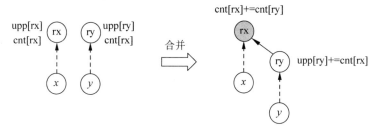

图 2.5　在合并中更新 cnt[rx]和 upp[ry]

对应的数据结构和算法如下:

```cpp
# include < iostream >
# include < stdio. h >
# define MAXN 30005
using namespace std;
int parent[MAXN],cnt[MAXN],upp[MAXN];
void Init()                              //并查集初始化
{   for (int i＝1;i< MAXN;i++)
    {   parent[i]＝i;
        upp[i]＝0;
        cnt[i]＝1;
    }
}

int Find(int x)                          //在并查集中查找 x 结点的根结点
{   if(parent[x]＝＝x)
        return x;
    int px＝parent[x];
    parent[x]＝Find(parent[x]);          //路径压缩
    upp[x]＋＝upp[px];
    return parent[x];
}

void Union(int x,int y)                  //合并:将含 x 的堆放在 y 的堆的上面
{   int rx＝Find(x);
    int ry＝Find(y);
    if(rx!＝ry)
    {   parent[ry]＝rx;                   //rx 结点作为根结点
        upp[ry]＋＝cnt[rx];
        cnt[rx]＋＝cnt[ry];
    }
}

int main()
{   freopen("data2-3.txt","r",stdin);    //输入重定向
    printf("实验步骤\n");
    int p;
    scanf("%d",&p);
    Init();
    while(p--)
    {   char op[3];
        int x, y;
        scanf("%s",op);
```

```
        if(op[0]=='M')
        {   scanf("%d%d", &x, &y);
            printf("     %d => %d\n",x,y);
            Union(x, y);
        }
        else
        {   scanf("%d",&x);
            printf("   %d 下方方块数=%d\n",x,cnt[Find(x)]-upp[x]-1);
        }
    }
    return 0;
}
```

2.5　在线编程题及其参考答案

2.5.1　LeetCode328——奇偶链表

问题描述：给定一个不带头结点的单链表 head，把所有的奇数结点和偶数结点分别排在一起。这里的奇数结点和偶数结点指的是结点编号的奇偶性，将链表的第一个结点视为奇数结点，第二个结点视为偶数结点，以此类推。结果单链表应当保持奇数结点和偶数结点的相对顺序。要求设计如下函数：

```
class Solution{
public:
    ListNode * oddEvenList(ListNode * head){      }
};
```

解：遍历单链表 head，采用尾插法将奇数结点插入单链表 $h1$ 中，采用尾插法将偶数结点插入单链表 $h2$ 中，依次连接 $h1$ 和 $h2$ 即可。对应的程序如下：

```
class Solution {
public:
    ListNode *  oddEvenList(ListNode *  head)
    {   ListNode *  h1=NULL, * r1;
        ListNode *  h2=NULL, * r2;
        if(head==NULL) return NULL;
        ListNode *  p=head;
        int no=0;
        while(p!=NULL)
        {   no++;                    //结点序号(从 1 开始)
            if(no%2==1)              //奇数序号结点 p
            {   if(h1==NULL) h1=r1=p;
                else
                {   r1->next=p;
                    r1=p;
                }
            }
            else                     //偶数序号结点 p
            {   if(h2==NULL) h2=r2=p;
                else
                {   r2->next=p;
```

```
                    r2=p;
                }
            }
            p=p->next;
        }
        if(h1!=NULL && h2!=NULL)
        {   head=h1;
            r1->next=h2;
            r2->next=NULL;
        }
        else if(h1!=NULL)
        {   head=h1;
            r1->next=NULL;
        }
        else
        {   head=h2;
            r2->next=NULL;
        }
        return head;
    }
};
```

上述程序提交时通过,执行用时为 12ms,内存消耗为 10.2MB。

2.5.2 LeetCode394——字符串解码

问题描述:给定一个经过编码的字符串 s,返回它解码后的字符串。编码规则为 $k[encoded\_string]$,表示其中方括号内部的 encoded_string 正好重复 k 次,注意 k 要保证为正整数。可以认为输入字符串总是有效的,没有额外的空格,且输入的方括号总是符合格式要求的,此外原始数据不包含数字,所有的数字只表示重复的次数 k,例如不会出现像 3a 或 2[4] 的输入。例如,s="3[a2[c]]",解码结果是"accaccacc"。要求设计如下函数:

```
class Solution{
public:
    string decodeString(string s) {}
};
```

解:类似用栈求表达式值,这里[]相当于(),只是运算符只有 $k[s]$,在执行该运算符时将 s 累加 k 次,所以需要保存 k 和 s,前者用 stn 栈保存,后者用 sts 栈保存。对应的程序如下:

```
class Solution {
public:
    string decodeString(string s)
    {   string ans="";                              //存放字符串解码
        stack<int> stn;                             //数字栈
        stack<string> sts;                          //字符串栈
        int d=0;
        int n=s.size();
        for(int i=0;i<n;i++)
        {   if(s[i]>='0' && s[i]<='9')              //数字字符
                d=d*10+s[i]-'0';                     //转换为整数 d
            else if((s[i]>='a' && s[i]<='z') || (s[i]>='A' && s[i]<='Z'))
                ans=ans+s[i];
            else if(s[i]=='[')                       //遇到'['
```

```
            {   stn.push(d);                          //将'['前的整数 stns 栈
                d=0;
                sts.push(ans);                        //将'['前的字符串进 sts 栈
                ans="";
            }
            else                                      //遇到']',做一次运算(展开)
            {   int m=stn.top(); stn.pop();           //出栈 m
                for(int j=0;j<m;j++)                  //sts 栈顶字符串累加 ans 共 m 次
                        sts.top()+=ans;
                ans=sts.top(); sts.pop();
            }
        }
        return ans;
    }
};
```

上述程序提交时通过,执行用时为 4ms,内存消耗为 6.3MB。

2.5.3 LeetCode215——数组中的第 k 个最大元素

问题描述:设计一个算法在长度为 n 的无序数组中查找第 $k(1 \leqslant k \leqslant n)$ 个最大的元素,而不是第 k 个不同的元素。例如,nums$=\{3,2,1,5,6,4\}$,$k=2$,结果是 5。要求设计如下函数:

```
class Solution {
public:
    int findKthLargest(vector<int> & nums,int k) {   }
};
```

解法 1:采用 map<int,int>容器 mymap 求解,mymap[key]记录 key 整数出现的次数,由于 mymap 默认是递增的,从后向前累计较大元素的序号,当累计到 k 时,对应的整数即为所求。对应的程序如下:

```
class Solution {
public:
    int findKthLargest(vector<int> & nums,int k)
    {   map<int,int> mymap;                           //定义一个 map 容器 mymap
        for(int i=0;i<nums.size();i++)
          mymap[nums[i]]++;
        int cnt=0;
        auto it=mymap.end();
        it--;
        while (true)
        {   cnt+=it->second;
            if(cnt>=k) break;
            it--;
        }
        return it->first;
    }
};
```

上述程序提交时通过,执行用时为 16ms,内存消耗为 12MB。

解法 2:求出 nums 中的最大元素 maxd,再通过哈希映射 hmap 累计每个整数出现的次数,从 maxd 递减求第 k 大的元素 ans,最后返回 ans。对应的程序如下:

```cpp
class Solution {
public:
    int findKthLargest(vector < int > & nums, int k)
    {   int maxd = nums[0];
        for(int i = 1; i < nums.size(); i++)
            if(nums[i] > maxd)
                maxd = nums[i];
        unordered_map < int, int > hmap;          //定义一个 unordered_map 容器 hmap
        for(int i = 0; i < nums.size(); i++)
            hmap[nums[i]]++;
        int cnt = 0;
        int key = maxd;                           //从 maxd 开始递减求第 k 大的元素
        int ans = 0;
        while (true)
        {   cnt += hmap[key];
            if(cnt >= k)
            {   ans = key;
                break;
            }
            key--;
        }
        return ans;
    }
};
```

上述程序提交时通过,执行时间为 12ms,内存消耗为 11.5MB。

解法 3:利用 STL 的 sort()排序算法对 nums 递减排序,最后返回 nums[$k-1$]即可。对应的程序如下:

```cpp
class Solution {
public:
    int findKthLargest(vector < int > & nums, int k)
    {   sort(nums.begin(), nums.end(), greater < int >());   //递减排序
        return nums[k-1];
    }
};
```

上述程序提交时通过,执行时间为 8ms,内存消耗为 9.7MB。

2.5.4 HDU1280——前 m 大的数

问题描述:给定一个包含 $n(n \leqslant 3000)$ 个正整数的序列,每个数不超过 5000,对它们两两相加得到 $n(n-1)/2$ 个和,求出其中前 m 大的数($m \leqslant 1000$)并按从大到小的顺序排列。

输入格式:输入可能包含多组数据,其中每组数据包括两行,第一行两个数 n 和 m,第二行 n 个数,表示该序列。

输出格式:对于输入的每组数据,输出 m 个数,表示结果。输出应当按照从大到小的顺序排列。

输入样例:

```
4 4
1 2 3 4
4 5
5 3 6 4
```

输出样例：

```
7 6 5 5
11 10 9 9 8
```

解：用数组 a 存放输入的 n 个整数，很容易想到这样的解法，求出两两相加得到的 $n(n-1)/2$ 个和并存放在数组 b 中，再对 b 数组递减排序，输出前面 m 个整数即得到要求的结果。由于 b 中的整数个数为 $O(n^2)$，排序的时间为 $O(n^2\log_2 n)$，一定会超时。

由于 a 中元素为小于或等于5000的正整数，在求出数组 b 后，b 中最大元素为10000，所以将数组 b 改为 unordered_map $<$ int,int $>$ 哈希表 hmap，前者 int 为两个整数的和，作为关键字，后者 int 表示该关键字出现的次数。从 $i=10000$ 开始判断，若 hmap$[i] \neq 0$，说明存在整数 i，输出 i，m 递减1，同时 hmap$[i]$ 减少1，若 hmap$[i]=0$ 说明不存在 i，i 递减1。当 $i=0$ 或者 $m=0$ 时结束。由于哈希表插入和查找的时间为 $O(1)$，整个算法的时间复杂度为 $O(n^2)$。对应的程序如下：

```cpp
# include < iostream >
# include < unordered_map >
using namespace std;
# define MAXN 3005                        //最多整数个数
# define MAXV 10001                       //最大元素和
int a[MAXN];
int main()
{   int n, m;
    while (scanf("%d%d", &n, &m) != EOF)
    {   unordered_map < int, int > hmap;   //定义一个哈希表
        for(int i=0; i < n;i++)
            cin >> a[i];
        for(int i=0; i < n;i++)
            for(int j=i+1;j < n;j++)
                hmap[a[i]+a[j]]++;
        bool first=true;                   //输出的是否为第一个整数
        int i=MAXV;                        //从最大整数开始找
        while (i > 0 && m > 0)
        {   if(hmap[i]!=0)                  //存在整数 i 时
            {   if (first)                 //输出整数 i
                {   cout << i;
                    first=false;
                }
                else cout << ' ' << i;
                hmap[i]--;                 //减少一个整数 i
                m--;                       //需要输出的整数个数减少1
            }
            else i--;                      //不存在 i 时取下一个 i
        }
        cout << endl;
    }
}
```

上述程序提交时通过，执行时间为196ms，内存消耗为2244KB。

2.5.5　POJ2236——无线网络

问题描述：有一个无线网络连接若干计算机，但意外的地震袭击了网络中的所有计算

机,计算机一台一台修好,网络也渐渐开始恢复。由于硬件限制,每台计算机只能直接与距离它不超过 d 米的计算机通信,但是每台计算机都可以作为其他两台计算机之间通信的中介,也就是说,如果计算机 A 和 B 能够直接通信,或者有一台计算机 C 可以同时与 A 和 B 通信,那么计算机 A 和 B 就可以通信。

在修复网络的过程中,工人每时每刻都可以进行两种操作,即修复一台计算机,或者测试两台计算机是否可以通信。请编写程序回答所有的测试操作。

输入格式:第一行包含两个整数 n 和 $d(1\leqslant n\leqslant 1001,0\leqslant d\leqslant 20000)$,这里 n 是计算机的数量,从 1 到 n 编号,d 是两台计算机可以直接通信的最大距离,在接下来的 n 行中每行包含两个整数 xi 和 yi$(0\leqslant xi,yi\leqslant 10000)$,这是 n 台计算机的坐标,从第 $n+1$ 行到输入结束都是操作,每行包含以下两种格式操作之一。

① "O p"$(1\leqslant p\leqslant n)$:表示修复计算机 p。

② "S p q"$(1\leqslant p,q\leqslant n)$:表示测试计算机 p 和 q 是否可以通信。

输入不会超过 300000 行。

输出格式:对于每个测试操作,如果两台计算机可以通信,则输出"SUCCESS",否则输出"FAIL"。

输入样例:

```
4 1
0 1
0 2
0 3
0 4
O 1
O 2
O 4
S 1 4
O 3
S 1 4
```

输出样例:

```
FAIL
SUCCESS
```

解:采用并查集求解,将 n 台计算机的编号改为 $0\sim n-1$,只用 parent 数组表示并查集,所有能够相互通信的计算机对应一个集合,用 dx 和 dy 数组存放计算机的位置,repair 数组记录所有已经修好的计算机。先初始化并查集,两种查找的处理如下。

① "O p":当修好计算机 p 后,将前面所有已经修好的计算机中与计算机 p 距离小于或等于 d 的计算机做合并操作。

② "S p q":若计算机 p 和 q 属于相同集合,则表示可以通信,输出"SUCCESS",否则输出"FAIL"。

对应的程序如下:

```
#include <iostream>
#include <algorithm>
#include <cmath>
using namespace std;
#define MAXN 1010
```

```cpp
int dx[MAXN],dy[MAXN];                            //坐标
int parent[MAXN];                                 //parent[x]表示 x 的父结点
int repair[MAXN];
int n;
void Init()                                       //初始化
{   for(int i=0;i<=n;i++)
        parent[i]=i;
}

int Find(int x)                                   //递归算法:并查集中查找 x 的根结点
{   if (x!=parent[x])
        parent[x]=Find(parent[x]);                //路径压缩
    return parent[x];
}

void Union(int x,int y)                           //合并 x 和 y
{
    parent[Find(x)]=Find(y);
}

double dist(int a,int b)                          //求 a、b 计算机的距离
{
    return sqrt(double(dx[a]-dx[b]) * (dx[a]-dx[b])+(dy[a]-dy[b]) * (dy[a]-dy[b]));
}

int main()
{   int d,i;
    scanf("%d%d",&n,&d);
    Init();
    for(i=0;i<n;i++)                              //输入坐标
        scanf("%d%d",&dx[i],&dy[i]);
    char cmd[2];
    int p,q,len=0;
    while(scanf("%s",cmd)!=EOF)
    {   switch(cmd[0])
        {   case 'O':
                scanf("%d",&p);
                p--;
                repair[len++]=p;
                for(i=0;i<len-1;i++)              //遍历所有修过的计算机看能否通信
                {   if(repair[i]!=p && dist(repair[i],p)<=double(d) )
                        Union(repair[i],p);
                }
                break;
            case 'S':
                scanf("%d%d",&p,&q);
                p--,q--;
                if(Find(p)==Find(q))             //属于同一个集合
                    printf("SUCCESS\n");
                else
                    printf("FAIL\n");
            default:
                break;
        }
    }
    return 0;
}
```

上述程序提交时通过,执行时间为 132ms,内存消耗为 1079KB。

第3章 基本算法设计方法

3.1 单项选择题及其参考答案

1. 穷举法的适用范围是_____。

    A. 一切问题   B. 解的个数极多的问题

    C. 解的个数有限且可一一列举   D. 不适合设计算法

答：穷举法作为一种算法设计基本方法并非万能的,主要适合于解个数有限且可一一列举的问题的求解。答案为 C。

2. 如果一个 4 位数恰好等于它的各位数字的 4 次方和,则这个 4 位数称为玫瑰花数。例如 $1634 = 1^4 + 6^4 + 3^4 + 4^4$,则 1634 是一个玫瑰花数。若想求出 4 位数中所有的玫瑰花数,可以采用的问题解决方法是_____。

    A. 递归法   B. 穷举法

    C. 归纳法   D. 都不适合

答：4 位数的范围是 1000～9999,可以一一枚举。答案为 B。

3. 有一个数列,递推关系是 $a_1 = \dfrac{1}{2}$,$a_{n+1} = \dfrac{a_n}{a_n + 1}$,则求出的通项公式是_____。

    A. $a_n = \dfrac{1}{n+1}$ B. $a_n = \dfrac{1}{n}$

    C. $a_n = \dfrac{1}{2n}$ D. $a_n = \dfrac{n}{2}$

答：采用不完全归纳法,$a_1 = \dfrac{1}{2}$,$a_2 = \dfrac{1}{3}$,$a_3 = \dfrac{1}{4}$,$a_4 = \dfrac{1}{5}$,$\cdots$,$a_n = \dfrac{1}{n+1}$,可以采用数学归纳法证明这个结论的正确性。答案为 A。

4. 猜想 $1=1,1-4=-(1+2),1-4+9=1+2+3,\cdots$的第 5 个式子是_____。

A. $1^2+2^2-3^2-4^2+5^2=1+2+3+4+5$

B. $1^2+2^2-3^2+4^2-5^2=-(1+2+3+4+5)$

C. $1^2-2^2+3^2-4^2+5^2=-(1+2+3+4+5)$

D. $1^2-2^2+3^2-4^2+5^2=1+2+3+4+5$

答：推导如下。

$n=1,1^2=1$

$n=2,1-4=1-2^2=-(1+2)$

$n=3,1-4+9=1^2-2^2+3^2=1+2+3$

$n=4,1^2-2^2+3^2-4^2=-(1+2+3+4)$

$n=5,1^2-2^2+3^2-4^2+5^2=1+2+3+4+5$

答案为 D。

5. 对于迭代法，下面的说法不正确的是_____。

A. 需要确定迭代模型

B. 需要建立迭代关系式

C. 需要对迭代过程进行控制，要考虑什么时候结束迭代过程

D. 不需要对迭代过程进行控制

答：迭代法先确定迭代变量，再对迭代过程进行控制。答案为 D。

6. 设计递归算法的关键是_____。

A. 划分子问题   B. 提取递归模型

C. 合并子问题   D. 求解递归出口

答：递归模型是递归算法的核心，反映递归算法的本质。答案为 B。

7. 若一个问题的求解既可以用递归算法，也可以用迭代算法，则往往用 ① 算法，因为 ② 。

① A. 先递归后迭代   B. 先迭代后递归

C. 递归   D. 迭代

② A. 迭代的效率比递归高   B. 递归宜于问题分解

C. 递归的效率比迭代高   D. 迭代宜于问题分解

答：一般情况下求解同一个问题的迭代算法比递归算法的效率高。答案是①D,②A。

8. 递归函数 $f(n)=f(n-1)+n(n>1)$ 的递归出口是_____。

A. $f(-1)=0$ B. $f(1)=1$

C. $f(0)=1$ D. $f(n)=n$

答：$f(n)=f(n-1)+n(n>1)$ 是递归体，递归出口对应 $n=1$ 的情况。答案为 B。

9. 递归函数 $f(n)=f(n-1)+n(n>1)$ 的递归体是_____。

A. $f(-1)=0$ B. $f(1)=1$

C. $f(n)=n$ D. $f(n)=f(n-1)+n$

答：$f(n)=f(n-1)+n(n>1)$本身就是递归体。答案为 D。

10. 有以下递归算法，$f(123)$的输出结果是_____。

```
void f(int n)
{   if(n>0)
    {   printf("%d",n%10);
        f(n/10);
    }
}
```

A. 321 B. 123

C. 6 D. 以上都不对

答：该算法属于先合后递的递归算法。在执行 $f(123)$时先输出 $123\%10=3$，再调用 $f(12)$输出 2，最后调用 $f(1)$输出 1。答案为 A。

11. 有以下递归算法，$f(123)$的输出结果是_____。

```
void f(int n)
{   if(n>0)
    {   f(n/10);
        printf("%d",n%10);
    }
}
```

A. 321 B. 123

C. 6 D. 以上都不对

答：该算法属于先递后合的递归算法。执行过程是 $f(123) \rightarrow f(12) \rightarrow f(1)$，返回时依次输出 1，2 和 3。答案为 B。

12. 整数单链表 h 是不带头结点的，结点类型 ListNode 为（val，next），则以下递归算法中隐含的递归出口是_____。

```
void f(ListNode * h)
{   if(h!=NULL)
    {   printf("%d ",h->val);
        f(h->next);
    }
}
```

A. if(h!=NULL) return; B. if(h==NULL) return 0;

C. if(h==NULL) return; D. 没有递归出口

答：任何递归算法都包含递归出口，该递归算法是正向输出单链表 h 中的结点值，递归出口是 h 为空的情况。答案为 C。

13. $T(n)$表示输入规模为 n 时的算法效率，以下算法中性能最优的是_____。

A. $T(n)=T(n-1)+1,T(1)=1$ B. $T(n)=2n^2$

C. $T(n)=T(n/2)+1,T(1)=1$ D. $T(n)=3n\log_2 n$

答：对于选项 A，采用直接展开法求出 $T(n)=\Theta(n)$。对于选项 B，$T(n)=\Theta(n^2)$。对于选项 C，采用主方法，$a=1,b=2,f(n)=O(1)$，$n^{\log_b a}=1$ 与 $f(n)$ 的阶相同，则 $T(n)=\Theta(\log_2 n)$。对于选项 D，$T(n)=\Theta(n\log_2 n)$。答案为 C。

3.2 问答题及其参考答案

1. 采用穷举法解题时的常用列举方法有顺序列举、排列列举和组合列举，问求解以下问题应该采用哪一种列举方法？

（1）求 $m\sim n$ 的所有素数。

（2）在数组 a 中选择出若干元素，它们的和恰好等于 k。

（3）有 n 个人合作完成一个任务，他们采用不同的排列顺序，则完成该任务的时间不同，求最优完成时间。

答：（1）采用顺序列举。

（2）采用组合列举。

（3）采用排列列举。

2. 许多系统用户登录时需要输入密码，为什么还需要输入已知的验证码？

答：一般密码长度有限，密码由数字和字母等组成，可以采用穷举法枚举所有可能的密码，对每个密码进行试探。如果加入验证码，就会延迟每次试探的时间，从而使得这样破解密码变成几乎不可能。

3. 什么是递归算法？递归模型由哪两个部分组成？

答：递归算法是指直接或间接地调用自身的算法。递归模型由递归出口和递归体两个部分组成。

4. 比较迭代算法与递归算法的异同。

答：迭代算法与递归算法的相同点是都是解决"重复操作"的机制，不同点是递归算法往往比迭代算法耗费更多的时间（调用和返回均需要额外的时间）与存储空间（用来保存不同次调用情况下变量的当前值的栈空间），每个迭代算法原则上总可以转换成与它等价的递归算法，反之不然。

5. 有一个含 $n(n>1)$ 个整数的数组 a，写出求其中最小元素的递归定义。

答：设 $f(a,i)$ 表示 $a[0..i]$（共 $i+1$ 个元素）中的最小元素，为大问题，则 $f(a,i-1)$ 表示 $a[0..i-1]$（共 i 个元素）中的最小元素，为小问题。对应的递归定义如下：

$$f(a,i)=a[0] \qquad 当\ i=0\ 时$$
$$f(a,i)=\min(f(a,i-1),a[i]) \qquad 其他$$

则 $f(a,n-1)$ 求数组 a 中 n 个元素的最小元素。

6. 有一个含 $n(n>1)$ 个整数的数组 a，写出求所有元素和的递归定义。

答：设 $f(a,i)$ 表示 $a[0..i]$（共 $i+1$ 个元素）中所有元素的和，为大问题，则 $f(a,i-1)$ 表示 $a[0..i-1]$（共 i 个元素）中所有元素的和，为小问题。对应的递归定义如下：

$$f(a,i)=a[0] \qquad 当 i=0 时$$
$$f(a,i)=f(a,i-1)+a[i] \qquad 其他$$

则 $f(a,n-1)$ 求数组 a 中 n 个元素的和。

7. 利用整数的后继函数 succ 写出 $x+y$（x 和 y 都是正整数）的递归定义。

答：设 $f(x,y)=x+y$，对应的递归定义如下。

$$f(x,y)=y \qquad\qquad 当 x=0 时$$
$$f(x,y)=x \qquad\qquad 当 y=0 时$$
$$f(x,y)=f(\text{succ}(x),\text{succ}(y))+2 \qquad 其他$$

8. 有以下递归算法，则 $f(f(7))$ 的结果是多少？

```
int f(int n)
{   if(n<=3)
        return 1;
    else
        return f(n-2)+f(n-4)+1;
}
```

答：先求 $f(7)$，如图 3.1(a)所示，求出 $f(7)=5$ 后，再求 $f(5)$，如图 3.1(b)所示，求出 $f(5)=3$ 后，所以 $f(f(7))$ 的结果是 3。

9. 有以下递归算法，则 $f(3,5)$ 的结果是多少？

```
int f(int x,int y)
{   if(x<=0 || y<=0)
        return 1;
    else
        return 3 * f(x-1,y/2);
}
```

答：求 $f(3,5)$ 的过程如图 3.2 所示，求出 $f(3,5)=27$。

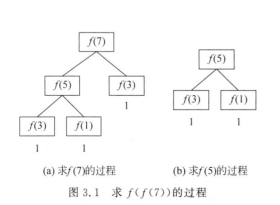

(a) 求 $f(7)$ 的过程　　(b) 求 $f(5)$ 的过程

图 3.1　求 $f(f(7))$ 的过程

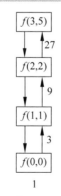

图 3.2　求 $f(3,5)$ 的过程

10. 采用直接展开法求以下递推式：

$T(1)=1$

$T(n)=T(n-1)+n$ 　　当 $n>1$ 时

答： 求 $T(n)$ 的过程如下。

$$T(n)=T(n-1)+n=[T(n-2)+(n-1)]+n=T(n-2)+n+(n-1)$$
$$=T(n-3)+n+(n-1)+(n-2)$$
$$=\cdots$$
$$=T(1)+n+(n-1)+\cdots+2$$
$$=n+(n-1)+\cdots+2+1=n(n+1)/2=\Theta(n^2)$$

11. 采用递归树方法求解以下递推式：

$T(1)=1$

$T(n)=4T(n/2)+n$ 　　当 $n>1$ 时

解： 构造的递归树如图 3.3 所示，第 1 层的问题规模为 n，第 2 层的子问题的问题规模为 $n/2$，以此类推，当展开到第 $k+1$ 层时，其规模为 $n/2^k=1$，所以递归树的高度为 $\log_2 n+1$。

第 1 层有一个结点，其时间为 n，第 2 层有 4 个结点，其时间为 $4(n/2)=2n$，以此类推，第 k 层有 4^{k-1} 个结点，每个子问题的规模为 $n/2^{k-1}$，其时间为 $4^{k-1}(n/2^{k-1})=2^{k-1}n$。叶子结点的个数为 n 个，其时间为 n。将递归树每一层的时间加起来，可得：

$$T(n)=n+2n+\cdots+2^{k-1}n+\cdots+n\approx n\times 2^{\log_2 n}=\Theta(n^2)。$$

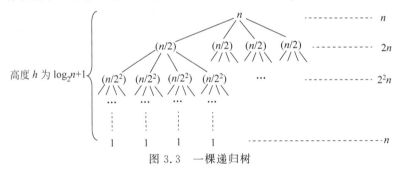

图 3.3　一棵递归树

12. 采用主方法求解以下递推式：

(1) $T(n)=4T(n/2)+n$

(2) $T(n)=4T(n/2)+n^2$

(3) $T(n)=4T(n/2)+n^3$

答：(1) 这里 $a=4,b=2,f(n)=n$。$n^{\log_b a}=n^{\log_2 4}=n^2$，显然 $f(n)$ 的阶小于 $n^{\log_b a}$，满足主方法中的情况①，所以 $T(n)=\Theta(n^{\log_b a})=\Theta(n^2)$。

(2) 这里 $a=4,b=2,f(n)=n^2$。$n^{\log_b a}=n^{\log_2 4}=n^2$，显然 $f(n)$ 与 $n^{\log_b a}$ 同阶，满足主方法中的情况②，$T(n)=\Theta(n^{\log_b a}\log_2 n)=\Theta(n^2\log_2 n)$。

(3) 这里 $a=4,b=2,f(n)=n^3$。$n^{\log_b a}=n^{\log_2 4}=n^2$，显然 $f(n)$ 的阶大于 $n^{\log_b a}$。另外，对于足够大的 n，$af(n/b)=4\times n^3/8=n^3/2\leqslant cf(n)$，这里 $c=1/2$，满足正规性条件，则有 $T(n)=\Theta(f(n))=\Theta(n^3)$。

13. 有以下算法,分析其时间复杂度。

```
void f(int n)
{   for(int i=1;i<=n;i++)
    {   for(int j=1;j<=i;j++)
            printf("%d %d %d\n",i,j,n);
    }
    if(n>0)
    {   for(int i=1;i<=4;i++)
            f(n/2);
    }
}
```

答:算法中两重 for 的执行次数 $=\sum_{i=1}^{n}\sum_{j=1}^{i}1=\sum_{i=1}^{n}i=\dfrac{n(n+1)}{2}=\Theta(n^2)$。对应的时间递推式如下:

$T(n)=1$ 当 $n=0$ 时

$T(n)=4T(n/2)+n^2$ 其他

采用主方法,$a=4,b=2,f(n)=n^2,n^{\log_b a}=n^2$,与 $f(n)$ 的阶相同,则 $T(n)=\Theta(n^2\log_2 n)$。

14. 分析《教程》3.4.3 节中求 $1\sim n$ 的全排列的递归算法 perm21(n,n) 的时间复杂度。

答:perm21(n,n) 用于求 $1\sim n$ 的全排列 P_n,设其执行时间为 $T(n)$,它首先调用 perm2$(n,n-1)$ 求出 $1\sim n-1$ 的全排列 P_{n-1},该小问题的执行时间为 $T(n-1)$,再对于 P_{n-1} 中每个集合元素(共 $(n-1)!$ 个集合元素)的每个位置(共 n 个位置)插入 n,合并结果得到 P_n,执行次数为 $n(n-1)!=n!$。所以递推式如下:

$T(1)=1$ 求 P_1 为常量

$T(n)=T(n-1)+n!$ 当 $n>1$ 时

令 $T(n)=n!g(n)$(因为 $1\sim n$ 全排列中的排列个数为 $n!$),则

$$T(n-1)=(n-1)!g(n-1)$$

代入 $T(n)=T(n-1)+n!$ 中得到:

$$n!g(n)=(n-1)!g(n-1)+n!$$

两边乘以 n:

$$nn!g(n)=n(n-1)!g(n-1)+nn!=n!g(n-1)+nn!$$

两边除以 $n!$:

$$ng(n)=g(n-1)+n$$

得到如下递推式:

$g(1)=1$

$g(n)=g(n-1)/n+1$ 当 $n>1$ 时

采用直接展开法,$g(n)=g(n-1)/n+1=g(n-2)/(n(n-1))+1/n+1=\cdots\leqslant 2$。

$T(n)=n!g(n)\leqslant 2n!$

因此有 $T(n)=O(n!)$。

15*. 有以下多项式：

$$f(x,n)=x-\frac{x^3}{3!}+\frac{x^5}{5!}-\frac{x^7}{7!}+\cdots+(-1)^n\frac{x^{2n+1}}{(2n+1)!}$$

给出求 $f(x,n)$ 值的递推式，分析其求解的时间复杂度。

答：为了简单，省略 x 参数。

$f(1)=x, \quad g(1)=x$

$f(2)=x-\dfrac{x^3}{3!}=f(1)+(-1)\times g(1)\times\dfrac{x^2}{3\times2}, \quad g(2)=(-1)\times g(1)\times\dfrac{x^2}{2\times3}$

$f(3)=x-\dfrac{x^3}{3!}+\dfrac{x^5}{5!}=f(2)+(-1)\times g(2)\times\dfrac{x^2}{4\times5}, \quad g(3)=(-1)\times g(2)\times\dfrac{x^2}{4\times5}$

可以推出求 $f(n)$ 的递推式如下：

$$f(1)=x, \quad g(1)=x$$

$$g(n)=(-1)\times g(n-1)\times\frac{x^2}{(2n-2)(2n-1)}$$

$$f(n)=f(n-1)+g(n)$$

设求 $f(n)$ 的执行时间为 $T(n)$，求 $f(n)$ 需要求出 $g(n)$，但它们是同时计算的，也就是说 $T(n)$ 表示的是求 $f(n)$ 和 $g(n)$ 的时间，对应的执行时间递推式如下：

$T(1)=O(1)$

$T(n)=T(n-1)+O(1)$　　当 $n>1$ 时

可以推出 $T(n)=O(n)$。

3.3　算法设计题及其参考答案 ✳

1. 有 3 种硬币若干个，面值分别是 1 分、2 分、5 分，如果要凑够 1 毛 5，设计一个算法求有哪些组合方式，其多少种组合方式。

解：采用穷举法，设所需 1 分、2 分和 5 分硬币的个数分别为 i、j 和 k，显然有 $0\leqslant i\leqslant15$，$0\leqslant j\leqslant7$，$0\leqslant k\leqslant3$，约束条件为 $i+2j+5k=15$，用 cnt 表示组合方式数。对应的算法如下：

```
int solve( )
{   int cnt=0;
    for(int i=0;i<=15;i++)
    {   for(int j=0;j<=7;j++)
        {   for(int k=0;k<=3;k++)
            {   if (i+(2*j)+(5*k)==15)
                {   printf("一分硬币%d个,两分硬币%d个,五分硬币%d个\n",i,j,k);
                    cnt++;
                }
            }
        }
    }
    return cnt;
}
```

2. 有一个整数序列是 $0,5,6,12,19,32,52,\cdots$，其中第 1 项为 0，第 2 项为 5，第 3 项为 6，以此类推，采用迭代算法和递归算法求该数列的第 $n(n{\geqslant}1)$ 项。

解：设 $f(n)$ 为数列的第 n 项，则

$f(1)=0$

$f(2)=5$

$f(3)=6=f(1)+f(2)+1$

$f(4)=12=f(2)+f(3)+1$

$\cdots$

可以归纳出当 $n{>}2$ 时有 $f(n)=f(n-2)+f(n-1)+1$。对应的迭代算法如下：

```
int sequence1(int n)              //迭代算法
{   int a=0,b=5,c;
    if(n==1)
        return a;
    else if(n==2)
        return b;
    else
    {   for(int i=3;i<=n;i++)
        {   c=a+b+1;
            a=b;
            b=c;
        }
        return c;
    }
}
```

对应的递归算法如下：

```
int sequence2(int n)              //递归算法
{   if(n==1)
        return 0;
    else if(n==2)
        return 5;
    else
        return sequence2(n-2)+sequence2(n-1)+1;
}
```

3. 给定一个正整数 $n(1{\leqslant}n{\leqslant}100)$，采用迭代算法和递归算法求 $s=1+(1+2)+(1+2+3)+\cdots+(1+2+\cdots+n)$。

解：设 $\text{curs}=1+2+\cdots+(i-1)$，则 $\text{curs}+i$ 便是 $1+2+\cdots+i$，用 ans 累加所有的 curs（初始为 0）。对应的迭代算法如下：

```
int Sum1(int n)              //迭代算法
{   int ans=0;
    int curs=0;
    for(int i=1;i<=n;i++)
    {   curs+=i;
        ans+=curs;
    }
    return ans;
}
```

设 $f(n)=1+(1+2)+(1+2+3)+\cdots+(1+2+\cdots+n)$，则 $f(n-1)=1+(1+2)+$

$(1+2+3)+\cdots+(1+2+\cdots+n-1)$，两式相减得到 $f(n)-f(n-1)=(1+2+\cdots+n)=$ $n(n+1)/2$，则递归模型如下：

$f(1)=1$

$f(n)=f(n-1)+n(n+1)/2$ 　　　　当 $n>1$ 时

对应的递归算法如下：

```
int Sum2(int n)                         //递归算法
{    if(n==1)
          return 1;
     else
          return Sum2(n-1)+n*(n+1)/2;
}
```

4. 一个数列的首项 $a_1=0$，后续奇数项和偶数项的计算公式分别为 $a_{2n}=a_{2n-1}+2$，$a_{2n+1}=a_{2n-1}+a_{2n}-1$，设计一个递归算法求数列的第 n 项。

解：设 $f(m)$ 计算数列的第 m 项。当 m 为偶数时，不妨设 $m=2n$，则 $2n-1=m-1$，所以有 $f(m)=f(m-1)+2$；当 m 为奇数时，不妨设 $m=2n+1$，则 $2n-1=m-2$，$2n=m-1$，所以有 $f(m)=f(m-2)+f(m-1)-1$。对应的递归算法如下：

```
int sequence(int m)                     //递归算法
{    if (m==1)
          return 0;
     else if (m%2==0)
          return sequence(m-1)+2;
     else
          return sequence(m-2)+sequence(m-1)-1;
}
```

5. 设计一个递归算法用于翻转一个非空字符串 s。

解：设 $f(str,i)$ 返回 $s[i..n-1]$（共 $n-i$ 个字符)的翻转字符串，为大问题，$f(str,i+1)$ 返回 $s[i..n-1]$（共 $n-i-1$ 个字符)的翻转字符串，为小问题，$i \geqslant n$ 时空串的翻转结果是空串。对应的递归模型如下：

$f(s,i)=""$ 　　　　　　　当 $i \geqslant n$ 时

$f(s,i)=f(s,i+1)+s[i]$ 　　　其他情况

对应的递归算法如下：

```
string reverse1(string s,int i)         //被 reverse 算法调用
{    if (i>=s.size())
          return "";
     else
          return reverse1(s,i+1)+s[i];
}
string reverse(string s)                //递归算法
{
     return reverse1(s,0);
}
```

6. 对于不带头结点的非空整数单链表 h，设计一个递归算法求其中值为 x 的结点的个数。

解：设 $f(h,x)$ 返回单链表 h 中值为 x 的结点的个数，为大问题，$f(h->next,x)$ 返回

子单链表 $h->$ next 中值为 x 的结点的个数,为小问题,空单链表的结点个数为 0。对应的递归模型如下:

$$f(h,x)=0 \qquad\qquad 当 h=NULL 时$$
$$f(h,x)=f(h->next,x)+1 \qquad\qquad 当 h->val=x 时$$
$$f(h,x)=f(h->next,x) \qquad\qquad 其他$$

对应的递归算法如下:

```
int Count(ListNode * h, int x)
{    if(h==NULL)
         return 0;
     else if(h->val==x)
         return Count(h->next,x)+1;
     else
         return Count(h->next,x);
}
```

7. 对于不带头结点的非空单链表 h,设计一个递归算法删除其中第一个值为 x 的结点。

解:设 $f(h,x)$ 删除单链表 h 中第一个值为 x 的结点,为大问题,$f(h->next,x)$ 删除子单链表 $h->$ next 中第一个值为 x 的结点,为小问题。对应的递归模型如下:

$$f(h,x) \equiv 不做任何事情 \qquad\qquad 当 h=NULL 时$$
$$f(h,x) \equiv 删除 h 结点,h=h->next \qquad\qquad 当 h->val=x 时$$
$$f(h,x) \equiv f(h->next,x) \qquad\qquad 其他$$

对应的递归算法如下:

```
void Delfirstx(ListNode *  &h, int x)          //递归算法:删除单链表 h 中第一个值为 x 的结点
{    if (h==NULL) return;
     if (h->val==x)
     {    ListNode * p=h;
          h=h->next;
          free(p);
     }
     else
          Delfirstx(h->next,x);
}
```

8. 对于不带头结点的非空单链表 h,设计一个递归算法删除其中所有值为 x 的结点。

解:设 $f(h,x)$ 删除单链表 h 中所有值为 x 的结点,为大问题,$f(h->next,x)$ 删除子单链表 $h->$ next 中所有值为 x 的结点,为小问题。对应的递归模型如下:

$$f(h,x) \equiv 不做任何事情 \qquad\qquad 当 h=NULL 时$$
$$f(h,x) \equiv 删除 h 结点,h=h->next;f(h,x) \qquad 当 h->val=x 时$$
$$f(h,x) \equiv f(h->next,x) \qquad\qquad 其他$$

对应的递归算法如下:

```
void Delallx(ListNode *  &h, int x)          //递归算法:删除单链表 h 中所有值为 x 的结点
{    if (h==NULL) return;
     if (h->val==x)
     {    ListNode * p=h;
          h=h->next;
          free(p);
```

```
        Delallx(h,x);
    }
    else
        Delallx(h->next,x);
}
```

9. 假设二叉树采用二叉链存储结构存放,结点值为整数,设计一个递归算法求二叉树 b 中所有叶子结点值的和。

解:设 $f(b)$ 返回二叉树 b 中所有叶子结点值的和,为大问题,$f(b->\text{left})$ 和 $f(b->\text{right})$ 分别返回二叉树 b 左、右子树中所有叶子结点值的和,为两个小问题。对应的递归模型如下:

$$f(b)=0 \qquad\qquad\qquad\qquad\qquad\qquad\qquad 当\ b=\text{NULL}\ 时$$
$$f(b)=b->\text{val} \qquad\qquad\qquad\qquad\qquad 当\ b\ 结点为叶子结点时$$
$$f(b)=f(b->\text{left})+f(b->\text{right}) \qquad 其他$$

对应的递归算法如下:

```
int LeafSum(TreeNode * b)          //递归算法:求二叉树 b 中所有叶子结点值的和
{   if (b==NULL) return 0;
    if (b->left==NULL && b->right==NULL)
        return b->val;
    int lsum=LeafSum(b->left);
    int rsum=LeafSum(b->right);
    return lsum+rsum;
}
```

10. 假设二叉树采用二叉链存储结构存放,结点值为整数,设计一个递归算法求二叉树 b 中第 $k(1\leqslant k\leqslant$二叉树 b 的高度)层所有结点值的和(根结点层次为1)。

解:设 $f(b,h,k)$ 返回二叉树 b 中第 k 层所有结点值的和(初始时 b 指向根结点,h 置为1表示结点 b 的层次)。其递归模型如下:

$$f(b,h,k)=0 \qquad\qquad\qquad\qquad\qquad\qquad\qquad\qquad\qquad 当\ b=\text{NULL}\ 时$$
$$f(b,h,k)=b->\text{val} \qquad\qquad\qquad\qquad\qquad\qquad\qquad\quad 当\ h=k\ 时$$
$$f(b,h,k)=f(b->\text{left},h+1,k)+f(b->\text{right},h+1,k) \quad 当\ h<k\ 时$$
$$f(b,h,k)=0 \qquad\qquad\qquad\qquad\qquad\qquad\qquad\qquad\qquad 其他$$

对应的递归算法如下:

```
int LevelkSum1(TreeNode * b, int h, int k)      //被 LevelkSum 算法调用
{   if(b==NULL)
        return 0;
    if(h==k)
        return b->val;
    if(h<k)
    {   int lsum=LevelkSum1(b->left,h+1,k);
        int rsum=LevelkSum1(b->right,h+1,k);
        return lsum+rsum;
    }
    else
        return 0;
}
int LevelkSum(TreeNode * b, int k)              //递归算法:求二叉树 b 中第 k 层所有结点值的和
{
```

```
        return LevelkSum1(b,1,k);
}
```

11. 设计将十进制正整数 n 转换为二进制数的迭代算法和递归算法。

解：设 $f(n)$ 为 n 的二进制数。求出 $n\%2$ 和 $n/2$，$n\%2$ 作为结果二进制数的最高位，$f(n/2)$ 作为小问题。假设 $f(n/2)$ 已经求出，将 $n\%2$ 作为其最高位得到 $f(n)$ 的结果。对应的递归模型如下：

$$f(n) = 空 \qquad\qquad 当 n \leqslant 0 时$$
$$f(n) = n\%2 \oplus f(n/2) \qquad\qquad 当 n > 0 时$$

其中 $x \oplus y$ 表示 x 作为 y 的最高位。

采用数组存放转换的二进制数，每个元素表示一个二进制位，由于需要将 $n\%2$ 的二进制位插入最前面，所以改为用 deque < int > 容器存放转换的二进制数。对应的迭代法算法如下：

```
deque < int > trans1(int n)                 //迭代算法
{   deque < int > ans;
    while(n > 0)
    {   int d = n%2;                          //求出二进制位 d
        ans.push_front(d);                    //将 d 作为高位的元素
        n/=2;                                 //新值取代旧值
    }
    return ans;
}
```

对应的递归算法如下：

```
deque < int > trans2(int n)                 //递归算法
{   if(n <= 0) return {};
    deque < int > ans = trans2(n/2);          //先递后合
    int d = n%2;
    ans.push_back(d);
    return ans;
}
```

12. 在《教程》3.2.2节中采用迭代算法实现直接插入排序，请设计等效的递归算法。

解：直接插入排序递归算法的设计思路参考《教程》3.2.2节和3.4.2节。采用先递后合和先合后递两种递归算法如下：

```
void Insert(vector < int > &R, int i)        //将 R[i]有序插入 R[0..i-1]中
{   int tmp = R[i];
    int j = i-1;
    do                                        //找 R[i]的插入位置
    {   R[j+1] = R[j];                         //将大于 R[i]的元素后移
        j--;
    } while(j >= 0 && R[j] > tmp);            //直到 R[j]<=tmp 为止
    R[j+1] = tmp;                             //在 j+1 处插入 R[i]
}
/*** 先递后合算法 ***************************** /
void InsertSort21(vector < int > &R, int i)  //递归的直接插入排序
{   if(i == 0) return;
    InsertSort21(R,i-1);
```

```
            if (R[i]< R[i−1])                    //反序时
                Insert(R,i);
        }
        void InsertSort2(vector < int > &R)       //递归算法:直接插入排序
        {   int n＝R.size();
            InsertSort21(R,n−1);
        }

/*** 先合后递算法 ***************************** /
        void InsertSort31(vector < int > &R,int i)   //递归的直接插入排序
        {   int n＝R.size();
            if(i< 1 || i>n−1) return;
            if (R[i]< R[i−1])                    //反序时
                Insert(R,i);
            InsertSort31(R,i+1);
        }
        void InsertSort3(vector < int > &R)       //递归算法:直接插入排序
        {
            InsertSort31(R,1);
        }
```

13. 在《教程》3.3.2 节中采用迭代算法实现简单选择排序,请设计等效的递归算法。

解:简单选择排序递归算法的设计思路参考《教程》3.3.2 节和 3.4.2 节。采用先递后合和先合后递两种递归算法如下:

```
        void Select(vector < int > & R, int i)    //在 R[i..n−1]中选择最小元素交换到 R[i]位置
        {   int minj＝i;                          //minj 表示 R[i..n−1]中最小元素的下标
            for (int j＝i+1;j < R.size();j++)      //在 R[i..n−1]中找最小元素
            {   if (R[j]< R[minj])
                    minj＝j;
            }
            if (minj!＝i)                          //若最小元素不是 R[i]
                swap(R[minj],R[i]);              //交换
        }
/*** 先递后合算法 ***************************** /
        void SelectSort21(vector < int > & R,int i)   //递归的简单选择排序
        {   if (i==−1) return;                    //满足递归出口条件
            SelectSort21(R,i−1);
            Select(R,i);
        }

        void SelectSort2(vector < int > & R)      //递归的简单选择排序
        {
            SelectSort21(R,R.size()−2);
        }
/*** 先合后递算法 ***************************** /
        void SelectSort31(vector < int > & R,int i)   //递归的简单选择排序
        {   int n＝R.size();
            if (i==n−1) return;                   //满足递归出口条件
            Select(R,i);
            SelectSort31(R,i+1);
```

```
}
void SelectSort3(vector < int > & R)          //递归的简单选择排序
{
    SelectSort31(R,0);
}
```

14. 在《教程》3.4.2 节中采用递归算法实现冒泡排序,请设计等效的迭代算法。

解: 冒泡排序迭代算法的设计思路参考《教程》3.4.2 节和 3.3.2 节。对应的算法如下:

```
void Bubble(vector < int > & R,int i,bool& exchange)    //在 R[i..n−1]中冒泡最小元素到 R[i]位置
{   int n=R.size();
    for (int j=n−1;j>i;j−−)                    //无序区元素比较,找出最小元素
    {   if (R[j−1]>R[j])                       //当相邻元素反序时
        {   swap(R[j],R[j−1]);                 //R[j]与 R[j−1]进行交换
            exchange=true;                      //本趟排序发生交换置 exchange 为 true
        }
    }
}

void BubbleSort1(vector < int > & R)           //迭代算法:冒泡排序
{   int n=R.size();
    bool exchange;
    for (int i=0;i<n−1;i++)                     //进行 n−1 趟排序
    {   exchange=false;                         //本趟排序前置 exchange 为 false
        Bubble(R,i,exchange);
        if (exchange==false)                    //本趟未发生交换时结束算法
            return;
    }
}
```

15. 在《教程》3.3.4 节中采用迭代算法求 $1\sim n$ 的幂集,请设计等效的递归算法。

解: 用 M_i 表示 $1\sim i$ 的幂集。对应的递归模型如下:

$M_1=\{\{\},\{1\}\}$

$M_i=M_{i-1}\bigcup A_i$ 当 $i>1$ 时

其中 $A_i=\text{appendi}(M_{i-1},i)$。幂集用 vector < vector < int >>容器存放,其中每个 vector < int > 类型的元素表示幂集中的一个集合。大问题是求 $\{1\sim i\}$ 的幂集,小问题是求 $\{1\sim i-1\}$ 的幂集。采用先递后合和先合后递两种递归算法如下:

```
vector < vector < int >> appendi(vector < vector < int >> Mi_1,int i)
//向 Mi_1 中每个集合元素的末尾添加 i
{   vector < vector < int >> Ai=Mi_1;
    for(int j=0;j<Ai.size();j++)
        Ai[j].push_back(i);
    return Ai;
}
/*** 先递后合算法 ***************************** */
vector < vector < int >> pset(int n,int i)       //递归算法
{   if(i==1)
        return {{},{1}};
    else
    {   vector < vector < int >> Mi_1=pset(n,i−1);    //递归求出 Mi_1
```

```
        vector < vector < int >> Mi=Mi_1;                    //Mi 置为 Mi_1
        vector < vector < int >> Ai=appendi(Mi_1,i);
        for(int j=0;j < Ai.size();j++)                        //将 Ai 中的所有集合元素添加到 Mi 中
            Mi.push_back(Ai[j]);
        return Mi;                                            //返回 Mi
    }
}
vector < vector < int >> subsets2(int n)                      //递归算法
{
    return pset(n,n);
}
/ *** 先合后递算法 ***************************** /
vector < vector < int >> pset(vector < vector < int >> M,int n,int i)    //递归算法
{   vector < vector < int >> A=appendi(M,i);                  //求 A
    for(int j=0;j < A.size();j++)                             //将 A 中的所有集合元素添加到 M 中
        M.push_back(A[j]);
    if(i==n)                                                  //已经求出结果时返回 M
        return M;
    else                                                      //否则递归调用
        return pset(M,n,i+1);
}
vector < vector < int >> subsets3(int n)                      //递归算法
{   vector < vector < int >> M={{},{1}};                      //M 存放{1-n}的幂集,初始时置为 M1
    if(n==1)
        return M;
    else
        return pset(M,n,2);
}
```

16. 在《教程》3.4.3节中采用递归算法求 $1\sim n$ 的全排列,请设计等效的迭代算法。

解：全排列是一个两层集合,采用 vector < vector < int >>容器存放。首先置 $P_i=P_1=\{\{1\}\}$,i 从 2 到 n 循环：置 $P_{i-1}=P_i$,清空 P_i,在 P_{i-1} 中每个集合元素的每个位置插入 i,将结果添加到 P_i 中,最后返回 P_i。对应的迭代法算法如下：

```
vector < int > Insert(vector < int > s,int i,int j)          //在 s 的位置 j 插入 i
{   vector < int >::iterator it=s.begin()+j;                 //求出插入位置
    s.insert(it,i);                                          //插入整数 i
    return s;
}
vector < vector < int >> CreatePi(vector < int > s,int i)    //在 s 集合中 i-1 到 0 的位置插入 i
{   vector < vector < int >> tmp;
    for (int j=s.size();j>=0;j--)                            //在 s 的每个位置插入 i
    {   vector < int > s1=Insert(s,i,j);
        tmp.push_back(s1);                                   //添加到 Pi 中
    }
    return tmp;
}
vector < vector < int >> Perm1(int n)                        //用迭代法求 1~n 的全排列
{   vector < vector < int >> Pi;                             //存放 1~i 的全排列
    Pi.push_back({1});
    vector < vector < int >> Pi_1;                           //存放 1~i-1 的全排列
    for (int i=2;i<=n;i++)                                   //迭代循环:添加 2~n
    {   Pi_1=Pi;                                             //新值取代旧值
        Pi.clear();
        for (auto it=Pi_1.begin();it!=Pi_1.end();it++)
```

```
        { vector < vector < int >> tmp=CreatePi( * it,i); //在 it 集合中插入 i 得到 tmp
            for(int k=0;k < tmp.size();k++)
                Pi.push_back(tmp[k]);                //将 tmp 的全部元素添加到 Pi 中
        }
    }
    return Pi;
}
```

17. 在《教程》3.4.3 节中求 $1 \sim n$ 的全排列的递归算法采用的是先递后合,请设计等效的先合后递的递归算法。

解:在先合后递的递归算法中,P 首先置为 $P_1 = \{\{1\}\}$,再依次产生 $P_2, \cdots, P_n$。也就是说当 $i <= n$ 时,将 P 看成 P_{i-1},在 P_{i-1} 中每个集合元素的每个位置插入 i 得到 P_i,再递归添加 $i+1$;若 $i > n$,说明已经生成 $1 \sim n$ 的全排列 P,返回 P 即可。对应的递归算法如下:

```
vector < vector < int >> perm31(vector < vector < int >> P, int n, int i)   //先合后递的递归算法
{   if(i <= n)
    {   vector < vector < int >> Pi;
        for (auto it=P.begin();it!=P.end();it++)           //由 P 产生 Pi
        {   vector < vector < int >> tmp=CreatePi( * it,i);   //在 it 集合中插入 i 得到 tmp
            for(int k=0;k < tmp.size();k++)
                Pi.push_back(tmp[k]);                  //将 tmp 的全部元素添加到 Pi 中
        }
        return perm31(Pi,n,i+1);
    }
    else return P;
}
vector < vector < int >> Perm3(int n)            //用递归法求 1-n 的全排列
{   vector < vector < int >> P={{1}};            //P 存放{1-n}的全排列,初始时置为 P1
    if(n==1)
        return P;
    else
        return perm31(P,n,2);
}
```

18. 给定一个整数数组 a,打印一个和三角形,其中第一层包含数组元素,以后每一层的元素数比上一层少一个,该层的元素是上一层中连续两个元素的和,设计一个算法求最高层的整数。例如,$a = \{1,2,3,4,5\}$,对应的和三角形如下:

$$48$$
$$20 \quad 28$$
$$8 \quad 12 \quad 16$$
$$3 \quad 5 \quad 7 \quad 9$$
$$1 \quad 2 \quad 3 \quad 4 \quad 5$$

求出的最高层的整数为 48。

解法 1:设 $f(a)$ 为数组 a 的和三角形中最高层的整数,为大问题。假设 a 中含 n 个整数,分为两种情况:

① 当 $n=1$ 时,$a[0]$ 就是 a 的和三角形中最高层的整数,直接返回 $a[0]$。

② 当 $n>1$ 时,由 a 中两两元素相加得到数组 b,b 中的元素个数为 $n-1$,求 $f(b)$ 是对应的小问题,此时返回 $f(b)$ 即可。

对应的递归算法如下:

```
int solve1(vector < int > &a)               //解法 1:递归算法
{    int n＝a.size();
     if (n==1)
          return a[0];
     else
     {    vector < int > b(n-1);
          for (int i＝0;i < n-1;i++)
               b[i]＝a[i]＋a[i+1];
          return solve1(b);
     }
}
```

解法 2:采用迭代法。定义一个队列 qu,先将 a 中的所有元素进队,当队中元素个数大于 1 时循环:对于队中的 n 个元素,出队 n 次,每次求出相邻元素和后进队,共进队 $n-1$ 次。当队中只有一个元素时返回该元素。对应的迭代算法如下:

```
int solve2(vector < int > &a)               //解法 2:迭代算法
{    int n＝a.size();
     if (n==1)
          return a[0];
     else
     {    queue < int > qu;
          for(int i＝0;i < n;i++)
               qu.push(a[i]);              //a 中的所有元素进队
          while(qu.size()> 1)              //循环到队列中只有一个元素时为止
          {    n＝qu.size();
               int x＝qu.front(); qu.pop();   //出队首元素
               for(int i＝1;i < n;i++)        //循环 n-1 次
               {    int y＝qu.front(); qu.pop(); //出队元素 y
                    qu.push(x＋y);             //x＋y 和进队
                    x＝y;                     //替换
               }
          }
          return qu.front();               //返回结果
     }
}
```

19. 给定一个含 n 个元素的整数序列 a,设计一个算法求其中两个不同元素相加的绝对值的最小值。

解法 1:采用穷举法,任意两个不同元素求相加的绝对值,比较求最小值 ans,算法的时间复杂度为 $O(n^2)$。对应的算法如下:

```
int minabs1(vector < int > &a)              //解法 1
{    int n＝a.size();
     int ans＝0x3f3f3f3f;                  //初始置为∞
```

```
for(int i=0;i<n-1;i++)
{    for(int j=i+1;j<n;j++)
     {    ans=min(ans,abs(a[i]+a[j]));
          if(ans==0) return ans;          //当结果为 0 时不必继续
     }
}
return ans;
}
```

解法 2：改进穷举法算法，如果 a 中元素全部是正数，只需要找到其中两个不同的最小元素，答案就是它们相加的结果，对应的时间复杂度为 $O(n)$。但这里 a 中可能有负数，那么在这种情况下就变成了求差的绝对值，而差的绝对值最小的两个整数一定是大小最相近的，为此先对数组 a 递增排序，用 low 和 high 前后遍历，求 sum=a[low]+a[high]，将最小绝对值保存在 ans 中，如果 sum>0 除去 a[high]，如果 sum<0 除去 a[low]。算法的时间主要花费在排序上，时间复杂度为 $O(n\log_2 n)$。对应的算法如下：

```
int minabs2(vector<int> &a)          //解法 2
{    int n=a.size();
     int ans=0x3f3f3f3f;             //初始置为∞
     sort(a.begin(),a.end());        //递增排序
     int low=0,high=n-1;
     while(low<high)
     {    int sum=a[low]+a[high];
          ans=min(ans,abs(sum));
          if(ans==0) return ans;     //当结果为 0 时不必继续
          if(sum>0) high--;
          if(sum<0) low++;
     }
     return ans;
}
```

3.4   上机实验题及其参考答案   ✳

3.4.1   求最长重复子串

编写一个实验程序 exp3-1，采用穷举法求字符串 s 中最长的可重叠重复的子串。例如，s="aaa"，结果是"aa"。

解：采用穷举法，用 maxlen 表示 s 中最长的可重叠重复子串的长度（初始为 0），maxi 表示其起始下标。用 i 遍历字符串 s，j 从 $i+1$ 开始找到 $s[i,curlen]=s[j,curlen]$ 的重复子串（$s[i,curlen]$ 表示 s 中从 i 下标开始长度为 curlen 的子串），若 curlen>maxlen，则置 maxlen=curlen，maxi=i。最后将 $s[maxi,maxlen]$ 存放在 ans 中，并且返回 ans。对应的程序如下：

```
#include <iostream>
```

```cpp
# include < vector >
# include < string >
using namespace std;
string longestsubstr(string s)
{   int n=s.size();
    int i=0,j;
    int maxlen=0,maxi,curlen;
    while(i < n)
    {   j=i+1;
        while(j < n)
        {   curlen=0;
            while(j < n && s[i+curlen]==s[j+curlen])
                curlen++;
            if(curlen > maxlen)
            {   maxi=i;
                maxlen=curlen;
            }
            j++;
        }
        i++;
    }
    string ans="";
    int cnt=0;
    for(int i=maxi;cnt < maxlen;i++,cnt++)
        ans+=s[i];
    return ans;
}
int main()
{   vector < string > ss{"aababcabcd","aaaaaaaaa","aaaaabaaaabac"};
    cout << "实验结果" << endl;
    for(int i=0;i < ss.size();i++)
    {   cout << "  串" << ss[i] << "的结果：\t";
        cout << longestsubstr(ss[i]) << endl;
    }
    return 0;
}
```

上述实验程序的输出结果如图 3.4 所示。

图 3.4   exp3-1.cpp 的执行结果

思考题：如何求字符串 s 中最长的不重叠的子串。

3.4.2　求子矩阵元素和

编写一个实验程序 exp3-2，给定一个 m 行 n 列的二维矩阵 a（$2 \leqslant m, n \leqslant 100$），其中所有元素为整数。其大量的运算是求左上角为 $a[i,j]$、右下角为 $a[s,t]$（$i<s,j<t$）的子矩阵

的所有元素之和。请设计高效的算法求给定子矩阵的所有元素之和,并用相关数据进行测试。

解:建立一个 m 行 n 列的二维数组 b,$b[i,j]$ 为 a 中左上角为 $a[0,0]$、右下角为 $a[i,j]$ 的子矩阵的所有元素之和,设计算法 Sum 由数组 a 求出数组 b,时间复杂度为 $O(m\times n)$。在求出 b 数组后,设计算法 submat 求数组 a 中左上角为 $a[i,j]$、右下角为 $a[s,t]$($i\leqslant s,j\leqslant t$) 的子矩阵(用 $(i,j)-(s,t)$ 表示这样的子矩阵)的所有元素的和,它可以利用数组 b 来实现,如图 3.5 所示,$(i,j)-(s,t)$ 子矩阵的所有元素之和为 $b[s][t]-b[s][j-1]-b[i-1][t]+b[i-1][j-1]$,另外考虑两种特殊情况,$i=0$ 时如图 3.6 所示,$j=0$ 时如图 3.7 所示,显然该算法的时间复杂度为 $O(1)$。

这样尽管 sum 算法的时间复杂度为 $O(m\times n)$,但只需要执行一次(除非数组 a 发生改变),而 submat 算法需要大量应用,所以这种设计是十分经济的。

(0, 0)	⋯	⋯	⋯	⋯	⋯
⋯	⋯	⋯	⋯	⋯	⋯
⋯	⋯	(i−1,j−1)	⋯	⋯	(i−1, t)
⋯	⋯	⋯	(i, j)	⋯	⋯
⋯	⋯	⋯	⋯	⋯	⋯
⋯	⋯	(s,j−1)	⋯	⋯	(s,t)

图 3.5 子矩阵和 $=b[s][t]-b[s][j-1]-b[i-1][t]+b[i-1][j-1]$

(0, 0)	⋯	⋯	(i, j)		⋯
⋯	⋯	⋯	⋯	⋯	⋯
⋯	⋯	(s, j−1)	⋯	⋯	(s, t)

(0, 0)	⋯	⋯
⋯	⋯	⋯
⋯	⋯	(i−1, t)
(i, j)	⋯	⋯
⋯	⋯	⋯
⋯	⋯	(s, t)

图 3.6 $i=0$ 时子矩阵和 $=b[s][t]-b[s][j-1]$　　图 3.7 $j=0$ 时子矩阵和 $=b[s][t]-b[i-1][t]$

对应的程序如下:

```cpp
#include <iostream>
#include <vector>
using namespace std;
vector<vector<int>> Sum(vector<vector<int>> &a)        //由矩阵 a 求矩阵 b
{   int m=a.size();
    int n=a[0].size();
    vector<vector<int>> b(m,vector<int>(n));
    b[0][0]=a[0][0];
    for (int i=1;i<m;i++)                               //求 b 的第 0 列
        b[i][0]=b[i-1][0]+a[i][0];
```

```cpp
        for (int j=1;j<n;j++)                           //求 b 的第 0 行
            b[0][j]=b[0][j-1]+a[0][j];
        for (int i=1;i<m;i++)                           //求 b[i][j]
            for (int j=1;j<n;j++)
                b[i][j]=a[i][j]+b[i-1][j]+b[i][j-1]-b[i-1][j-1];
        return b;
}
int submat(vector < vector < int >> &b,int i,int j,int s,int t)   //求[i,j]-[s,t]子矩阵元素和
{   int sum;
    if (i==0 && j==0)
        return b[s][t];
    else if(i==0)
        sum=b[s][t]-b[s][j-1];
    else if(j==0)
        sum=b[s][t]-b[i-1][t];
    else
        sum=b[s][t]-b[s][j-1]-b[i-1][t]+b[i-1][j-1];
    return sum;
}
int main( )
{   vector < vector < int >> a={{1,2,3,4},{5,6,7,8},{9,10,11,12}};
    vector < vector < int >> q={{0,0,1,1},{0,0,2,1},{1,1,2,3},{0,0,2,3},{0,1,2,3}};
    int m=a.size( );
    int n=a[0].size( );
    printf("a:\n");
    for(int i=0;i<m;i++)
    {   for(int j=0;j<n;j++)
            printf("%4d",a[i][j]);
        printf("\n");
    }
    vector < vector < int >> b=Sum(a);
    cout << "实验结果" << endl;
    for(int i=0;i<q.size( );i++)
    {   printf("  [%d,%d]-[%d,%d]子矩阵元素和=",q[i][0],q[i][1],q[i][2],q[i][3]);
        printf("%d\n",submat(b,q[i][0],q[i][1],q[i][2],q[i][3]));
    }
    return 0;
}
```

上述实验程序的输出结果如图 3.8 所示。

图 3.8　exp3-2.cpp 的执行结果

思考题：当数组 a 中的元素 $a[i][j]$ 发生改变时,如何设计高效的算法修改对应的 b 数

组(注意仅影响 $b[i..m-1..j..n-1]$ 的部分)。

3.4.3 求 n 阶螺旋矩阵

编写一个实验程序 exp3-3,采用非递归和递归算法创建一个 $n(1 \leqslant n \leqslant 10)$ 阶螺旋矩阵并输出。例如,$n=4$ 时的螺旋矩阵如下:

```
1      2      3      4
12     13     14     5
11     16     15     6
10     9      8      7
```

解:采用递归求解时,设 $f(x,y,\mathrm{start},n)$ 用于创建左上角为 (x,y)、起始元素值为 start 的 n 阶螺旋矩阵,共 n 行 n 列,它是大问题;则 $f(x+1,y+1,\mathrm{start},n-2)$ 用于创建左上角为 $(x+1,y+1)$、起始元素值为 start 的 $n-2$ 阶螺旋矩阵,共 $n-2$ 行 $n-2$ 列,它是小问题,如图 3.9 所示为 $n=4$ 时的大问题和小问题。对应的递归模型如下:

$f(x,y,\mathrm{start},n) \equiv$ 不做任何事情   当 $n \leqslant 0$ 时

$f(x,y,\mathrm{start},n) \equiv$ 产生只有一个元素的螺旋矩阵   当 $n=1$ 时

$f(x,y,\mathrm{start},n) \equiv$ 产生 (x,y) 的那一圈;   当 $n>1$ 时

$$f(x+1,y+1,\mathrm{start},n-2)$$

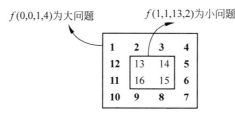

图 3.9 $n=4$ 时的大问题和小问题

非递归算法则是采用循环语句代替递归调用。对应的程序如下:

```cpp
# include < iostream >
using namespace std;
# define N 15
int s[N][N];
int n;
void CreateaLevel(int &start, int ix, int iy, int ex, int ey)    //产生一圈的螺旋矩阵元素
{   if (ix==ex)                                                   //该圈只有一个元素时
        s[ix][iy]=start++;
    else
    {   int curx=ix;
        int cury=iy;
        while (curx!=ex)                                          //上一行
        {   s[iy][curx]=start++;
            curx++;
        }
        while (cury!=ey)                                          //右一列
        {   s[cury][ex]=start++;
            cury++;
```

```cpp
                }
        while (curx!=ix)                        //下一行
        {   s[ey][curx]=start++;
            curx--;
        }
        while (cury!=iy)                        //左一列
        {   s[cury][ix]=start++;
            cury--;
        }
    }
}
void Spiral1(int n)                             //非递归创建螺旋矩阵
{   int start=1;
    int ix=0,iy=0;
    int ex=n-1,ey=n-1;
    while (ix<=ex && iy<=ey)
        CreateaLevel(start,ix++,iy++,ex--,ey--);
}

void Spiral2(int x,int y,int start,int n)       //递归创建螺旋矩阵
{   if (n<=0)                                   //递归结束条件
        return;
    if (n==1)                                   //矩阵大小为1时
    {   s[x][y] = start;
        return;
    }
    for (int i=x; i<x+n-1; i++)                 //上一行
        s[y][i]=start++;
    for (int j=y; j<y+n-1; j++)                 //右一列
        s[j][x+n-1] = start++;
    for (int i=x+n-1; i>x; i--)                 //下一行
        s[y+n-1][i] = start++;
    for (int j=y+n-1; j>y; j--)                 //左一列
        s[j][x] = start++;
    Spiral2(x+1,y+1,start,n-2);                 //递归调用
}
void Display()                                  //输出螺旋矩阵
{   for (int i=0; i<n; i++)
    {   for (int j=0; j<n; j++)
            printf("%4d", s[i][j]);
        printf("\n");
    }
}
int main()
{   n=5;
    printf("非递归方法建立的%d阶螺旋矩阵:\n",n);
    Spiral1(n);
    Display();
```

```
        n=5;
        printf("递归方法建立的%d阶螺旋矩阵:\n",n);
        Spiral2(0,0,1,n);
        Display();
        return 0;
    }
```

上述程序的执行结果如图 3.10 所示。

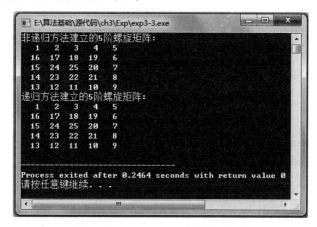

图 3.10 exp3-3.cpp 的执行结果

3.4.4 验证汉诺塔问题

《教程》的例 3-8 中给出了求解汉诺塔问题的递归算法,请针对该算法推导出移动 n 盘片时搬动盘片总次数的公式,再用递归算法求出搬动盘片的总次数,前者称为公式求解结果,后者称为递归算法求解结果,判断两者是否相同。编写一个实验程序 exp3-4 完成上述功能,并用相关数据进行测试。

解:设 Hanoi(n,x,y,z) 中的搬动盘片总次数为 $C(n)$。根据递归算法有以下递归式:

$C(n)=1$ 当 $n=1$ 时

$C(n)=2C(n-1)+1$ 当 $n>1$ 时

则:

$$C(n)=2[2C(n-2)+1]+1=2^2C(n-2)+1+2^1$$
$$=2^3C(n-3)+1+2^1+2^2$$
$$=\cdots$$
$$=2^{n-1}C(1)+1+2^1+2^2+\cdots+2^{n-2}$$
$$=2^n-1$$

所以移动 n 盘片时搬动盘片的总次数为 2^n-1。对应的验证程序如下:

```
#include <iostream>
#include <cmath>
using namespace std;
int Hanoi(int n, char x, char y, char z)
{    if (n==1)
         return 1;                    //搬一次盘片:将盘片 n 从 x 搬到 z
     else
```

```
        {   int cnt=Hanoi(n-1,x,z,y);
            cnt++;                        //搬一次盘片:将盘片 n 从 x 搬到 z
            cnt+=Hanoi(n-1,y,x,z);
            return cnt;
        }
    }
    int main( )
    {   printf("实验结果\n");
        for(int n=2;n<=10;n++)
        {   int cnt1=(int)pow(2,n)-1;
            int cnt2=Hanoi(n,'x','y','z');
            printf("   公式求解结果=%4d 递归算法求解结果=%4d 两者%s\n",
                cnt1,cnt2,(cnt1==cnt2? "相等":"不相等"));
        }
        return 0;
    }
```

上述程序的执行结果如图 3.11 所示。

图 3.11　exp3-4.cpp 的执行结果

3.5　在线编程题及其参考答案

3.5.1　LeetCode344——反转字符串

问题描述:将输入的字符串反转过来。不要给另外的数组分配额外的空间。要求设计如下函数:

```
class Solution {
public:
    void reverseString(vector < char > & s) {}
};
```

解法 1:采用迭代算法。将 s 的两端字符交换,直到未交换区间为空或者只有一个字符时为止。对应的程序如下:

```
class Solution {
public:
    void reverseString(vector < char > & s)          //迭代算法
```

```
{   int i=0,j=s.size()-1;
    while(i<j)
    {   swap(s[i],s[j]);
        i++; j--;
    }
}
};
```

上述程序提交时通过，执行时间为 20ms，内存消耗为 22.7MB。

解法 2：采用递归算法。设 $f(s,i,j)$ 用于反转 $s[i..j]$，先交换 $s[i]$ 和 $s[j]$，子问题为 $f(s,i+1,j-1)$。对应的程序如下：

```
class Solution {
public:
    void reverseString(vector<char> & s)         //递归算法
    {   int n=s.size();
        if(n==0 || n==1)
            return;
        rev(s,0,n-1);
    }
    void rev(vector<char> &s,int i,int j)
    {   if(i>j || i==j) return;
        swap(s[i],s[j]);
        rev(s,i+1,j-1);
    }
};
```

上述程序提交时通过，执行时间为 24ms，内存消耗为 22.7MB。

3.5.2 LeetCode206——反转链表

问题描述：反转一个不带头结点的单链表 head。例如 head 为 $[1,2,3,4,5]$，反转后为 $[5,4,3,2,1]$。要求设计如下函数：

```
class Solution {
public:
    ListNode * reverseList(ListNode * head) {   }
};
```

解法 1：采用迭代算法。先建立一个反转单链表的头结点 rh，用 p 遍历单链表 head，将结点 p 采用头插法插入 rh 的表头。最后返回 rh->next。对应的程序如下：

```
class Solution {
public:
    ListNode * reverseList(ListNode * head)       //迭代算法
    {   ListNode * rh=new ListNode;               //建立一个头结点
        ListNode * p=head;
        while(p!=NULL)
        {   ListNode * q=p->next;                 //临时保存结点 p 的后继结点
            p->next=rh->next;
            rh->next=p;
            p=q;
        }
        return rh->next;
    }
};
```

上述程序提交时通过,执行时间为 8ms,内存消耗为 8MB。

解法 2:采用递归算法。设 $f(\text{head})$ 的功能是反转单链表 head 并且返回反转单链表的首结点 rh,其过程如图 3.12 所示。对应的程序如下:

```cpp
class Solution {
public:
    ListNode * reverseList(ListNode * head)        //递归算法
    {   if (head==NULL || head->next==NULL)
        return head;
        ListNode * rh=reverseList(head->next);
        head->next->next=head;
        head->next=NULL;
        return rh;
    }
};
```

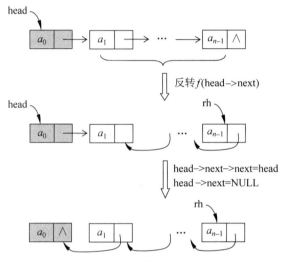

图 3.12　递归反转单链表 head 的过程

上述程序提交时通过,执行时间为 8ms,内存消耗为 8.4MB。

3.5.3　LeetCode24——两两交换链表中的结点

问题描述:给定一个不带头结点的单链表 head,两两交换其中相邻的结点,并返回交换后的链表。注意,不能只单纯地改变结点内部的值,而是需要实际地进行结点交换。例如 head 为[1,2,3,4,5],两两交换后变为[2,1,4,3,5]。要求设计如下函数:

```cpp
class Solution {
public:
    ListNode * swapPairs(ListNode * head) {}
};
```

解法 1:采用迭代算法。先将前面的两个结点交换,交换后 head 指向 a_1 的结点,last 指向 a_0 的结点,然后让 p、q、r 分别指向其后的 3 个相邻结点,如图 3.13 所示,若 p 或者 q 为空则结束,否则交换结点 p、q。

对应的程序如下:

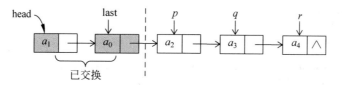

图 3.13 两两结点交换的过程

```
class Solution {
public:
    ListNode * swapPairs(ListNode * head)        //迭代算法
    {   if (head==NULL || head->next==NULL)
            return head;                         //head 为空或者只有一个结点的情况
        ListNode * p, * q, * r, * last;
        p=head;                                  //p 指向 a0
        q=head->next;                            //q 指向 a1
        r=q->next;                               //r 指向 a2
        head=q; p->next=r;                       //交换 p 和 q 结点,head 指向新的首结点
        head->next=p;
        last=p;
        while(true)
        {   p=r;
            if (p==NULL || p->next==NULL)
                break;                           //单链表 p 为空或者只有一个结点的情况
            q=p->next;
            r=q->next;
            last->next=q; p->next=r;             //交换 p 和 q 结点
            q->next=p; p->next=r;
            last=p;                              //重新设置 last
        }
        return head;                             //返回交换后的单链表
    }
};
```

上述程序提交时通过,执行时间为 4ms,内存消耗为 7.3MB。

解法 2:采用递归算法。设 $f(head)$ 是大问题,用于两两交换链表 head 中的结点。

① 若单链表 head 为空或者只有一个结点(head=NULL 或者 head->next=NULL),交换后的结果单链表没有变化,返回 head。

② 否则,让 last 和 p 分别指向 a_1 和 a_2 结点,如图 3.14 所示,显然 $f(p)$ 为小问题,用于两两交换链表 p 中的结点。$f(head)$ 的执行过程是先交换 last 和 head 结点(让 head 指向 a_1 结点,last 指向 a_0 结点),再置 last->next=$f(p)$,最后返回 head。

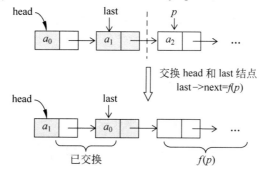

图 3.14 有两个或者两个以上结点时 $f(head)$ 的执行过程

对应的程序如下:

```
class Solution {
public:
    ListNode *  swapPairs(ListNode *  head)              //递归算法
    {   if (head==NULL || head->next==NULL)
            return head;                                 //head 为空或者只有一个结点的情况
        ListNode *  last=head->next;                     //last 指向 a1
        ListNode *  p=last->next;                        //p 指向 a2
        last->next=head;                                 //交换 head 和 last 结点
        head=last;
        last=head->next;
        last->next=swapPairs(p);
        return head;
    }
};
```

上述程序提交时通过,执行时间为 4ms,内存消耗为 7.2MB。

3.5.4 LeetCode62——不同路径

问题描述:一个机器人位于一个 $m \times n (1 \leqslant m, n \leqslant 100)$ 网格的左上角(起始点标记为 "Start")。机器人每次只能向下或者向右移动一步。机器人试图到达网格的右下角(标记为"Finish")。问总共有多少条不同的路径?要求设计如下函数:

```
class Solution {
public:
    int uniquePaths(int m, int n){    }
};
```

例如,$m=3$,$n=3$,对应的网格如图 3.15 所示,结果为 6。

解:在从左上角到右下角的任意路径中,一定是向下走 $m-1$ 步向右走 $n-1$ 步,不妨置 $x=m-1$,$y=n-1$,路径长度为 $x+y$。例如对于图 3.15,这里 $x=2$,$y=2$,所有路径长度为 4,6 条不同的路径如下:

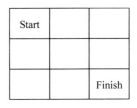

图 3.15 3×3 的网格

右右下下
右下右下
右下下右
下右右下
下右下右
下下右右

归纳起来,不同路径条数等于从 $x+y$ 个选择中挑选 x 个"上"或者"右"的组合数,即 C_{x+y}^{x} 或者 C_{x+y}^{y}(实际上从数学上推导也有 $C_{x+y}^{x}=C_{x+y}^{y}$),为了方便,假设 $x \leqslant y$,结果取 C_{x+y}^{x}。

$$C_{x+y}^{x} = \frac{(x+y)!}{x!y!} = \frac{(x+y)(x+y-1)\cdots(y-1)y!}{x!y!} = \frac{(x+y) \times \cdots \times (y-1)}{x \times (x-1) \times \cdots \times 2 \times 1}$$

上式中的分子、分母均为 x 个连乘,可以进一步转换为:

$$\frac{x+y}{x} \times \frac{x+y-1}{x-1} \times \cdots \times \frac{y-1}{1}$$

由于除法的结果是实数,而不同的路径数一定是整数,所以最后需要将计算的结果向上取整得到整数结果。对应的程序如下：

```
class Solution {
public:
    int uniquePaths(int m, int n)
    {
        return comp(m-1,n-1);
    }
    int comp(int x,int y)
    {   int a=x+y,b=min(x,y);
        double ans=1.0;
        while(b>0)
            ans *=(double)(a--)/(double)(b--);
        ans+=0.5;
        return (int)ans;
    }
};
```

上述程序提交时通过,执行时间为 0ms,内存消耗为 5.8MB。

3.5.5　HDU1003——最大子序列和

问题描述：给定一个整数序列 a,请计算一个最大子序列和。例如,给定(6,-1,5,4, -7),该序列中的最大子序列和为 6+(-1)+5+4=14。

输入格式：输入的第一行包含一个整数 $t(1 \leq t \leq 20)$,表示测试用例的数量,接下来是 t 行,每行以一个数字 $n(1 \leq n \leq 100000)$ 开始,然后是 n 个整数(整数的取值范围为 -1000~ 1000)。

输出格式：对于每个测试用例,输出两行,第一行是"Case ♯:",其中♯表示测试用例的编号(从 1 开始),第二行包含 3 个整数,依次为序列中的最大子序列和、对应子序列的开始位置和结束位置。如果有多个结果,则输出第一个。每两个测试用例的输出之间输出一个空行,最后一个测试用例的输出的后面没有空行。

输入样例：

```
2
5 6 -1 5 4 -7
7 0 6 -1 1 -6 7 -5
```

输出样例：

```
Case 1:
14 1 4

Case 2:
7 1 6
```

解：算法原理参见《教程》3.1.2 节求最大连续子序列和问题的解法 3,但有以下两点不同。

① 这里的最大连续子序列至少包含一个元素,也就是说最大连续子序列和可能为负数。

② 需要求第一个最大连续子序列,由于最大连续子序列和相同的子序列可能有多个,这里是求第一个,也就是说起始位置最小的子序列。

第一个最大连续子序列表示为 $a[start..end]$，首先置 maxsum（最大连续子序列和）和 cursum（当前连续子序列 $a[prestart..i]$ 和）为 0，prestart $=0$。用 i 遍历 a，累计 $a[i]$ 到 cursum 中，分为两种情况：

① 若 cursum $\geqslant$ maxsum，说明 cursum 是一个更大的连续子序列和，将其存放在 maxsum 中，即置 maxsum $=$ cursum，$[start, end]=[prestart, i]$。

② 若 cursum <0，说明 cursum 不可能是一个更大的连续子序列和，从下一个 i 开始继续遍历，所以置 cursum $=0$，prestart 置为 $i+1$。

最后输出 maxsum，start 和 end。对应的程序如下：

```cpp
#include<stdio.h>
#define INF 0x3f3f3f3f              //∞
#define MAXN 100010
int a[MAXN];
int n;
int maxSubSum(int& start,int &end)       //求最大子序列和
{   int cursum=0;
    int maxsum=-INF;
    int prestart;
    start=end=prestart=0;
    for(int i=0;i<n;i++)
    {   cursum+=a[i];
        if(cursum>maxsum)
        {   start=prestart;
            end=i;
            maxsum=cursum;
        }
        if(cursum<0)
        {   prestart=i+1;
            cursum=0;
        }
    }
    return maxsum;
}
int main()
{   int t;
    scanf("%d",&t);
    for(int cas=1;cas<=t;cas++)
    {   scanf("%d",&n);
        for(int i=0;i<n;i++)
            scanf("%d",&a[i]);
        int start,end;
        int ans=maxSubSum(start,end);
        printf("Case %d:\n",cas);
        printf("%d %d %d\n",ans,start+1,end+1);
        if(cas!=t) printf("\n");
    }
    return 0;
}
```

上述程序提交时通过，执行时间为 46ms，内存消耗为 2116KB。

3.5.6　HDU1143——三平铺问题

问题描述：可以用多少种方式用 2×1 的多米诺骨牌平铺一个 $3\times n$ 的矩形？如图 3.16

所示为一个 3×12 矩形的平铺示例。

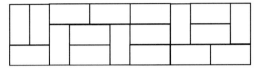

图 3.16 一个 3×12 矩形的平铺示例

输入格式:输入由几个测试用例组成,以包含 -1 的行结束。每个测试用例是一行,其中包含一个整数 $0 \leqslant n \leqslant 30$。

输出格式:对于每个测试用例,输出一个整数,给出可能的平铺方案数。

输入样例:

```
2
8
12
-1
```

输出样例:

```
3
153
2131
```

解:设 $f(n)$ 表示用 2×1 的多米诺骨牌平铺一个 $3 \times n$ 矩形的方案数,假设平铺所用的 2×1 的多米诺骨牌个数为 k,则 $2k = 3n$,当 n 为奇数时该式右边为奇数,而左边为偶数,所以不成立,也就是说当 n 为奇数时不能平铺,返回 0。下面仅考虑 n 为偶数的情况。

当 $n = 2$ 时,所有的平铺方案如图 3.17 所示,即 $f(2) = 3$,不妨设 $f(0) = 1$。

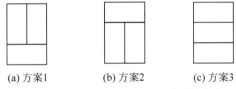

(a) 方案1   (b) 方案2   (c) 方案3

图 3.17 一个 3×2 矩形的 3 种平铺方案

当 $n > 2$ 时,将 $3 \times n$ 矩形看成高度为 3、长度为 n 的矩形,按分割线分割为 $(2, n-2)$、$(4, n-4)$,$(6, n-6)$,$\cdots$,$(n, 0)$。

① 当分割为 $(2, n-2)$ 时,平铺方案数为 $f(2) \times f(n-2)$,即 $3f(n-2)$。

② 当分割为 $(4, n-4)$ 时,前面长度为 4 的部分只能有两种(考虑第一列,第一种是一个横的在上面,然后一个竖的在左下方;第二种是一个横的在下面,然后一个竖的在左上方,两种情况是对称的),其他情况与 $(2, n-2)$ 重复,如图 3.18 所示,所以平铺方案数为 $2f(n-4)$。

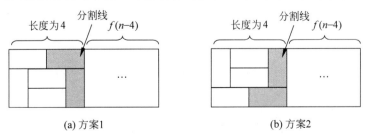

(a) 方案1   (b) 方案2

图 3.18 分割为 $(4, n-4)$ 的情况

③ 当分割为$(6, n-6)$时,前面长度为 6 的部分也只能有两种,其他情况是重复的,如图 3.19 所示,所以平铺方案数为 $2f(n-6)$。

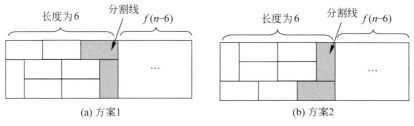

(a) 方案1   (b) 方案2

图 3.19   分割为$(6, n-6)$的情况

以此类推,利用加法原理得到 $f(n) = 3f(n-2) + 2f(n-4) + 2f(n-6) + \cdots + 2f(0)$。

用 $n-2$ 代入得到 $f(n-2) = 3f(n-4) + 2f(n-6) + 2f(n-8) + \cdots + 2f(0)$。

两式相减: $f(n) = 4f(n-2) - f(n-4)$。

所以递推关系如下:

$f(0) = 1$

$f(2) = 3$

$f(n) = 4f(n-2) - f(n-4)$ 当 $n \geqslant 4$(偶数)时

对应的程序如下:

```cpp
#include <iostream>
using namespace std;
int main()
{   int n;
    int a[35];                   //a[i]存放 f(i)
    a[0]=1,a[2]=3;
    for(int i=4;i<=30;i+=2)      //求出 a 数组
        a[i]=4*a[i-2]-a[i-4];
    while(~scanf("%d",&n))
    {   if(n==-1) break;
        if(n%2==1)               //n 为奇数时
            printf("0\n");
        else                     //n 为偶数时
            printf("%d\n",a[n]);
    }
    return 0;
}
```

上述程序提交时通过,执行时间为 15ms,内存消耗为 1732KB。

3.5.7   POJ2231——奶牛的总音量

问题描述:John 收到邻居 Bob 的噪声投诉,称他的奶牛噪声太大。John 的 n 头奶牛($1 \leqslant n \leqslant 10000$)都在一个长长的一维牧场的不同位置吃草。每对奶牛之间可以同时对话,也就是说每头奶牛可以同时向其他 $n-1$ 头奶牛发出哞哞声。当奶牛 i 对奶牛 j 发出哞哞声时,这个音量必须等于它们之间的距离才能让奶牛 j 完全听到哞哞声。请帮助 John 计算所有 $n \times (n-1)$ 个同时发出的哞哞声的总音量。

输入格式:第一行为 n,第二行到第 $n+1$ 行表示每只奶牛的位置(范围是 $0 \sim 1000000000$)。

输出格式：输出一行表示总音量。

输入样例：

```
5
1
5
3
2
4
```

输出样例：

```
40
```

解：题目大意是数轴上共有 n 头奶牛，每头奶牛有一个位置，每头奶牛都要向其他所有奶牛发出一个哞哞声，因此一共有 $n \times (n-1)$ 个哞哞声，每个哞哞声的大小等于两头奶牛之间坐标差的绝对值，求所有哞哞声大小的和。

用一个数组 a 存放所有奶牛的位置，题目就是求 a 中任意两个元素差的绝对值之和。采用穷举法的程序如下：

```cpp
#include <stdio.h>
#include <algorithm>
using namespace std;
typedef long long LL;
LL a[10005];
int main()
{   int n;
    while(~scanf("%d",&n))
    {   for(int k=0;k<n;k++)
            scanf("%lld",&a[k]);
        LL sum=0;
        for(int i=0;i<n;i++)
            for(int j=0;j<n;j++)
            {   if(i!=j)
                sum+=abs(a[i]-a[j]);
            }
        printf("%lld\n",sum);
    }
    return 0;
}
```

上述程序提交时出现超时。假设 $b[i][j] = |a[i]-a[j]|$，显然 b 数组是对称的并且主对角线均为 0，只需要求出下三角部分元素和（或者上三角部分元素和）sum，输出 2sum 即可。对应的程序如下：

```cpp
#include <stdio.h>
#include <algorithm>
using namespace std;
typedef long long LL;
LL a[10005];
int main()
{   int n;
    while(~scanf("%d",&n))
    {   for(int k=0;k<n;k++)
            scanf("%lld",&a[k]);
```

```
        LL sum=0;
        for(int i=0;i<n;i++)
            for(int j=0;j<i;j++)
                sum+=abs(a[i]-a[j]);
        printf("%lld\n",2 * sum);
    }
    return 0;
}
```

上述程序提交时通过,执行时间为 593ms,内存消耗为 212KB。

3.5.8　POJ1050——最大子矩形

问题描述:给定一个由正整数或者负整数组成的二维数组,子矩形是位于整个数组内的大小为 $1×1$ 或更大的任何连续子数组。矩形的总和是该矩形中所有元素的总和。在这个问题中,总和最大的子矩形称为最大子矩形。例如有以下数组:

```
     0   -2   -7   0
     9    2   -6   2
    -4    1   -4   1
   -18    0    0   2
```

其最大子矩形是左下角:

```
    9   2
   -4   1
   -1   8
```

最大子矩形和是 15。

输入格式:输入由一个 $n×n$ 的整数数组组成。输入以单独一行的单个正整数 n 开头,表示二维数组的大小。后面是由空격(空格和换行符)分隔的 n^2 个整数,这些是数组的 n^2 个整数元素,以行优先顺序显示,即先从左到右为第一行中的所有整数,然后是第二行中的所有整数,以此类推。n 可能大到 100,数组中的整数在 $[-127,127]$ 范围内。

输出格式:输出最大子矩形的总和。

输入样例:

4
0 −2 −7 0 9 2 −6 2
−4 1 −4 1 −1

8 0 −2

输出样例:

15

解:利用《教程》3.2.2 节中求子矩阵元素和的思路,在获取 n 和 a 数组后,先执行 $b=\mathrm{Sum}(a)$ 求出数组 b,采用 i 从 0 到 $n-1$,j 从 0 到 $n-1$,s 从 i 到 $n-1$,t 从 j 到 $n-1$ 的四重循环,执行 $\mathrm{curmax}=\mathrm{submat}(b,i,j,s,t)$ 求出每个矩阵 $(i,j)-(s,t)$ 的元素和,比较求出最大值 ans,最后输出 ans。调用的程序如下:

```
#include<iostream>
#include<vector>
```

```
using namespace std;
#define INF 0x3f3f3f3f                                        //存放∞
vector < vector < int >> Sum(vector < vector < int >> &a)     //由矩阵 a 求矩阵 b
{    int n=a.size();
     vector < vector < int >> b(n, vector < int >(n));
     b[0][0]=a[0][0];
     for (int i=1;i<n;i++)                                    //求 b 的第 0 列
         b[i][0]=b[i-1][0]+a[i][0];
     for (int j=1;j<n;j++)                                    //求 b 的第 0 行
         b[0][j]=b[0][j-1]+a[0][j];
     for (int i=1;i<n;i++)                                    //求 b[i][j]
         for (int j=1;j<n;j++)
             b[i][j]=a[i][j]+b[i-1][j]+b[i][j-1]-b[i-1][j-1];
     return b;
}

int submat(vector < vector < int >> &b, int i, int j, int s, int t)    //求[i,j]-[s,t]子矩阵元素和
{    int sum;
     if (i==0 && j==0)
         return b[s][t];
     else if(i==0)
         sum=b[s][t]-b[s][j-1];
     else if(j==0)
         sum=b[s][t]-b[i-1][t];
     else
         sum=b[s][t]-b[s][j-1]-b[i-1][t]+b[i-1][j-1];
     return sum;
}

int main()
{    int n;
     cin >> n;
     vector < vector < int >> a(n, vector < int >(n));
     for(int i=0;i<n;i++)                                     //获取 a 数组
         for(int j=0;j<n;j++)
             cin >> a[i][j];
     vector < vector < int >> b=Sum(a);
     int ans=-INF;                                            //存放结果,初始为-∞
     for(int i=0;i<n;i++)                                     //4 重循环
     {    for(int j=0;j<n;j++)
          {    for(int s=i;s<n;s++)
               {    for(int t=j;t<n;t++)
                    {    int curmax=submat(b,i,j,s,t);
                         ans=max(ans,curmax);
                    }
               }
          }
     }
     cout << ans << endl;                                     //输出结果
     return 0;
}
```

上述程序提交时通过,执行时间为 309ms,内存消耗为 308KB。

第 4 章   分治法

4.1   单项选择题及其参考答案 ✳

1. 使用分治法求解不需要满足的条件是_____。
   A. 子问题必须是一样的
   B. 子问题不能够重复
   C. 子问题的解可以合并
   D. 原问题和子问题使用相同的方法求解

   答：分治法分解的子问题的规模不必相同。答案为 A。

2. 分治法所能解决的问题应具有的关键特征是_____。
   A. 该问题的规模缩小到一定的程度就可以容易地解决
   B. 该问题可以分解为若干个规模较小的相同问题
   C. 利用该问题分解出的子问题的解可以合并为该问题的解
   D. 该问题所分解出的各个子问题是相互独立的

   答：分治法分解出的子问题的解必须能够合并为原问题的解。答案为 C。

3. 某人违反交通规则逃逸现场，几个事故现场目击者对其车牌号码的描述如下。
甲说：该车牌号码是 4 个数字，并且第一位不是 0。
乙说：该车牌号码小于 1100。
丙说：该车牌号码除以 9 刚好余 8。
若通过编程帮助尽快找到车牌号码，采用_____较好。
   A. 分治法   B. 穷举法   C. 归纳法   D. 均不适合

   答：只能采用穷举法枚举车牌号码的 4 个数字位，找到满足所有约束条件的车牌号码。答案为 B。

4. 以下不可以采用分治法求解的问题是_____。

    A. 求一个序列中的最小元素　　　　B. 求一条迷宫路径

    C. 求二叉树的高度　　　　　　　　D. 求一个序列中的最大连续子序列和

答：由于搜索迷宫路径需要回溯,所以不能采用分治法求解。答案为 B。

5. 以下适合采用分治法求解的问题是_____。

    A. 求两个整数相加　　　　　　　　B. 求皇后问题

    C. 求一个一元二次方程的根　　　　D. 求一个点集中两个最近的点

答：求一个点集中两个最近的点属于典型的分治法求解问题。答案为 D。

6. 有人说分治算法只能采用递归实现,该观点_____。

    A. 正确　　　　　　　　　　　　　B. 错误

答：二分查找算法是一种典型的分治算法,它既可以采用递归实现,也可以采用迭代实现。答案为 B。

7. 使用二分查找算法在 n 个有序表中查找一个特定元素,最好情况和最坏情况下的时间复杂度分别为_____。

    A. $O(1)$、$O(\log_2 n)$　　　　　　　B. $O(n)$、$O(\log_2 n)$

    C. $O(1)$、$O(n\log_2 n)$　　　　　　D. $O(n)$、$O(n\log_2 n)$

答：最好情况只需要比较一次,最坏情况需要比较 $O(\log_2 n)$ 次。答案为 A。

8. 以下二分查找算法是_____的。

```
int binarySearch(int a[], int n, int x)
{   int low=0, high=n−1;
    while(low <=high)
    {   int mid=(low+high)/2;
        if(x==a[mid]) return mid;
        if(x > a[mid]) low=mid;
        else high=mid;
    }
    return −1;
}
```

    A. 正确　　　　　　　　　　　　　B. 错误

答：在循环中当 $x>a[mid]$ 成立时修改查找区间的操作是 high＝mid,这样循环条件必须是至少包含两个元素,而这里是只要非空就循环,当查找区间只有一个元素时可能会陷入死循环。答案为 B。

9. 以下二分查找算法是_____的。

```
int binarySearch(int a[], int n, int x)
{   int low=0, high=n−1;
    while(low+1!=high)
    {   int mid=(low+high)/2;
        if(x >=a[mid]) low=mid;
        else high=mid;
```

```
        }
    if(x==a[low]) return low;
    else return -1;
}
```

  A. 正确   B. 错误

答：循环的条件是 $low+1 \ne high$（$low+1=high$ 时表示查找区间中有两个元素），也就是说查找区间的长度不等于2时循环，例如 $a=(1,2)$，$x=2$，明明 a 中存在 x，该算法却返回-1，同样，$a=(1,3,5)$，$x=5$ 时查找结果也是-1。答案为 B。

10. 自顶向下的二路归并排序算法是基于_____的一种排序算法。
  A. 分治策略   B. 动态规划法
  C. 贪心法   D. 回溯法

答：自顶向下的二路归并排序算法就是递归二路归并排序算法，属于典型的分治法算法。答案为 A。

11. 二分查找算法采用的是_____。
  A. 回溯法   B. 穷举法   C. 贪心法   D. 分治策略

答：二分查找算法属于典型的分治法算法。答案为 D。

12. 棋盘覆盖算法采用的是_____。
  A. 分治法   B. 动态规划法
  C. 贪心法   D. 回溯法

答：棋盘覆盖算法属于典型的分治法算法。答案为 A。

13. 以下4个初始序列采用快速排序算法实现递增排序，其中_____所做的元素比较次数最少。
  A. $(5,5,5,5,5)$ B. $(3,1,5,2,4)$
  C. $(1,2,3,4,5)$ D. $(5,4,3,2,1)$

答：因为 B 序列具有最好的随机性，对应的递归树高度最小。答案为 B。

4.2　问答题及其参考答案

1. 简述分治法所能解决的问题的一般特征。

答：采用分治法解决的问题的一般特征如下。
①该问题的规模缩小到一定的程度就可以容易地解决。
②该问题可以分解为若干个形式相同但规模较小的问题。
③利用该问题分解出的子问题的解可以合并为该问题的解。
④该问题所分解出的各个子问题一般情况下是相互独立的，即子问题之间不重叠。

2. 简述分治法求解问题的基本步骤。

答：采用分治法求解问题的基本步骤如下。

① 分解：将原问题分解为若干个规模较小、一般情况是相互独立并且与原问题形式相同的子问题。

② 求解子问题：若子问题规模较小容易被解决则直接解，否则递归地解各个子问题。

③ 合并：将各个子问题的解合并为原问题的解。

3. 如果一个求解问题可以采用分治法求解，则采用分治算法一定是时间性能最好的，你认为正确吗？

答：不一定。后面会进一步学习其他算法策略，例如有些分治算法的子问题是重叠的（尽管一般情况下分治算法分解的子问题是独立的，但这不是分治算法必须满足的条件），在这种情况下采用动态规划方法时间性能更好。

4. 简述分治法和递归法之间的关系。

答：尽管分治法和递归法都称为算法设计方法，但从严格意义上讲，分治法是一种算法策略（属于算法设计方法层面），其基本思路是将一个难以直接解决的原问题分解为若干个规模较小的相似子问题，以便各个击破，分而治之；而递归法是算法实现技术（属于算法实现层面），也就是说分治法解决问题的思想和用递归来实现算法有着某种内在的联系，所以许多分治算法都是采用递归实现的，但不等于说分治算法只能采用递归实现，也可以采用迭代算法实现。

5. 简述《教程》4.2.2节查找一个序列中第 k 小元素的 QuickSelect1 算法的分治策略，为什么说该算法是一种减治法算法？

答：QuickSelect1 算法的分治策略如下。

① 分解：对当前序列 $R[\text{low..high}]$ 做一次划分操作，假设基准位置为 i，若 $k-1=i$，则成功返回 $R[i]$，若 $k-1<i$，则新查找区间修改为 $R[\text{low..}i-1]$，否则新查找区间修改为 $R[i+1\text{..high}]$。

② 子问题求解：在新查找区间中继续递归查找。

③ 合并：不需要特别处理，子问题的返回值就是原问题的结果。

减治法算法属于分治算法的一种类型，是指每次将大问题分解为一个子问题。QuickSelect1 算法就是每次将大问题分解为一个子问题，所以是一种减治法算法。

6. 简述《教程》4.3.3节查找两个等长有序序列的中位数的 midnum1 算法的分治策略。

答：假设求 $a[\text{lowa..higha}]$ 和 $b[\text{lowb..highb}]$（两者长度相同）的中位数，midnum1 算法的分治策略如下。

（1）分解：求出 a 和 b 的中间位置，$\text{mida}=(\text{lowa}+\text{higha})/2$，$\text{midb}=(\text{lowb}+\text{highb})/2$，比较两个中位数，分为如下情况。

① $a[\text{mida}]=b[\text{midb}]$，找到了 a 和 b 的中位数 $a[\text{mida}]$ 或者 $b[\text{midb}]$，返回它。

② $a[\text{mida}]<b[\text{midb}]$，保留 a 中的后一半和 b 中的前一半元素（保证两者保留的元素个数相同），对应的子问题是求 $a[\text{mida/mida}+1\text{..higha}]$ 和 $b[\text{lowb..midb}]$ 的中位数。

③ $a[\text{mida}]>b[\text{midb}]$，保留 a 中的前一半和 b 中的后一半元素(保证两者保留的元素个数相同)，对应的子问题是求 $a[\text{lowa}..\text{mida}]$ 和 $b[\text{midb}/\text{midb}+1..\text{highb}]$ 的中位数。

(2) 子问题求解：在两个子问题之一中继续递归求中位数。

(3) 合并：不需要特别处理，子问题的返回值就是原问题的结果。

7. 简述《教程》4.3.4节查找假币的spcoin算法的分治策略。

答：假设求 coins[low..high] 中假币(为了简单假设假币较轻)的 spcoin 算法的分治策略如下。

(1) 分解：将 coins 中的所有硬币分为 A、B、C，保证 A 和 B 中硬币个数相同，C 中硬币个数与 A 中硬币个数最多相差一个。将 A 和 B 称重一次，分为如下情况：

① A 重量<B 重量，假币在 A 中，对应的子问题1是在 A 中查找假币。

② A 重量>B 重量，假币在 B 中，对应的子问题2是在 B 中查找假币。

③ A 重量=B 重量，假币在 C 中，对应的子问题3是在 C 中查找假币。

(2) 子问题求解：在3个子问题之一中继续递归求假币。

(3) 合并：不需要特别处理，子问题的返回值就是原问题的结果。

8. 分析当一个待排序序列中的所有元素相同时快速排序的时间性能。

答：当初始序列中的 n 个元素相同时，在快速排序中对 n 个元素做一次划分需要的元素比较次数仍然为 $n-1$(元素移动次数远小于元素比较次数)，划分的两个区间中一个为空，另外一个含 $n-1$ 个元素，对应的递归树的高度为 $n+1$，此时时间性能最差，对应的时间复杂度为 $O(n^2)$。

9. 设有两个复数 $x=a+bi$ 和 $y=c+di$。复数乘积 xy 可以使用 4 次乘法来完成，即 $xy=(ac-bd)+(ad+bc)i$。设计一个仅用 3 次乘法来计算乘积 xy 的方法。

答：$xy=(a+bi)(c+di)=ac+adi+bci-bd=(ac-bd)+(ad+bc)i$，需要 4 次乘法。由于 $ad+bc=(a+b)(c+d)-ac-bd$，所以有 $xy=(ac-bd)+((a+b)(c+d)-ac-bd)i$，这样计算 xy 只需要 3 次乘法(即 ac、bd 和 $(a+b)(c+d)$ 乘法运算)。

10. 证明如果分治法的合并可以在线性时间内完成，则当子问题的规模之和小于原问题的规模时算法的时间复杂性可达到 $\Theta(n)$。

证明：假设原问题分解为 a 个问题规模为 n/b 的子问题，对应的时间递推式为 $T(n)=aT(n/b)+f(n)$，依题意，$a(n/b)<n$，即 $a<b$，同时 $f(n)=n$(表示线性时间)。按照《教程》3.5.3节的主方法计算，$\log_b a<1$，$f(n)$ 多项式大于 $n^{\log_b a}$，又有 $af(n/b)=an/b\leqslant cn=cf(n)(c\leqslant a/b<1)$，满足正规性条件，按情况③有 $T(n)=\Theta(f(n))=\Theta(n)$。

4.3　算法设计题及其参考答案 ✳

1. 设计一个算法求整数序列 a 中最大的元素，并分析算法的时间复杂度。

解：采用分治法的算法如下。

```
int maxe1(vector < int > & a, int low, int high)
{   if(low==high)                    //区间中只有一个元素
        return a[low];
    else if(low+1==high)             //区间中只有两个元素
        return max(a[low],a[high]);
    else                             //区间中有两个以上的元素
    {   int mid=(low+high)/2;
        int max1=maxe1(a,low,mid);
        int max2=maxe1(a,mid+1,high);
        return max(max1,max2);
    }
}

int maxe(vector < int > & a)
{   int n=a.size();
    return maxe1(a,0,n-1);
}
```

设求整数序列 $a[0..n-1]$ 中最大元素的执行时间为 $T(n)$,对应的递推式如下:

$$T(n)=1 \qquad\qquad 当 n \leqslant 2 时$$
$$T(n)=2T(n/2)+1 \qquad\qquad 当 n>2 时$$

可以推出 $T(n)=O(n)$。

2. 设计快速排序的迭代算法 QuickSort2。

解:在快速排序中将 $R[s..t]$ 排序的原问题分解为 $R[s..i-1]$ 和 $R[i+1..t]$ 排序的两个子问题,在任何时刻只能做一个子问题,为此用一个栈 st 保存求解问题的参数(即排序区间)。对应的迭代算法如下:

```
struct SNode                              //栈元素类型
{   int low;
    int high;
    SNode() {}                            //构造函数
    SNode(int l,int h):low(l),high(h) {}  //重载构造函数
};
int Partition1(vector < int > &R,int s,int t)  //划分算法
{   int i=s,j=t;
    int base=R[s];                        //以表首元素为基准
    while (i<j)                           //从表两端交替向中间遍历,直到i=j为止
    {   while (j>i && R[j]>=base)
            j--;                          //从后向前遍历,找一个小于或等于基准的R[j]
        if (j>i)
        {   R[i]=R[j];                    //R[j]前移覆盖R[i]
            i++;
        }
        while (i<j && R[i]<=base)
            i++;                          //从前向后遍历,找一个大于基准的R[i]
        if (i<j)
        {   R[j]=R[i];                    //R[i]后移覆盖R[j]
            j--;
        }
    }
    R[i]=base;                            //基准归位
    return i;                             //返回归位的位置
}
void QuickSort2(vector < int > &R)        //非递归算法:快速排序
```

```
    {   stack < SNode > st;                      //定义一个栈
        int n = R.size();
        st.push(SNode(0, n-1));
        while(!st.empty())                       //栈不空时循环
        {   SNode e = st.top(); st.pop();         //出栈元素 e
            if(e.low < e.high)
            {   int i = Partition1(R, e.low, e.high);
                st.push(SNode(e.low, i-1));       //子问题 1 进栈
                st.push(SNode(i+1, e.high));      //子问题 2 进栈
            }
        }
    }
```

3. 设计这样的快速排序算法 QuickSort3,若排序区间为 $R[s..t]$,当其长度为 2 时直接比较排序,当其长度大于或等于 3 时求出 $mid=(s+t)/2$,以 $R[s]$、$R[mid]$ 和 $R[t]$ 的中值为基准进行划分。

解:当排序区间 $R[s..t]$ 长度大于或等于 3 时,求出 $mid=(s+t)/2$,并在 $R[s]$、$R[mid]$ 和 $R[t]$ 中找到中值序号 ans,将 $R[s]$ 与 $R[ans]$ 交换,再按常规递归快速排序方法实现。对应的算法如下:

```
int middle(vector < int > &R, int s, int mid, int t)    //求 R[s]、R[mid]、R[t]中值序号
{   int i, j, ans;
    if(R[s]<=R[mid])
    {   i=s;
        j=mid;
    }
    else
    {   i=mid;
        j=s;
    }
    if(R[j]<=R[t])
        ans=j;
    else
    {   if(R[i]<=R[t])
            ans=t;
        else
            ans=i;
    }
    return ans;
}
void QuickSort31(vector < int > &R, int s, int t)    //对 R[s..t]的元素进行快速排序
{   if(s>=t)                                          //长度为 0 或者为 1 时返回
        return;
    else if(s+1==t)                                  //长度为 2
    {   if(R[s]>R[t])                                //反序时交换
            swap(R[s], R[t]);
    }
    else                                             //长度大于 2
    {   int mid=(s+t)/2;
        int ans=middle(R, s, mid, t);               //求中值序号
        swap(R[s], R[ans]);                         //将中值交换到开头
        int i=Partition1(R, s, t);                  //划分算法
        QuickSort31(R, s, i-1);                     //对左子表递归排序
        QuickSort31(R, i+1, t);                     //对右子表递归排序
    }
```

```
}
void QuickSort3(vector < int > &R)                    //递归算法:快速排序
{    int n=R.size();
     QuickSort31(R,0,n-1);
}
```

4. 设计一个算法,求出含 n 个元素的整数序列中最小的 $k(1 \leqslant k \leqslant n)$ 个元素,以任意顺序返回这 k 个元素均可。

解:与《教程》4.2.2 节中查找一个序列中第 k 小的元素类似,当找到第 k 小的元素的序号 i 时,前面的所有元素就是最小的 k 个元素。对应的算法如下:

```
int smallk1(vector < int > &R,int s,int t,int k)      //被 smallk 调用
{    if(s < t)                                         //长度至少为2
     {    int i=Partition1(R,s,t);                     //划分算法
          if(k-1==i)
               return i;
          else if(k-1 < i)
               return smallk1(R,s,i-1,k);              //对左子表递归排序
          else
               return smallk1(R,i+1,t,k);              //对右子表递归排序
     }
}
vector < int > smallk(vector < int > &R,int k)         //递归求最小的 k 个元素
{    int n=R.size();
     int i=smallk1(R,0,n-1,k);
     vector < int > ans;
     for(int j=0;j<=i;j++)
          ans.push_back(R[j]);
     return ans;
}
```

5. 设计一个算法实现一个不带头结点的整数单链表 head 的递增排序,要求算法的时间复杂度为 $O(n\log_2 n)$。

解法 1:采用快速排序方法。用(head,end)表示首结点为 head、尾结点之后的地址为 end 的单链表。为了方便,给单链表 head 添加一个头结点 h。

首先以 head 为基准 base,通过遍历 head 一次将所有小于 base 的结点 p 移动到表头(即删除结点 p 再将结点 p 插入头结点 h 之后),这样得到两个单链表,(h—>next,base)为结点值均小于 base 结点的单链表,(base—>next,end)为结点值均大于或等于 base 结点的单链表,这样的过程就是单链表划分。然后两次递归调用分别排序单链表(h—>next,base)和(base—>next,end),再合并,即将(h—>next,base)、base 结点和(base—>next,end)依次连接起来得到递增有序单链表 h,最后返回 h—>next。对应的算法如下:

```
ListNode * quicksort1(ListNode * head,ListNode * end)   //被 sortList1 调用
{    if (head==end || head->next==end)                  //为空表或者只有一个结点时返回 head
          return head;
     ListNode * h=new ListNode(-1);                     //为了方便,增加一个头结点
     h->next=head;
     ListNode * base=head;                              //base 指向基准结点
     ListNode * pre=head, * p=pre->next;
     while (p!=end)
     {    if(p->val < base->val)                         //找到比基准值小的结点 p
          {    pre->next=p->next;                        //通过 pre 结点删除结点 p
```

```
            p—>next=h—>next;                        //将结点 p 插入头结点 h 之后
            h—>next=p;
            p=pre—>next;                            //重置 p 指向结点 pre 的后继结点
        }
        else
        {   pre=p;                                  //pre、p 同步后移
            p=pre—>next;
        }
    }
    h—>next=quicksort1(h—>next,base);               //前半段排序
    base—>next=quicksort1(base—>next,end);          //后半段排序
    return h—>next;
}
ListNode * sortList1(ListNode * head)               //快速排序
{   head=quicksort1(head,NULL);
    return head;
}
```

解法 2：采用递归二路归并排序方法。用(head,end)表示首结点为 head、尾结点之后的地址为 end 的单链表。为了方便，给单链表 head 添加一个头结点 h。

先采用快慢指针法求出单链表(head,tail)的中间位置结点 slow(初始时 tail=NULL)，将其分割为(head,slow)和(slow,tail)两个单链表。例如，head=[1,2,3]时，slow 指向结点 3，分割为[1,2]和[3]两个单链表，若 head=[1,2,3,4]，slow 指向结点 3，分割为[1,2]和 [3,4]两个单链表。对两个子单链表分别递归排序，再合并起来得到最终的排序单链表。对应的算法如下：

```
ListNode * Merge(ListNode * h1,ListNode * h2)       //合并两个单链表 h1 和 h2
{   ListNode * h=new ListNode(0);
    ListNode * p=h1,* q=h2,* r=h;
    while (p!=NULL && q!=NULL)
    {   if (p—>val <= q—>val)
        {   r—>next = p;
            p=p—>next;
        }
        else
        {   r—>next = q;
            q=q—>next;
        }
        r=r—>next;
    }
    if (p==NULL)
        r—>next=q;
    if (q==NULL)
        r—>next=p;
    return h—>next;
}
ListNode * mergesort2(ListNode * head,ListNode * tail)   //被 sortList2 调用
{   if (head==tail)                                 //空表直接返回
        return head;
    else if (head—>next==tail)                      //只有一个结点时
    {   head—>next=NULL;
        return head;
    }
    ListNode * fast=head;                           //用快慢指针法求中间位置结点 fast
```

```
        ListNode *  slow＝head;
        while (fast!＝tail)
        {   fast＝fast－>next;
            slow＝slow－>next;                        //慢指针移动一次
            if (fast !＝tail)                        //快指针移动两次
                fast＝fast－>next;
        }
        ListNode *  left＝mergesort2(head, slow);    //递归排序(head,slow)
        ListNode *  right＝mergesort2(slow, tail);   //递归排序(slow,tail)
        ListNode *  ans＝Merge(left, right);         //合并
        return ans;
    }
    ListNode *  sortList2(ListNode *  head)          //二路归并排序
    {
        return mergesort2(head, NULL);
    }
```

6. 设计一个算法求 4 个整数数组 a、b、c 和 d 的交集。

解：采用二路归并求交集，先求出 a 和 b 的交集 x，再求出 c 和 d 的交集 y，最后求出 x 和 y 的交集 ans，返回 ans。对应的算法如下：

```
    vector < int > Merge2(vector < int > &a, vector < int > &b)        //a、b 二路归并求交集
    {   vector < int > c;
        int i＝0, j＝0;
        while(i < a.size() && j < b.size())
        {   if(a[i] < b[j])
                i++;
            else if(a[i] > b[j])
                j++;
            else
            {   c.push_back(a[i]);
                i++; j++;
            }
        }
        return c;
    }
    vector < int > Intersection(vector < int > &a, vector < int > &b, vector < int > &c, vector < int > &d)
    {   vector < int > ans;
        vector < int > x＝Merge2(a, b);
        vector < int > y＝Merge2(c, d);
        ans＝Merge2(x, y);
        return ans;
    }
```

7. 设有 n 个互不相同的整数,按递增顺序存放在数组 $a[0..n-1]$ 中,若存在一个下标 $i(0 \leq i < n)$,使得 $a[i]＝i$,设计一个算法以 $O(\log_2 n)$ 时间找到这个下标 i。

解：采用二分查找方法。$a[i]＝i$ 时表示该元素在有序非重复序列 a 中恰好第 i 大。对于序列 $a[low..high]$,$mid＝(low＋high)/2$,若 $a[mid]＝mid$ 表示找到该元素；若 $a[mid] > mid$ 说明右区间的所有元素都大于其位置,只能在左区间中查找；若 $a[mid] < mid$ 说明左区间的所有元素都小于其位置,只能在右区间中查找。对应的算法如下：

```
    int Search(vector < int > &a)              //查找使得 a[i]＝i
    {   int low＝0, high＝a.size()-1, mid;
        while (low <＝high)
```

```
{   mid＝(low＋high)/2;
    if (a[mid]＝＝mid)                //查找到这样的元素
        return mid;
    else if (a[mid]＜mid)            //这样的元素只能在右区间中出现
        low＝mid＋1;
    else                             //这样的元素只能在左区间中出现
        high＝mid－1;
}
return －1;
}
```

8. 给定一个含 n 个不同整数的数组 a，其中 $a[0..p]$（保证 $0 \le p \le n-1$）是递增的，$a[p..n-1]$ 是递减的，设计一个高效的算法求 p。

解：依题意，$a[p]$ 是 a 中最大的元素，如果采用顺序查找，时间复杂度为 $O(n)$。现在采用二分查找方法，对于至少包含两个元素的查找区间 $[\text{low}, \text{high}]$（初始为 $[0, n-1]$），取 $\text{mid}＝(\text{low}＋\text{high})/2$：

① 若 $a[\text{mid}]＜a[\text{mid}+1]$，$a[p]$ 在右边，置 $\text{low}＝\text{mid}+1$，如图 4.1(a) 所示。

② 若 $a[\text{mid}]＞a[\text{mid}+1]$，$a[p]$ 在左边（$a[\text{mid}]$ 可能是 $a[p]$），置 $\text{high}＝\text{mid}$，如图 4.1(b) 所示。

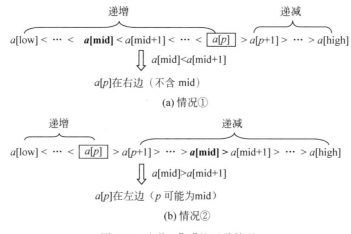

图 4.1 查找 $a[p]$ 的两种情况

循环结束后查找区间中只有一个元素，则该元素就是 $a[p]$，整个查找过程的时间复杂度为 $O(\log_2 n)$。对应的算法如下：

```
int Searchp(vector < int > &a)      //查找位置 p
{   int n=a.size();
    int low=0,high=n−1;
    while (low < high)               //查找区间中至少有两个元素时循环
    {   int mid＝(low＋high)/2;
        if (a[mid]＜a[mid＋1])         //a[p]在右边
            low＝mid＋1;
        else                         //a[p]在左边
            high＝mid;
    }
    return low;
}
```

9. 给定一个含 n 个整数的递增有序序列 a 和一个整数 x，设计一个时间复杂度为 $O(n)$ 的算法，确定在 a 中是否存在这样的两个整数，即它们的和恰好为 x。

解： 先将 a 中元素递增排序，$f(a,\text{low},\text{high},x)$ 表示区间 $a[\text{low}..\text{high}]$ 中是否存在这样的两个整数，为原问题（初始区间为 $a[0..n-1]$），当区间中至少有两个元素时，求出 $\text{sun}=a[\text{low}]+a[\text{high}]$，若 $\text{sun}=x$，返回 true，若 $\text{sum}>x$，说明 sum 太大了，对应的子问题为 $f(a,\text{low},\text{high}-1,x)$，否则说明 sum 太小了，对应的子问题为 $f(a,\text{low}+1,\text{high},x)$。对应的迭代算法如下：

```
bool judge( vector < int > &a, int x)
{    sort(a. begin(), a. end());          //递增排序
     int n＝a. size();
     int low＝0, high＝n－1;
     while (low < high)                    //查找区间中至少有两个元素时循环
     {   int sum＝a[low]＋a[high];
         if(sum==x)
             return true;
         if (sum > x)                      //太大了,除去 a[high]
             high--;
         else                             //太小了,除去 a[low]
             low++;
     }
     return false;
}
```

10. 给定一个正整数 $n(n>1)$，n 可以分解为 $n=x_1 \times x_2 \times \cdots \times x_m$。例如，当 $n=12$ 时共有 8 种不同的分解式，$12=12, 12=6\times2, 12=4\times3, 12=3\times4, 12=3\times2\times2, 12=2\times6, 12=2\times3\times2, 12=2\times2\times3$。设计一个算法求 n 有多少种不同的分解式。

解： n 的因子 i 可能是 $2 \sim n$，实际上 $i>n/2$ 时只有 $n=n$ 一种分解式，所以不同的分解式个数 ans 初始时置为 1，i 从 2 到 $n/2$ 循环，若 $n\%i=0$（说明 i 是 n 的一个因子），将子问题的解（即 n/i 的不同的分解式个数）累加到 ans 中，最后返回 ans。对应的算法如下：

```
int Count1( int n)
{    if(n==1)
         return 1;
     else
     {   int ans＝1;                       //考虑 n＝n 的分解式
         for(int i=2;i<=n/2;i++)
             if(n%i==0)
                 ans+=Count1(n/i);
         return ans;
     }
}
```

对应的优化算法如下：

```
int Count2( int n)
{    int ans＝1,i;                         //ans＝1 是考虑 n＝n 的分解式
     for (i=2;i * i<n;i++)                 //因子乘因子小于 n
         if (n%i==0)                      //i 是 n 的因子, n/i 也是 n 的因子
             ans+=Count2(i)+Count2(n/i);
     if (i * i==n)                        //考虑 i * i＝n 的特殊情况
```

```
            ans+=Count2(i);
        return ans;
    }
```

11. 给定一个包含 n 个整数的无序数组 a,所有元素值在[1,10000]范围内。设计一个尽可能高效的算法求 a 的中位数。例如,$a=\{3,1,2,1,2\}$,对应的中位数是 2;$a=\{3,1,2,4\}$,对应的中位数是 3。

解: 由于所有元素值在[1,10000]范围内,以[1,10000]为初始查找区间(有序的)采用二分查找方法求中位数。对于非空查找区间[low,high],求出中值 mid=(low+high)/2,累计 a 中小于或等于 mid 的元素个数 cnt:

① 若 cnt<=n/2,说明 mid 作为 a 的中位数一定小了,在右区间中继续查找,所以修改查找区间为 low=mid+1。

② 否则说明 mid 作为 a 的中位数可能大了,在左区间中继续查找,由于 mid 可能是中位数,所以修改查找区间为 high=mid。

循环结束,区间中仅剩下一个整数 low,它就是答案。本题实际上是查找满足 cnt>n/2 条件的最小 mid(这样才能保证 mid 一定是 a 中的元素)。对应的算法如下:

```
int Countless(vector < int > &a,int x)        //求 a 中小于 x 的元素个数
{   int cnt=0;
    for(int i=0;i < a.size();i++)
        if(a[i]<=x)
            cnt++;
    return cnt;
}
int middle(vector < int > &a)                 //求 a 的中位数
{   int n=a.size();
    int low=1,high=10000;
    while(low < high)
    {   int mid=(low+high)/2;
        int cnt=Countless(a,mid);
        if(cnt > n/2)
            high=mid;                          //mid 可能大了
        else
            low=mid+1;                         //mid 小了
    }
    return low;
}
```

上述算法循环 $\log_2 10000$ 次(常量),每次循环调用 Countless 算法的时间为 $O(n)$,所以时间复杂度为 $O(n)$。

12. 假设一棵整数二叉树采用二叉链 b 存储,所有结点值不同,设计一个算法求值为 x 和 y 的两个结点(假设二叉树中一定存在这样的两个结点)的最近公共祖先结点。

解: 设 $f(b,x,y)$ 求两个值为 x 和 y 的结点的最近公共祖先结点(LCA)。如果当前结点 b 是值为 x 或者 y 的结点则返回 b(可以理解为自己是自己的 LCA);否则递归在左、右子树中查找,如果左、右子树返回的结果均不空,说明值为 x、y 的结点分别在当前结点 b 的左、右两边,则结点 b 就是 LCA,返回 b,若一个不为空,返回不为空的结果,若都为空,返回空。对应的递归算法如下:

```
TreeNode *  LCA(TreeNode *  b, int x, int y)
{   if (b==NULL)
        return NULL;
    if(b-> val==x) return b;
    if(b-> val==y) return b;
    TreeNode *  p=LCA(b-> left, x, y);
    TreeNode *  q=LCA(b-> right, x, y);
    if (p!=NULL && q!=NULL)
        return b;
    if (p!=NULL)
        return p;
    if (q!=NULL)
        return q;
    return NULL;
}
```

13. 假设一棵整数二叉树采用二叉链 b 存储，设计一个算法原地将它展开为一个单链表，单链表中的结点通过 right 指针链接起来。例如，如图 4.2(a) 所示二叉树的展开的链表如图 4.2(b) 所示。

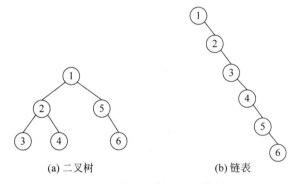

(a) 二叉树   (b) 链表

图 4.2　一棵二叉树和展开的链表

　　解：采用分治法思路，先将根结点 b 的左、右子树分别展开为一个单链表，它们的首结点分别为 $b-> left$（称为单链表 A）和 $b-> right$（称为单链表 B），这样得到根结点、单链表 A 和单链表 B 三部分，如图 4.3 所示为图 4.2(a) 所示的二叉树对应的三部分，再将它们依次链接起来。

(a) 根结点   (b) 单链表A   (c) 单链表B

图 4.3　一棵二叉树展开的三部分

对应的递归算法如下：

```
void flatten(TreeNode *  b)
{   if(b==NULL)                              //空树直接返回
        return;
    flatten(b-> left);
    flatten(b-> right);
    TreeNode *  tmp=b-> right;               //临时存放单链表 B 的首结点
    b-> right=b-> left;
```

```
        b—> left=NULL;
        while(b—> right!=NULL)              //找到单链表 A 的尾结点
            b=b—> right;
        b—> right=tmp;                      //链接起来
    }
```

14. 假设一棵整数二叉树采用二叉链 b 存储,设计一个算法求所有从根结点到叶子结点的路径。例如,对于如图 4.4 所示的一棵二叉树,结果为{{1,2,5},{1,3}}。

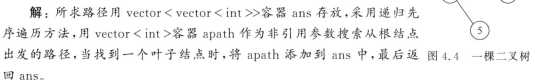

图 4.4　一棵二叉树

解:所求路径用 vector < vector < int >>容器 ans 存放,采用递归先序遍历方法,用 vector < int >容器 apath 作为非引用参数搜索从根结点出发的路径,当找到一个叶子结点时,将 apath 添加到 ans 中,最后返回 ans。

对应的递归算法如下:

```
void allpath1(TreeNode * b, vector < int > apath, vector < vector < int >> & ans)
{   apath.push_back(b—> val);
    if(b—> left==NULL && b—> right==NULL)   //找到一条路径
    {   ans.push_back(apath);                //将路径添加到 ans 中
        return;
    }
    if(b—> left!=NULL)                       //递归遍历左子树
        allpath1(b—> left, apath, ans);
    if(b—> right!=NULL)                      //递归遍历右子树
        allpath1(b—> right, apath, ans);
}
vector < vector < int >> allpath(TreeNode * b)    //求所有路径的递归算法
{   vector < vector < int >> ans;
    vector < int > apath;
    allpath1(b, apath, ans);                 //求 ans
    return ans;
}
```

15. 假设一棵整数二叉排序树(左子树的所有结点值小于根结点,右子树的所有结点值大于根结点)采用二叉链存储,所有结点值不同,设计一个算法求值为 x 和 y 的两个结点(假设二叉排序树中一定存在这样的两个结点)的最近公共祖先结点。

解:采用分治法思路,若 b 为 NULL 返回 NULL。若 b 结点值小于 x 和 y,说明 x、y 结点均在右子树中,则在右子树中查找 LCA(子问题1);若 b 结点值大于 x、y,说明 x、y 结点均在左子树中,则在左子树中查找 LCA(子问题2);否则 x、y 两个结点中一个在 b 的左子树中,一个在 b 的右子树中,则结点 b 就是 LCA。对应的递归算法如下:

```
TreeNode * LCA(TreeNode * b, int x, int y)
{   if (b==NULL)
        return NULL;
    if (b—> val < x && b—> val < y)
        return LCA(b—> right, x, y);
    else if (b—> val > x && b—> val > y)
        return LCA(b—> left, x, y);
    else
```

```
            return b;
    }
```

16. 假设一棵整数二叉排序树(左子树的所有结点值小于根结点,右子树的所有结点值大于根结点)采用二叉链存储,所有结点值不同,设计一个算法求值在$[x,y]$($x \leqslant y$)范围内的所有结点值之和。

解：采用分治法思路,设 $f(b,x,y)$ 的功能是返回二叉树 b 中值在$[x,y]$范围内的结点值之和。对应的递归模型如下：

$$f(b,x,y)=0 \qquad\qquad\qquad 当\ b=NULL\ 时$$
$$f(b,x,y)=f(b->\text{right},x,y) \qquad 当\ b->\text{val}<x\ 时$$
$$f(b,x,y)=f(b->\text{left},x,y) \qquad 当\ b->\text{val}>y\ 时$$
$$f(b,x,y)=b->\text{val}+\text{lsum}+\text{rsum}; \qquad 其他情况(包含结点\ b)$$
$$其中\ \text{lsum}=f(b->\text{left},x,y);$$
$$\text{rsum}=f(b->\text{right},x,y)$$

对应的递归算法如下：

```
int Sum(TreeNode * b, int x, int y)
{   if(b==NULL)
        return 0;
    if(b-> val < x)                          //根结点值<x,满足条件的结点都在右子树中
        return Sum(b-> right, x, y);
    else if(b-> val > y)                      //根结点值>y,满足条件的结点都在左子树中
        return Sum(b-> left, x, y);
    else
    {   int lsum=Sum(b-> left, x, y);
        int rsum=Sum(b-> right, x, y);
        return b-> val+lsum+rsum;            //结果含 b 根结点
    }
}
```

4.4　上机实验题及其参考答案

4.4.1　将一个整数数组划分为两个和差值最大的子数组

编写一个实验程序 exp4-1,给定一个由 $n(n \geqslant 2)$ 个正整数构成的序列 $A=\{a_k\}$($0 \leqslant k < n$),将其划分为两个不相交的子集 A_1 和 A_2,元素个数分别是 n_1 和 n_2,A_1 和 A_2 中的元素之和分别为 S_1 和 S_2。设计一个尽可能高效的划分算法,满足$|n_1-n_2|$最小且$|S_1-S_2|$最大,算法返回$|S_1-S_2|$的结果。要求采用相关数据进行测试。

解：将 A 中最小的 $n/2$ 个元素放在 A_1 中,其他元素放在 A_2 中,即可得到题目要求的结果。容易想到将 A 中的元素全部排序,再划分出 A_1 和 A_2,但该方法的时间复杂度为$O(n\log_2 n)$(时间主要花费在排序上),性能低下。实际上没有必要对全部元素排序,只需要找到第 $n/2$ 小的元素,将前半部分放在 A_1 中,后半部分放在 A_2 中即可,这个思路与《教程》4.2.2节查找一个序列中第 k 小元素的思路完全相同,算法的时间复杂度为$O(n)$。

对应的实验程序 exp4-1.cpp 如下：

```cpp
#include <iostream>
#include <vector>
using namespace std;
int Partition1(vector<int> &R,int s,int t)      //划分算法1
{   int i=s,j=t;
    int base=R[s];                              //以表首元素为基准
    while (i<j)                                 //从表两端交替向中间遍历,直到i=j为止
    {   while (j>i && R[j]>=base)
            j--;                                //从后向前遍历,找一个小于或等于基准的R[j]
        if (j>i)
        {   R[i]=R[j];                          //R[j]前移覆盖R[i]
            i++;
        }
        while (i<j && R[i]<=base)
            i++;                                //从前向后遍历,找一个大于基准的R[i]
        if (i<j)
        {   R[j]=R[i];                          //R[i]后移覆盖R[j]
            j--;
        }
    }
    R[i]=base;                                  //基准归位
    return i;                                   //返回归位的位置
}
int Solve(vector<int> &a)                       //求解算法
{   int n=a.size();
    int low=0,high=n-1;
    bool flag=true;
    while (flag)
    {   int i=Partition1(a,low,high);
        if (i==n/2-1)                           //基准a[i]为第n/2的元素
            flag=false;
        else if (i<n/2-1)                       //在右区间中查找
            low=i+1;
        else
            high=i-1;                           //在左区间中查找
    }
    int s1=0,s2=0;
    for (int i=0;i<n/2;i++)                      //求前半部分元素和s1
        s1+=a[i];
    for (int j=n/2;j<n;j++)                      //求和半部分元素和s2
        s2+=a[j];
    return s2-s1;
}
void disp(vector<int> &a,int l,int h)           //输出a[l..h]
{   for (int i=l;i<=h;i++)
        printf("%3d",a[i]);
    printf("\n");
}
int main()
{   printf("实验结果:\n");
    //第1个测试数据
    vector<int> a={1,3,5,7,9,2,4,6,8};
    printf(" 初始序列 A:"); disp(a,0,a.size()-1);
    printf(" 求解结果 %d\n",Solve(a));
    printf(" 划分结果 A1:"); disp(a,0,a.size()/2-1);
```

```
      printf("\t A2:"); disp(a,a.size()/2,a.size()-1);
      //第 2 个测试数据
      vector < int > b={1,3,5,7,9,10,2,4,6,8};
      printf(" 初始序列 B:"); disp(b,0,b.size()-1);
      printf(" 求解结果 %d\n",Solve(b));
      printf(" 划分结果 B1:"); disp(b,0,b.size()/2-1);
      printf("\t B2:"); disp(b,b.size()/2,b.size()-1);
      return 0;
}
```

上述程序的执行结果如图 4.5 所示。

图 4.5　exp4-1 实验程序的执行结果

4.4.2　四路归并排序

编写一个实验程序 exp4-2 采用四路归并排序方法实现整数序列 $R[0..n-1]$ 的递增排序,若 $n \leqslant 4$,采用直接插入排序,否则将 R 中的元素分为 4 段,分别排序后再合并为一个有序序列。要求采用相关数据进行测试,并给出排序的过程。

解:采用递归四路归并排序方法(类似自顶向下的二路归并排序方法)。对于排序区间 $R[low..high]$,其中元素个数 $n=high-low+1$,分为如下几种情况:

① $n \leqslant 1$ 时直接返回。

② $n \leqslant 4$ 时调用直接插入排序算法 InsertSort(R,low,high)进行排序。

③ 否则依次求出 mid$=(low+high)/2$,mid1$=(low+mid)/2$,mid2$=(mid+1+$ high$)/2$,将 $R[low..high]$ 分为 4 个段,即 $R[low..mid1]$、$R[mid1+1..mid]$、$R[mid+1..mid2]$ 和 $R[mid2+1..high]$,作为 4 个子问题依次排序,再将 $R[low..mid1]$ 和 $R[mid1+1..mid]$ 合并为有序段 $R[low..mid]$,将 $R[mid+1..mid2]$ 和 $R[mid2+1..high]$ 合并为有序段 $R[mid+1..high]$,最后将两个有序段 $R[low..mid]$ 和 $R[mid+1..high]$ 合并为最后有序段 $R[low..high]$。

对应的实验程序 exp4-2.cpp 如下:

```
# include < iostream >
# include < vector >
using namespace std;
void disp(vector < int > & R,int low,int high)        //输出 R[low..high] 的元素
{    for (int i=low;i<=high;i++)
         printf("%d ",R[i]);
     printf("\n");
```

```cpp
}
void InsertSort(vector < int > &R, int low, int high)      //R[low..high]直接插入排序
{   for (int i=low+1;i<=high;i++)
    {   if (R[i]< R[i-1])                                   //反序时
        {   int tmp=R[i];
            int j=i-1;
            do                                             //找 R[i]的插入位置
            {   R[j+1]=R[j];                               //将关键字大于 R[i]的元素后移
                j--;
            } while(j>=low && R[j]> tmp);                 //直到 R[j]<=tmp 为止
            R[j+1]=tmp;                                    //在 j+1 处插入 R[i]
        }
    }
}

void Merge(vector < int > &R, int low, int mid, int high)
//将 R[low..mid]和 R[mid+1..high]两个相邻的有序段归并为有序段 R[low..high]
{   vector < int > R1;
    int i=low,j=mid+1;                                      //i、j 分别为两个有序段的下标
    while (i<=mid && j<=high)                               //在有序段 1 和有序段 2 均未遍历完时循环
    {   if (R[i]<=R[j])                                     //将有序段 1 中的元素归并到 R1
        {   R1.push_back(R[i]);
            i++;
        }
        else                                               //将有序段 2 中的元素归并到 R1
        {   R1.push_back(R[j]);
            j++;
        }
    }
    while (i<=mid)                                          //将有序段 1 余下的元素改变到 R1
    {   R1.push_back(R[i]);
        i++;
    }
    while (j<=high)                                         //将有序段 2 余下的元素改变到 R1
    {   R1.push_back(R[j]);
        j++;;
    }
    for (int k=0,i=low;i<=high;k++,i++)                     //将 R1 复制回 R 中
        R[i]=R1[k];
}
// **** 自顶向下的 4 路归并排序算法 ****************
void MergeSort41(vector < int > &R, int low, int high)     //被 MergeSort4 调用
{   int n=high-low+1;                                       //求排序区间中的元素个数
    if(n==0 || n==1)
        return;
    else if(n<=4)                                           //少于 4 个元素时采用直接插入排序
    {   printf(" R[%d..%d]直接插入排序,",low,high);
        InsertSort(R,low,high);
        return;
    }
    else                                                   //多于 4 个元素时
    {   int mid=(low+high)/2;                               //取中间位置
        int mid1=(low+mid)/2;
        int mid2=(mid+1+high)/2;
        printf(" R[%d..%d]分解为 R[%d..%d],R[%d..%d],R[%d..%d],R[%d..%d]\n",
            low,high,low,mid1,mid1+1,mid,mid+1,mid2,mid2+1,high);
        MergeSort41(R,low,mid1);                            //对 R[low..mid1]排序
        printf(" R[%d..%d]排序结果: ",low,mid1);disp(R,low,mid1);
```

```
        MergeSort41(R,mid1+1,mid);                //对 R[mid1+1..mid]排序
        printf(" R[%d..%d]排序结果: ",mid1+1,mid);disp(R,mid1+1,mid);
        MergeSort41(R,mid+1,mid2);                //对 R[mid+1..mid2]排序
        printf(" R[%d..%d]排序结果: ",mid+1,mid2);disp(R,mid+1,mid2);
        MergeSort41(R,mid2+1,high);               //对 R[mid2+1..high]排序
        printf(" R[%d..%d]排序结果: ",mid2+1,high);disp(R,mid2+1,high);
        printf(" 合并 R[%d..%d..%d], ",low,mid1,mid);
        Merge(R,low,mid1,mid);                     //将前面两个子序列合并
        printf("合并结果: ");disp(R,low,mid);
        printf(" 合并 R[%d..%d..%d], ",mid+1,mid2,high);
        Merge(R,mid+1,mid2,high);                  //将后面两个子序列合并
        printf("合并结果: ");disp(R,mid+1,high);
        printf(" 合并 R[%d..%d..%d], ",low,mid,high);
        Merge(R,low,mid,high);                     //将两个新子序列合并
        printf("合并结果: ");disp(R,low,high);
    }
}
void MergeSort4(vector < int > &R)                 //递归算法:4 路归并算法
{   int n=R.size();
    MergeSort41(R,0,n-1);
}
int main()
{   vector < int > a={12,2,20,5,19,1,18,7,11,10,15,6,16,9,17,13,4,14,3,8};
    printf("排序前:"); disp(a,0,a.size()-1);
    printf("排序过程\n");
    MergeSort4(a);
    printf("排序后:"); disp(a,0,a.size()-1);
    return 0;
}
```

上述实验程序的执行结果如图 4.6 所示。算法的时间主要花费在元素的比较上,设对 $R[0..n-1]$ 排序的执行时间为 $T(n)$,4 个子问题的问题规模近似为 $n/4$,第 1 次合并是两个长度为 $n/4$ 的有序段合并,元素比较次数为 $n/2-1$,第 2 次合并亦如此,第 3 次合并是两个长度为 $n/2$ 的有序段合并,元素比较次数为 $n-1$,整个合并中元素比较次数为 $2n-3$。对应的递推式如下:

$$T(n)=1 \qquad\qquad 当\ n{\leqslant}4\ 时$$
$$T(n)=4T(n/4)+2n-3 \qquad\qquad 当\ n{>}4\ 时$$

可以推出 $T(n)=O(n\log_2 n)$。

4.4.3 查找假币问题

编写一个实验程序 exp4-3 用于求解这样的假币问题,共有 $n(n{>}3)$ 个硬币,编号为 $0{\sim}n-1$,其中有且仅有一个假币,假币与真币的外观相同但重量不同,不知道假币比真币轻还是重,现在用一架天平称重,天平称重的硬币数没有限制。最后找出这个假币,使得称重的次数尽可能少。要求采用相关数据进行测试并且输出称重过程。

解:设计思路与《教程》4.3.4 节查找假币的思路类似,不同之处是这里的假币轻重未知。同样采用三分查找思想,用 coins$[0..n-1]$ 存放 n 个硬币,其中 coins$[i]$ 表示编号为 i 的硬币的重量(真币重量为 2,假币重量为 1 或者 3)。查找结果用 (no,light) 表示,其中 no 为找到的假币的编号(初始置为 -1),light 为假币比真币轻还是重,light$=1$ 表示假币较轻,light$=-1$ 表示假币较重(初始置为 0 表示尚未确定假币的轻重)。用 realw 存放找到的任

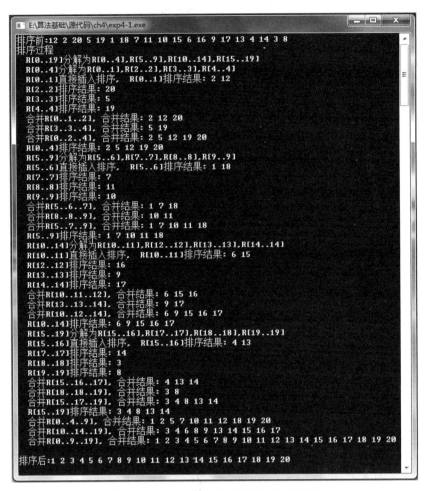

图 4.6　exp4-2.cpp 实验程序的执行结果

意一个真币的重量。在以 i 开始的 n 个硬币 coins$[i..i+n-1]$ 中查找假币的过程如下：

(1) 如果 $n=1$，依题意它就是假币，将假币的编号 no 置为 i，如果尚未确定假币的轻重（即 light＝0），将其与真币（重量为 realw）称重一次确定 light，返回结果。

(2) 如果 $n=2$，将第一个硬币 coins$[i]$ 与真币（重量为 realw）称重一次，若两者重量不相等，则它就是假币，若轻重尚未确定（即 light＝0），再与真币（重量为 realw）称重一次确定 light，返回结果。若两者重量相等，则第 2 个硬币 coins$[i+1]$ 是假币，若轻重尚未确定（即 light＝0），再与真币（重量为 realw）称重一次确定 light，返回结果。

(3) 如果 $n\geqslant3$，求出 $k=\lfloor n/3\rfloor$，依次将 coins 中的 n 个硬币分为 3 份，A 和 B 中各有 k 个硬币（A 为 coins$[ia..ia+k-1]$，B 为 coins$[ib..ib+k-1]$），C 中有 $n-2k$ 个硬币（C 为 coins$[ic..ic+n-2k-1]$），这样划分保证 C 中的硬币个数不少于 A、B 中的硬币个数（C 中的硬币个数最多比 A、B 中的硬币个数多两个，最少是相同的）。将 A 和 B 中的硬币称重一次，结果为 b，分为如下情况：

① 若两者重量相等（$b=0$），说明 A 和 B 中的所有硬币都是真币，不妨设置 realw＝coins$[ia]$，假币一定在 C 中，递归在 C 中查找假币并返回结果。

② 若 A 和 B 的重量不相等（$b\neq0$），说明 C 中所有硬币都是真币，如果 light 尚未求出，

置 realw＝coins[ic]，将 A 和 C 中的前面 k 个硬币称重一次，若两者重量不相等，说明假币一定在 A 中，递归在 A 中查找假币并返回结果；否则说明假币一定在 B 中，递归在 B 中查找假币并返回结果。如果 light 已经求出，若 b＝light，说明假币在 A 中，在 A 中递归查找，否则说明假币在 B 中，在 B 中递归查找。

例如 $n=9$，9 个硬币编号为 0～8，其中 coins[2]＝1（编号为 2 的硬币为较轻的假币），查找假币的过程如下：

① $n=9$，$k=\lfloor n/3 \rfloor=3$，分为 A(coins[0..2])、B(coins[3..5]) 和 C(coins[6..8]) 3 份，硬币 A 与 B 的硬币称重一次，前者轻。说明 C 中所有硬币均为真币，设置一个真币重量 realw＝coins[6]。

② 硬币 A 与 C 中的前 k 个硬币（C 中恰好有 k 个硬币）称重一次，前者轻。说明假币在 A 中，并且假币重量较轻，置 light＝1。

③ A 中共有 3 个硬币，$n1=3$，$k1=\lfloor n1/3 \rfloor=1$，划分为 A1(coins[0])、B1(coins[1]) 和 C1(coins[2])，各有一个硬币，A1 和 B1 称重一次，两者重量相等，说明假币在 C1 中。而 C1 中只有一个硬币，它就是假币，从而得到结果 no＝2，light＝1，也就是编号为 2 的硬币为较轻的假币。

对应的实验程序 exp4-3.cpp 如下：

```cpp
#include <iostream>
#include <vector>
#include <algorithm>
using namespace std;
int realw;                              //一个真币的重量
int no;                                 //找到的假币的编号
int light;                              //找到的假币比真币轻(1)或者重(-1)
int cnt=0;                              //累计称重次数
int Balance(vector <int> &c,int ia,int ib,int n)   //c[ia]和c[ib]开始的n个硬币称重一次
{   printf(" (%d) ",++cnt);
    int sa=0,sb=0;
    for(int i=ia,j=0;j<n;i++,j++)
        sa+=c[i];
    for(int i=ib,j=0;j<n;i++,j++)
        sb+=c[i];
    if(n==1)
        printf("硬币%d 与%d 称重: ",ia,ib);
    else
        printf("硬币 c[%d..%d]与 c[%d..%d]的硬币称重: ",ia,ia+n-1,ib,ib+n-1);
    if(sa<sb)
    {   printf("前者轻\n");
        return 1;                       //A 轻
    }
    else if(sa==sb)
    {   printf("两者重量相同\n");
        return 0;                       //A、B 重量相同
    }
    else
    {   printf("后者轻\n");
        return -1;                      //B 轻
    }
}
int Balance(int i,int w)                //重载函数:为 w 的硬币和真币称重一次
```

```
{   printf(" (%d) ",++cnt);
    printf("硬币%d 与真币称重: ",i);
    if(w < realw)
    {   printf("为假币,假币轻\n");
        return 1;                              //w 轻
    }
    else if(w==realw)
    {   printf("两者重量相同,为真币\n");
        return 0;                              //重量相同
    }
    else
    {   printf("为假币,假币重\n");
        return -1;                             //w 重
    }
}
void spcoin(vector < int > & coins, int i, int n)    //在 coins[i..i+n−1](共 n 个硬币)中查找假币
{   if(n==1)                                    //剩余一个硬币 coins[i]
    {   no=i;
        if(light==0)                           //若不知假币的轻重
        {   int b=Balance(no,coins[no]);       //coins[i]与真币称重
            light=b;
        }
    }
    else if(n==2)                              //剩余两个硬币 coins[i]和 coins[i+1]
    {   int b=Balance(i,coins[i]);             //coins[i]与真币称重
        if(b!=0)                               //coins[i]是假币
        {   no=i;
            light=b;
        }
        else                                   //coins[i+1]是假币
        {   no=i+1;
            if(light==0)                       //若不知假币的轻重
            {   int b=Balance(no,coins[no]);   //coins[i+1]与真币称重
                light=b;
            }
        }
    }
    else                                       //剩余 3 个或者 3 个以上硬币 coins[i..i+n−1]
    {   int k=n/3;
        int ia=i,ib=i+k,ic=i+2 * k;            //分为 A、B、C,硬币个数分别为 k、k、n−2k
        int b=Balance(coins,ia,ib,k);          //A、B 称重一次
        if(b==0)                               //A、B 的重量相同,假币在 C 中
        {   realw=coins[ia];                   //存放一个真币的重量
            spcoin(coins,ic,n-2 * k);          //在 C 中查找假币
        }
        else                                   //A、B 的重量相同,假币在 A 或者 B 中
        {   if(light==0)                       //尚未知道假币的轻重
            {   realw=coins[ic];               //存放一个真币的重量
                int b=Balance(coins,ia,ic,k);  //A 和 C 中的前 k 个硬币称重一次
                if(b!=0)    //A、C1(C 中的前 k 个硬币)的重量不相同,假币在 A 中
                {   light=b;
                    spcoin(coins,ia,k);        //在 A 中查找假币
                }
                else                           //A、C1 的重量相同,假币在 B 中
                    spcoin(coins,ib,k);        //在 B 中查找假币
            }
            else                               //已经知道假币的轻重
```

```
            {   if(b==light)                        //假币在 A 中
                {   realw=coins[ic];                //存放一个真币的重量
                    spcoin(coins,ia,k);             //在 A 中查找假币
                }
                else                                //假币在 B 中
                    spcoin(coins,ib,k);             //在 B 中查找假币
            }
        }
    }
}
int main()
{   int n=100;
    vector<int> c(n,2);                             //存放所有的硬币
    int m=6;                                        //设置假币的编号
    c[m]=3;                                         //设置假币的重量
    no=-1; light=0;                                 //初始化,表示假币未知,轻重未知
    printf("n=%d(假币为%d,%s)的实验过程\n",n,m,(c[m]<2? "轻":"重"));
    spcoin(c,0,n);
    printf("实验结果\n");
    printf("  假币为%d, 假币%s\n",no,(light==1? "轻":"重"));
    printf("  共称重%d 次\n",cnt);
    return 0;
}
```

上述实验程序的执行结果如图 4.7 所示。

图 4.7   exp4-3.cpp 实验程序的执行结果

4.4.4   求众数

编写一个实验程序 exp4-4 求众数,给定一个递增有序序列 a,每个元素出现的次数称为重数,重数最大的元素称为众数。例如,$S=\{1,2,2,2,3,5\}$,多重集 S 的众数是 2,其重数为 3。要求采用相关数据进行测试。

解:采用分治法求众数。用 num 和 maxcnt 全局变量分别存放 a 的众数和重数(maxcnt 的初始值为 0)。对于至少含一个元素的序列 $a[low..high]$,以中间位置 mid 为界限,求出 $a[mid]$ 元素重数 cnt,即 $a[left..right]$ 均为 $a[mid]$,cnt=right-left+1,若 cnt 大于 maxcnt,置 num=$a[mid]$,maxcnt=cnt。然后对左序列 $a[low..left-1]$ 和右序列 $a[right+1..high]$ 递归求解众数。求众数的过程如图 4.8 所示。

对应的实验程序 exp4-4.cpp 如下:

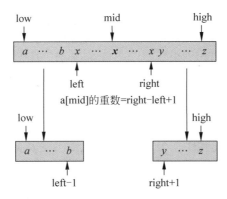

图 4.8　求众数的过程

```cpp
#include <iostream>
#include <vector>
using namespace std;
//求解结果表示
int num;                                        //全局变量,存放众数
int maxcnt=0;                                    //全局变量,存放重数
void split(vector <int> &a,int low,int high,int &mid,int &left,int &right)
//以 a[low..high]中间的元素为界限,确定为等于 a[mid]元素的左、右位置 left 和 right
{   mid=(low+high)/2;
    for(left=low;left<=high;left++)
        if (a[left]==a[mid])
            break;
    for (right=left+1;right<=high;right++)
        if (a[right]!=a[mid])
            break;
    right--;
}
void Getmaxcnt(vector <int> &a,int low,int high)   //求 a[low..high]中的众数
{   if (low<=high)                                  //a[low..high]序列中至少有一个元素
    {   int mid,left,right;
        split(a,low,high,mid,left,right);
        int cnt=right-left+1;                       //求出 a[mid]元素的重数
        if (cnt>maxcnt)                             //找到更大的重数
        {   num=a[mid];
            maxcnt=cnt;
        }
        Getmaxcnt(a,low,left-1);                    //左序列递归处理
        Getmaxcnt(a,right+1,high);                  //右序列递归处理
    }
}
int main()
{   vector <int> a{1,2,2,2,3,3,3,3,3,5,6,6};
    printf("实验数据\n");
    printf(" 递增序列: ");
    for (int i=0;i<a.size();i++)
        printf("%d ",a[i]);
    printf("\n");
    Getmaxcnt(a,0,a.size()-1);
    printf("实验结果\n");
    printf(" 众数: %d, 重数: %d\n",num,maxcnt);
    return 0;
}
```

上述程序的执行结果如图 4.9 所示。

图 4.9　exp4-4.cpp 实验程序的执行结果

4.4.5　求汉诺塔Ⅱ

编写一个实验程序 exp4-5 求汉诺塔Ⅱ。普通汉诺塔问题是这样的,从左到右依次有 x、y 和 z 三个塔座,x 塔座上套有 n 个大小不同的圆盘,小盘放在大盘的上面(小盘到大盘的编号为 $1\sim n$),要将它们移动到 z 塔座上,要求一次只能移动一个圆盘,且不允许大盘放在小盘的上面。汉诺塔Ⅱ增加了一条规则,不允许直接从最左(右)边塔座移到最右(左)边塔座,每次移动一定是移到中间塔座或从中间塔座移出。要求采用相关数据进行测试,输出移动过程,并且分析圆盘移动总次数的递推式。

解:当 $n=1$ 时移动过程是将圆盘 1 从 x 移动到 y,再将圆盘 1 从 y 移动到 z,共两次移动。当 $n>1$ 时移动过程如下:

① 将 x 上的 $n-1$ 个圆盘移动到 z 上(子问题 1)。

② 将圆盘 n 直接从 x 移动到 y 上(移动圆盘一次)。

③ 将 y 上的 $n-1$ 个圆盘移动到 x 上(子问题 2)。

④ 将圆盘 n 直接从 y 移动到 z 上(移动圆盘一次)。

⑤ 将 x 上的 $n-1$ 个圆盘移动到 z 上(子问题 3)。

对应的实验程序 exp4-5.cpp 如下:

```cpp
#include<iostream>
#include<vector>
using namespace std;
int cnt=0;                        //累计移动次数
void move(int no,char s,char t)
{   cnt++;
    if(cnt%2==1)
        printf(" (%2d)圆盘%d: %c -> %c\t",cnt,no,s,t);
    else
        printf(" (%2d)圆盘%d: %c -> %c\n",cnt,no,s,t);
}
void Hanoi(int n,char x,char y,char z)
{   if (n==1)
    {   move(n,x,y);
        move(n,y,z);
    }
    else
    {   Hanoi(n-1,x,y,z);         //将 x 上的 n-1 个圆盘移动到最右边 z 上
        move(n,x,y);             //将圆盘 n 移动到中间 y 上
        Hanoi(n-1,z,y,x);         //将 z 上的 n-1 个圆盘移动到最左边 x 上
```

```
        move(n,y,z);                //将圆盘 n 从中间移动到 z 上
        Hanoi(n-1,x,y,z);          //将 x 上的 n-1 个圆盘移动到最右边 z 上
    }
}
int main( )
{   int n=3;
    printf("实验过程(n=%d)\n",n);
    Hanoi(n,'X','Y','Z');
    printf("移动次数=%d\n",cnt);
    return 0;
}
```

上述程序的执行结果如图 4.10 所示。从结果看出没有出现 x→z 或者 z→x 的圆盘移动。设 n 个圆盘移动的总次数为 $f(n)$，依上述过程得到如下递推式：

$$f(1)=2$$
$$f(n)=3f(n-1)+2 \qquad \text{当 } n>1 \text{ 时}$$

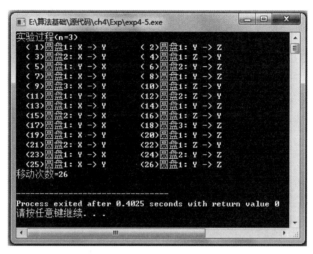

图 4.10　exp4-5.cpp 实验程序的执行结果

4.4.6　求 Fibonacci 数列

编写一个实验程序 exp4-6 求 Fibonacci 数列。

Fibonacci 数列是 $F_0=0,F_1=1,F_n=F_{n-1}+F_{n-2}(n\geqslant2)$，当 n 较大时 F_n 是一个巨大的整数，编写一个实验程序 exp4-6.cpp 求 F_n 模 9997 的值，采用两种方法，一是常规迭代方法，二是《教程》4.5.3 节的矩阵快速幂方法，比较两种方法的绝对时间。

解：利用矩阵快速幂求 Fibonacci 数列的原理参见《教程》4.5.3 节。对应的实验程序 exp4-6.cpp 如下：

```
#include<iostream>
#include<cstring>
#include<ctime>
using namespace std;
//---------常规方法----------
int fn(int n)
{   if(n==0)
        return 0;
```

```
        if(n==1)
            return 1;
        return (fn(n−2)+fn(n−1))%9997;
    }
    //----------快速幂方法----------
    struct Matrix                                    //表示 2 * 2 矩阵类型
    {   int data[2][2];
        Matrix() {}                                  //默认构造函数
        Matrix(int x00,int x01,int x10,int x11)      //构造函数
        {   data[0][0]=x00;
            data[0][1]=x01;
            data[1][0]=x10;
            data[1][1]=x11;
        }
    };
    Matrix multiply(Matrix& A,Matrix& B)             //返回矩阵 A 和 B 相乘的结果
    {   Matrix C;
        memset(C.data,0,sizeof(C.data));
        for(int i=0;i<2;i++)
            for(int j=0;j<2;j++)
                for(int k=0;k<2;k++)
                {   C.data[i][j]+=A.data[i][k] * B.data[k][j];
                    C.data[i][j]%=9997;
                }
        return C;
    }
    Matrix quick_pow(Matrix& A,int n)                //求 A^n 的快速幂算法
    {   Matrix ans(1,0,0,1);                         //置 ans 为单位矩阵
        while(n!=0)
        {   if (n & 1)
                ans=multiply(ans,A);
            A=multiply(A,A);
            n>>=1;                                   //n 右移一位
        }
        return ans;
    }
    int main()
    {   clock_t t1,t2;
        int n=45;
        printf("常规方法\n");
        t1=clock();                                  //获取开始时间
        printf("   F(%d)=%d\n",n,fn(n));
        t2=clock();                                  //获取结束时间
        printf("   运行时间：%ds\n",(t2−t1)/CLOCKS_PER_SEC);
        printf("快速幂方法\n");
        t1=clock();                                  //获取开始时间
        Matrix A(0,1,1,1);                           //先置 A 为初始矩阵
        Matrix ans=quick_pow(A,n);                   //取 ans 左上角的元素
        printf("   F(%d)=%d\n",n,ans.data[0][1]%9997);
        t2=clock();                                  //获取结束时间
        printf("   运行时间：%ds\n",(t2−t1)/CLOCKS_PER_SEC);
        return 0;
    }
```

上述程序的执行结果如图 4.11 所示，从中可以看出两种算法的时间性能的差别。

图 4.11 exp4-6.cpp 实验程序的执行结果

4.5 在线编程题及其参考答案

4.5.1 LeetCode240——搜索二维矩阵Ⅱ

问题描述：设计一个高效的算法来搜索 $m \times n$ $(1 \leqslant n, m \leqslant 300)$ 矩阵 matrix 中的一个目标值 target。该矩阵具有以下特性：每行的元素从左到右升序排列，每列的元素从上到下升序排列。例如，matrix＝{{1,4,7,11,15},{2,5,8,12,19},{3,6,9,16,22},{10,13,14,17,24},{18,21,23,26,30}}，target＝5，结果为 true。要求设计如下函数：

```cpp
class Solution {
public:
    bool searchMatrix(vector < vector < int >> & matrix, int target) {   }
};
```

解：从该矩阵的右上角看，其实类似于一棵搜索二叉树，例如右上角的数 15，左边的数永远比 15 小，右边的数永远比 15 大，因此 r 和 c 以右上角（分别为 0 和 $n-1$）的数作为搜索起点。

① 若 matrix[r][c]＝＝target，返回 true。

② 若 matrix[r][c]＞target，则 c--。

③ 若 matrix[r][c]＜target，则 r++。

当 r 或者 c 超界时返回 false。对应的程序如下：

```cpp
class Solution {
public:
    bool searchMatrix(vector < vector < int >> & matrix, int target)
    {   int r=0;
        int c=matrix[0].size()-1;
        while (r < matrix.size() && c >=0)
        {   if(matrix[r][c]==target)                    //找到目标
                return true;
            else if(matrix[r][c]> target)
                c--;                                    //比 target 大，找左边的数
            else
                r++;                                    //比 target 小，找下边的数
        }
```

```
        return false;
    }
};
```

上述程序提交时通过,执行时间为 120ms,内存消耗 14.5MB(编程语言为 C++语言)。

4.5.2 LeetCode35——搜索插入位置

问题描述:给定一个排序数组和一个目标值,在数组中找到目标值,并返回其索引。如果目标值不存在于数组中,返回它将会被按顺序插入的位置。可以假设数组中无重复元素。

示例 1:输入 nums=[1,3,5,6],target=5,输出为 2。

示例 2:输入 nums=[1,3,5,6],target=2,输出为 1。

示例 3:输入 nums=[1,3,5,6],target=7,输出为 4。

示例 4:输入 nums=[1,3,5,6],target=0,输出为 0。

要求设计如下函数:

```
class Solution {
public:
    int searchInsert(vector < int > & nums, int target) {}
};
```

解:直接调用 lowerbound(nums,n,target)函数,求出递增数组 nums 中第一个大于或等于 target 的位置就是本题要求的插入点。对应的程序如下:

```
class Solution {
public:
    int searchInsert(vector < int > & nums, int target)
    {
        return lowerbound(nums, nums. size(), target);
    }
    int lowerbound(vector < int > & nums, int n, int k)      //查找第一个大于或等于 k 的序号
    {   int low=0, high=n-1;
        while (low <= high)                                   //查找区间非空时循环
        {   int mid=(low+high)/2;                             //取中间位置
            if (k <= nums[mid])
                high=mid-1;                                   //插入点在左半区
            else
                low=mid+1;                                    //插入点在右半区
        }                                                     //找位置 high+1
        return high+1;                                        //或者 low
    }
};
```

上述程序提交时通过,执行用时为 4ms,内存消耗为 9.4MB。

4.5.3 LeetCode33——搜索旋转排序数组

问题描述:将一个递增整数数组 nums 在预先未知的某个点上进行旋转(例如,{0,1,2,4,5,6,7} 经旋转后可能变为{4,5,6,7,0,1,2})得到旋转数组。给定一个含 n($1 \leq n \leq$ 5000)个整数的旋转数组 nums,所有整数值是唯一的,设计一个算法,在其中搜索目标 target,如果 nums 中存在这个目标值,返回它的索引,否则返回 -1。例如,nums={4,5,6,7,0,1,2},target=0 时返回 4,如果 target=3,则返回 -1。要求设计如下函数:

```
class Solution {
public:
    int search(vector < int > & nums, int target) {   };
};
```

解法 1：旋转数组是由一个递增有序数组按某个基准(元素)旋转而来的,例如由{0,1,2,4,5,6,7}旋转后得到旋转数组{4,5,6,7,0,1,2},其基准是 0,基准位置是 4。找到基准后就可以恢复为原来的递增有序数组,再在递增有序数组中二分查找 target。

那么如何在旋转数组 nums 中找到基准位置呢? 显然基准是一定存在的,且它左边的元素都大于右边的元素。采用二分查找方法,假设至少有两个元素的查找区间为[low,high](初始为[0,n−1]),这样基准就是第一个小于 nums[high]的元素(例如{4,5,6,7,0,1,2}中基准就是第一个小于 2 的元素 0),现在求中间位置 mid=(low+high)/2:

(1) 若 nums[mid]<nums[high],继续向左逼近(因为要找第一个满足该条件的元素),新查找区间为[low,mid]。

(2) 若 nums[mid]≥nums[high],在右区间中查找。

循环结束时查找区间中只有一个元素,该位置 low 就是所求的基准位置。

当求出基准位置 base 后,就可以将旋转数组 nums 恢复为递增有序数组 a,实际上没有必要真正求出数组 a,假设 a[i]的元素值等于 nums[j],显然有 i=(j+base)%n(旋转数组 nums 就是 a 通过循环右移 base 次得到的),通过这样的序号转换就得到了递增有序数组 a,再在 a 中采用二分查找方法查找 target。对应的程序如下:

```
class Solution {
public:
    int search(vector < int > & nums, int target)   //二分查找算法
    {   int n=nums.size();
        int base=getBase(nums);                      //获取基准位置
        int low=0,high=n−1;
        while (low <= high)                          //查找区间中至少有一个元素时循环
        {   int mid=(low+high)/2;
            int i=(mid+base)%n;                       //nums[mid]=nums[i]
            if (target==nums[i])
                return i;
            if (target > nums[i])
                low=mid+1;
            else
                high=mid−1;
        }
        return −1;
    }
    int getBase(vector < int > & nums)               //查找基准位置
    {   int low=0,high=nums.size()−1;
        while (low < high)
        {   int mid=(low+high)/2;
            if (nums[mid]< nums[high])
                high=mid;                             //向左逼近
            else
                low=mid+1;                            //在右区间中查找
```

```
        }
        return low;
    }
};
```

上述程序提交时通过,执行用时为 4ms,内存消耗为 10.9MB。

解法 2:基准将旋转数组分为左、右两个有序段,不必先求出基准位置,直接从非空查找区间[low,high](初始为[0,n-1])开始查找,求中间位置 mid=(low+high)/2。

(1) 若 nums[mid]==target,查找成功直接返回 mid。

(2) 若 nums[mid]<nums[high],说明 nums[mid]属于右有序段,分为两种子情况:

① 如果 nums[mid]<target && nums[high]>=target,说明 target 在右有序段的后面部分中,该部分是有序的,查找区间改为[mid+1,high]即可。

② 否则说明 target 在 nums[mid]的前面部分,该部分不一定是有序的,但一定也是一个旋转数组,可以采用相同的查找方法查找 target,查找区间改为[low,mid-1]即可。

(3) 若 nums[mid]>nums[high],说明 nums[mid]属于左有序段,与(2)类似。

对应的程序如下:

```
class Solution {
public:
    int search(vector < int > & nums, int target)        //基本二分查找算法
    {   int n=nums.size();
        int low=0,high=n-1;
        while(low <=high)                                //查找区间中至少有一个元素时循环
        {   int mid=(low+high)/2;
            if (nums[mid]==target)                       //找到后直接返回 mid
                return mid;
            if (nums[mid]< nums[high])                   //nums[mid]属于右有序段
            {   if (nums[mid]< target && nums[high]>=target)
                    low=mid+1;                           //在右有序段的后面部分(有序)中查找
                else
                    high=mid-1;                          //在 nums[low..mid-1]中查找
            }
            else                                         //nums[mid]属于左有序段
            {   if (nums[low]<=target && nums[mid]> target)
                    high=mid-1;   //在左有序段的前面部分(有序)中查找
                else
                    low=mid+1;   //在 nums[mid+1..high]中查找
            }
        }
        return -1;
    }
};
```

上述程序提交时通过,执行时间为 0ms,内存消耗为 10.8MB。

4.5.4 LeetCode162——寻找峰值

问题描述:设计一个算法在所有相邻元素值不相同的整数数组 nums 中(即对于所有

有效的 i 都有 nums$[i]\neq$nums$[i+1]$)找峰值元素并返回其索引,峰值元素是指其值大于左、右相邻值的元素。可以假设 nums$[-1]$=nums$[n]=-\infty$,如果包含多个峰值,返回任何一个峰值索引即可。例如 nums$=\{1,2,1,3,5,6,4\}$,结果是 1 或 5。要求设计如下函数:

```cpp
class Solution {
public:
    int findPeakElement(vector < int > & nums) {    }
};
```

解:对于无序数组 a(其中所有相邻元素均不相同),如果 $a[i]$ 是峰值,则满足条件 $a[i-1]<a[i]>a[i+1]$。实际上就是找到这样的区间 $[a[i-1],a[i],a[i+1]]$ 满足该条件,对于非空查找区间 $[low,high]$(初始为 $[0,n-1]$)采用二分查找方法,取 mid$=$(low$+$high)$/2$:

① 若查找区间中只有一个元素(即 low$==$high),则该元素就是一个峰值(题目中假设 $a[-1]=a[n]=-\infty$)。

② 若 $a[$mid$]<a[$mid$+1]$(对应 $a[i-1]<a[i]$部分,这里看成 mid$=i-1$),峰值应该在右边,置 low$=$mid$+1$。

③ 若 $a[$mid$]>a[$mid$+1]$(对应 $a[i]>a[i+1]$部分,这里看成 mid$=i$),峰值应该在左边($a[$mid$]$可能是一个峰值),置 high$=$mid。

那么上述过程对不对呢? 如果峰值唯一,当查找区间 $[low,high]$ 中只有一个元素时显然正确,其他两种情况如图 4.12 所示。如果有多个峰值,若 $a[$mid$]$ 不是峰值,则在左或者右边一定可以找到一个峰值。

$$a[low] < \cdots < a[mid] < a[mid+1] < \cdots < \boxed{峰值} > \cdots > a[high]$$

$$\Downarrow a[mid]<a[mid+1]$$

峰值在右边(不含mid)

(a) 情况②

$$a[low] < \cdots < \boxed{峰值} > \cdots > a[mid] > a[mid+1] > \cdots > a[high]$$

$$\Downarrow a[mid]>a[mid+1]$$

峰值在左边(可能含 mid)

(b) 情况③

图 4.12　查找峰值元素的两种情况

对应的程序如下:

```cpp
class Solution {
public:
    int findPeakElement(vector < int > & nums)
    {   int n=nums.size();
        int low=0, high=n-1;
        while (low <= high)              //查找区间中至少有一个元素时循环
        {   if (low==high)              //查找区间中只有一个元素时它就是峰值
                return low;
            int mid=(low+high)/2;
            if (nums[mid]< nums[mid+1])   //峰值在右边
                low=mid+1;
            else                          //峰值在左边
                high=mid;
```

```
        }
        return −1;
    }
};
```

上述程序提交时通过,执行时间为 4ms,内存消耗为 8.7MB。

4.5.5　HDU2141——能否找到 X

问题描述:给定 3 个序列 A、B、C,另外给定一个数 X,请找到满足公式 $A_i + B_j + C_k = X$ 的 3 个数 A_i、B_j、C_k。

输入格式:输入包含多个测试用例。每个测试用例的第一行是 3 个整数 L、N、$M(1 \leqslant L, N, M \leqslant 500)$,第 2 行有 L 个整数,表示序列 A,第 3 行有 N 个整数,表示序列 B,第 4 行有 M 个整数,表示序列 C,第 5 行有一个整数 S,第 6 行有 $S(1 \leqslant S \leqslant 1000)$ 个整数 X。所有整数都是 32 位整数。

输出格式:对于每个测试用例,首先输出"Case d:"(d 为测试用例的编号),然后是 S 行,判断是否可以满足公式,若满足,输出"YES",否则输出"NO"。

输入样例:

```
3 3 3
1 2 3
1 2 3
1 2 3
3
1 4 10
```

输出样例:

```
Case 1:
NO
YES
NO
```

解:输入 A、B、C 序列后,将 A 和 B 序列的两两元素和添加到 vector<int>向量 AB 中,对 AB 递增排序,对于每个输入的整数 X,用 i 遍历 C 序列,采用二分查找方法在 AB 中查找 $X - C[i]$,若查找成功,输出"YES",否则继续遍历,直到 C 序列遍历完毕,输出"NO"。对应的程序如下:

```
# include <iostream>
# include <vector>
# include <algorithm>
using namespace std;
# define MAXN 510
# define MAXS 1100
int A[MAXN],B[MAXN],C[MAXN];
bool BinSearch(vector<int> &R,int k)        //迭代算法:二分查找法
{   int low=0,high=R.size()−1;
    while (low <= high)
    {   int mid=(low+high)/2;
        if (k==R[mid])
            return true;
        if (k < R[mid])
            high=mid−1;
```

```
        else
            low=mid+1;
    }
    return false;
}
int main()
{   int L,N,M,S,X;
    int cas=0;
    while(scanf("%d%d%d",&L,&N,&M)!=EOF)
    {   for(int i=0;i<L;i++) scanf("%d",&A[i]);
        for(int i=0;i<N;i++) scanf("%d",&B[i]);
        for(int i=0;i<M;i++) scanf("%d",&C[i]);
        vector<int> AB;
        for(int i=0;i<L;i++)
        {   for(int j=0;j<N;j++)
            AB.push_back(A[i]+B[j]);
        }
        sort(AB.begin(),AB.end());              //AB递增排序
        scanf("%d",&S);
        printf("Case %d:\n",++cas);
        while(S--)
        {   scanf("%d",&X);
            bool find=false;
            for(int i=0;i<M;i++)
            {   if(BinSearch(AB,X-C[i]))
                {   find=true;
                    break;
                }
            }
            if(find)
                printf("YES\n");
            else
                printf("NO\n");
        }
    }
    return 0;
}
```

上述程序提交时通过,执行时间为 468ms,内存消耗为 4156KB。

4.5.6　HDU2199——解方程

问题描述:给定方程 $8x^4+7x^3+2x^2+3x+6=Y$,请找到位于 $0\sim100$ 的解。

输入格式:输入的第一行包含一个整数 $T(1\leqslant T\leqslant100)$,表示测试用例的数量。然后是 T 行,每行都有一个实数 $Y(fabs(Y)\leqslant1e10)$。

输出格式:对于每个测试用例,只输出一个实数(精确到小数点后 4 位),即方程的解,如果方程没有 $0\sim100$ 的解,则输出"No solution!"。

输入样例:

2
100
—4

输出样例:

1.6152
No solution!

解：方程的解区间为 $[0.0,100.0]$，设表达式 $f(x)=8x^4+7x^3+2x^2+3x+6$，显然 $x\geqslant0$ 时 x 越大 $f(x)$ 也越大，若 $y<f(0.0)$ 或者 $y>f(100.0)$，无解，否则在 $[0.0,100.0]$ 区间中采用二分逼近求方程的根。对应的程序如下：

```
#include<iostream>
#include<cmath>
#include<algorithm>
using namespace std;
const int inf=0x3f3f3f3f;
double getexp(double x)              //求表达式的值
{
    return 8*pow(x,4.0)+7*pow(x,3.0)+2*pow(x,2.0)+3*x+6;
}
int main()
{   int t;
    scanf("%d",&t);
    while(t--)
    {   double y;
        scanf("%lf",&y);
        if(y<getexp(0.0) || y>getexp(100.0))          //无解
            printf("No solution!\n");
        else
        {   double low=0,high=100.0;                   //二分逼近
            double mid,expv;
            while(high-low>1e-8)
            {   mid=(low+high)/2;
                expv=getexp(mid);
                if(expv>y)
                    high=mid;
                else
                    low=mid;
            }
            printf("%.4lf\n",mid);
        }
    }
    return 0;
}
```

上述程序提交时通过，执行时间为 0ms，内存消耗为 1760KB。

4.5.7 HDU1040——排序

问题描述：整数序列递增排序。

输入格式：输入的第一行是一个整数 T，表示测试用例的格式。每个测试用例的第一行是整数 $N(1\leqslant N\leqslant1000)$，表示要排序的整数格式，第二行是 N 个整数。保证所有整数都在 int 范围内。

输出格式：对于每个测试用例，在一行中输出排序结果。

输入样例：

2
3

```
2 1 3
9
1 4 7 2 5 8 3 6 9
```

输出样例：

```
1 2 3
1 2 3 4 5 6 7 8 9
```

解：采用递归二路归并排序算法，对应的程序如下。

```cpp
#include <iostream>
#include <vector>
using namespace std;
void Merge(vector <int> &R, int low, int mid, int high)    //归并两个相邻有序子序列
{   vector <int> R1;
    int i=low, j=mid+1;
    while (i<=mid && j<=high)
    {   if (R[i]<=R[j])
        {   R1.push_back(R[i]);
            i++;
        }
        else
        {   R1.push_back(R[j]);
            j++;
        }
    }
    while (i<=mid)
    {   R1.push_back(R[i]);
        i++;
    }
    while (j<=high)
    {   R1.push_back(R[j]);
        j++;;
    }
    for (int k=0, i=low; i<=high; k++, i++)
        R[i]=R1[k];
}
void MergeSort(vector <int> &R, int low, int high)    //二路归并排序算法
{   if (low<high)
    {   int mid=(low+high)/2;
        MergeSort(R, low, mid);
        MergeSort(R, mid+1, high);
        Merge(R, low, mid, high);
    }
}
int main()
{   int t, n, x;
    scanf("%d", &t);
    while(t--)
    {   vector <int> a;
        scanf("%d", &n);
        for(int i=0; i<n; i++)
        {   scanf("%d", &x);
            a.push_back(x);
        }
        MergeSort(a, 0, n-1);
        for(int i=0; i<n; i++)
```

```
        {   if(i==0) printf("%d",a[i]);
            else printf(" %d",a[i]);
        }
        printf("\n");
    }
    return 0;
}
```

上述程序提交时通过,执行时间为 15ms,内存消耗为 1756KB。

4.5.8 HDU1157——求中位数

问题描述:给定一个含 $n(1\leqslant n\leqslant10000)$ 个整数的序列 a(元素值的取值范围为 1~1000000),求中位数,a 中一半的元素和中位数一样大或更大,一半的元素和中位数一样小或更小。

输入格式:输入包含多个测试用例,每个测试用例的第一行为 n,第二行是 n 个整数。输入直到文件结束。

输出格式:每个测试用例在一行中输出中位数。

输入样例:

```
5
2 4 1 3 5
```

输出样例:

```
3
```

解:算法原理参见《教程》4.2.2 节的查找一个序列中第 k 小的元素,这里的中位数就是第 $n/2+1$ 个元素。对应的程序如下:

```
#include<iostream>
#include<vector>
using namespace std;
int Partition1(vector<int> &R,int s,int t)        //划分算法1
{   int i=s,j=t;
    int base=R[s];
    while (i<j)
    {   while (j>i && R[j]>=base)
            j--;
        if (j>i)
        {   R[i]=R[j];
            i++;
        }
        while (i<j && R[i]<=base)
            i++;
        if (i<j)
        {   R[j]=R[i];
            j--;
        }
    }
    R[i]=base;
    return i;
}
int QuickSelect11(vector<int> &R,int s,int t,int k)    //被 QuickSelect11 调用
{   if (s<t)
```

```
{   int i＝Partition1(R,s,t);
    if (k－1＝＝i)
        return R[i];
    else if(k－1＜i)
        return QuickSelect11(R,s,i－1,k);
    else
        return QuickSelect11(R,i＋1,t,k);
}
else if (s＝＝t && s＝＝k－1)
    return R[k－1];
}
int QuickSelect1(vector＜int＞&R,int k)        //在 R 中找第 k 小的元素
{   int n＝R.size();
    return QuickSelect11(R,0,n－1,k);
}
int main()
{   int n,x;
    while(～scanf("%d",&n))
    {   vector＜int＞a;
        for(int i＝0;i＜n;++i)
        {   scanf("%d",&x);
            a.push_back(x);
        }
        printf("%d\n",QuickSelect1(a,n/2＋1));
    }
    return 0;
}
```

上述程序提交时通过,执行时间为 15ms,内存消耗为 1796KB。

4.5.9　HDU1007——套圈游戏

问题描述:现在做一个套圈游戏,有若干玩具,将每个玩具看成平面上的一个点。玩家可以扔一个圆环套住玩具,也就是说,如果某个玩具与圆环中心之间的距离严格小于环的半径,则该玩具被套住了。组织者想让玩家最多只能套住一个玩具,问圆环的最大半径是多少?如果两个玩具放在同一点,圆环的半径被认为是 0。

输入格式:输入由几个测试用例组成,每个测试用例的第一行包含一个整数 $N(2 \leqslant N \leqslant 100000)$,表示玩具的总数,然后是 N 行,每行包含一对 (x,y) 表示玩具的坐标。输入以 $N=0$ 结束。

输出格式:对于每个测试用例,在一行中输出满足要求的最大半径,精确到小数点后两位。

输入样例:

```
2
0 0
1 1
2
1 1
1 1
3
−1.5 0
0 0
0 1.5
```

0

输出样例：

0.71
0.00
0.75

解：圆环的直径就是两个点之间的最小距离,在求出最小距离 d 后,结果就是 $d/2$ 。所以该问题转换为求最近点对距离,原理参见《教程》4.4.4 节。为了节省空间,用数组 p 存放所有的点, $p1$ 中仅存放 x 方向上与中心点 $p[mid]$ 距离小于 d 的点的编号。对应的程序如下：

```cpp
#include <iostream>
#include <cmath>
#include <algorithm>
using namespace std;
#define MAXN 100010
struct Point
{   double x;
    double y;
} p[MAXN];
int p1[MAXN];
double cmpx(Point a,Point b)              //用于 p 按 x 递增排序
{
    return a.x < b.x;
}
double cmpy(int a,int b)                  //用于 p1 中的点编号按 y 递增排序
{
    return p[a].y < p[b].y;
}
double dis(Point a,Point b)
{
    return sqrt((a.x-b.x)*(a.x-b.x)+(a.y-b.y)*(a.y-b.y));
}
double mindistance(int l,int r)
{   if(r==l+1)                           //只有两个点的情况
        return dis(p[l],p[r]);
    if(l+2==r)                           //只有 3 个点的情况
        return min(dis(p[l],p[r]),min(dis(p[l],p[l+1]),dis(p[l+1],p[r])));
    int mid=(l+r)/2;                     //求中点位置
    double d1=mindistance(l,mid);
    double d2=mindistance(mid+1,r);
    double d=min(d1,d2);
    int cnt=0;
    for(int i=l;i<=r;i++)
    {   if(fabs(p[i].x-p[mid].x)<d)
        p1[cnt++]=i;                     //x 方向与 p[mid]距离小于 d 的点添加到 p1 中
    }
    sort(p1,p1+cnt,cmpy);                //p1 中所有点按 y 递增排序
```

```
    for(int i=0;i<cnt;i++)
    {   for(int j=i+1,k=0;k<7 && j<cnt && p[p1[j]].y-p[p1[i]].y<d;j++,k++)
            d=min(d,dis(p[p1[i]],p[p1[j]]));   //最多考查 p[p1[i]]后面的 7 个点
    }
    return d;
}
int main( )
{   int n;
    while(scanf("%d",&n)!=EOF)
    {   if(n==0) break;
        for(int i=0;i<n;i++)                          //接受所有点 p
            scanf("%lf %lf",&p[i].x,&p[i].y);
        sort(p,p+n,cmpx);                             //p 中所有点按 x 递增排序
        printf("%.2lf%\n",mindistance(0,n-1)/2);
    }
    return 0;
}
```

上述程序提交时通过，执行时间为 1450ms，内存消耗为 3716KB。

4.5.10　POJ2255——由二叉树的中序和先序序列产生后序序列

问题描述：给定一棵二叉树的中序和先序序列，求该二叉树的后序序列。

输入格式：输入包含一个或多个测试用例。每个测试用例一行，包含两个字符串 prestr 和 instr，分别表示二叉树的先序序列和中序序列，两个字符串都由大写字母组成，每个字符串中的字母是唯一的，因此字符串的长度不超过 26。输入在文件末尾终止。

输出格式：对于每个测试用例，在一行中输出对应二叉树的后序序列。

输入样例：

DBACEGF ABCDEFG
BCAD CBAD

输出样例：

ACBFGED
CDAB

解：一棵二叉树由根结点、左子树和右子树组成，由先序序列 prestr[0..n-1]的首字母 prestr[0]构成根结点 root，在中序序列 instr[0..n-1]中找到根结点 instr[p]，则左子树的结点个数为 p，右子树的结点个数为 n-p-1。采用分治法递归构造 root 的左、右子树。然后后序遍历 root 得到后序序列。

实际上没有必要真正构造出 root，如果将构造顺序改为 NRL（即构造根结点，构造右子树和构造左子树的顺序），而后序遍历顺序是 LRN，也就是说按 NRL 的构造结果逆序就得到后序序列 poststr。对应的程序如下：

```
# include <iostream>
# include <cstring>
using namespace std;
# define MAXN 30
```

```
void build(int n, char * prestr, char * instr, char * poststr)
{    if(n<=0) return;
     int p=0;
     while(instr[p] && instr[p]!=prestr[0])                    //在 instr 中查找 prestr[0]
          p++;
     build(n-p-1, prestr+p+1, instr+p+1, poststr+p);          //构造右子树
     build(p, prestr+1, instr, poststr);                      //构造左子树
     poststr[n-1]=prestr[0];                                   //根结点添加到 poststr 的末尾
}
int main()
{    char prestr[MAXN];                                        //先序序列
     char instr[MAXN];                                         //中序序列
     char poststr[MAXN];                                       //后序序列
     while(scanf("%s %s", prestr, instr)!=EOF)
     {    int n=strlen(prestr);
          build(n, prestr, instr, poststr);
          poststr[n]='\0';
          printf("%s\n", poststr);
     }
     return 0;
}
```

上述程序提交时通过,执行时间为 0ms,内存消耗为 92KB。有趣的是在产生后序序列时左、右子树均已经构造好了,左、右子树的构造顺序不影响后序序列,所以上述 build 算法改为先构造左子树后构造右子树也是正确的。

4.5.11 POJ1854——转换为回文的交换次数

问题描述:回文是正反向读起来相同的字符串。给定一个不一定是回文的字符串,计算将该字符串转换为回文所需的交换次数。交换是指颠倒两个相邻符号的顺序。例如,字符串"mamad"可以通过 3 次交换转换为回文"madam",即交换"ad"产生"mamda",交换"md"产生"madma",交换"ma"产生"madam"。

输入格式:输入的第一行是 t,为测试用例的数量。对于每个测试用例,输入一个最多由 8000 个小写字母构成的字符串。

输出格式:每个测试用例输出一行,包含转换成回文串的最少步数,如果无法将输入字符串转换为回文,则输出"Impossible"。

输入样例:

```
3
mamad
asflkj
aabb
```

输出样例:

```
3
Impossible
2
```

解:首先求出字符串 s 中每个字母出现的次数,累计出现奇数次的字母个数 cnt,如果 cnt 大于 1,无论如何都不可能转换为回文,直接输出"Impossible",否则可以转换为回文。

如果字符串 s 可以转换为回文,需要求最少转换步数。采用分治法,设 $f(s, \text{low}, \text{high})$

是将 $s[low..high]$ 转换为回文的最少转换步数。

① 若 s 为空或者只有一个字符,返回 0。

② 将 $s[low]$ 通过两两相邻字符交换转换为 $s[high]$ 的交换次数为 leftd,将 $s[high]$ 通过两两相邻字符交换转换为 $s[low]$ 的交换次数为 rightd,若 leftd<rightd,则采用前者交换方式,step=leftd,否则采用后者交换方式,step=rightd,这样有 $s[low]=s[high]$。

③ 对应的子问题就是 $f(s,low+1,high-1)$,合并操作是返回 $f(s,low+1,high-1)+$ step。

对应的程序如下:

```cpp
#include < cstring >
#include < string >
#include < map >
#include < algorithm >
using namespace std;
#define MAXN 8010
int transpal(char s[], int low, int high)
{    if(low>=high) return 0;               //为空或者只有一个字符返回 0
     int step=0;
     int i, leftd, rightd;
     for( i=low; i < high; i++)             //从左向右找到与 s[high]相同的字符
         if(s[i]==s[high]) break;
     leftd=i-low;                           //如果让 s[low]=s[high]需要交换 leftd 次
     for(i=high; i > low; i--)              //从右向左找到与 s[low]相同的字符
         if(s[i]==s[low]) break;
     rightd=high-i;                         //如果让 s[high]=s[low]需要交换 rightd 次
       if(leftd < rightd)                   //取交换次数较少的
       {    step+=leftd;                    //交换 leftd 次使 s[low]=s[high]
            for(int i=leftd+low; i > low; i--)
                swap(s[i], s[i-1]);
       }
       else
       {    step+=rightd;                   //交换 rightd 次使 s[high]=s[low]
            for(int i=high-rightd; i < high; i++)
                swap(s[i], s[i+1]);
       }
     return step+transpal(s, low+1, high-1);  //递归处理子问题
}
bool canpal(char s[])                          //能否转换为回文
{    map < char, int > cmap;                   //用 unordered_map 更好,但 POJ 不支持
     int len=strlen(s);
     for(int i=0; i < len; i++)
         cmap[s[i]]++;
     int cnt=0;
     map < char, int >::iterator it;
     for(it=cmap.begin(); it!=cmap.end(); it++)
         if(it-> second%2==1)
             cnt++;
     if(cnt > 1) return false;
     else return true;
}
int main()
{    int t;
     scanf("%d", &t);
```

```
        char s[MAXN];
        while(t--)
    {    scanf("%s",s);
        if(!canpal(s))
            printf("Impossible\n");
        else
    {    int low=0,high=strlen(s)-1;
        printf("%d\n",transpal(s,low,high));
    }
    }
    return 0;
}
```

上述程序提交时通过,执行时间为 250ms,内存消耗为 232KB。

4.5.12　POJ1995——求表达式的值

问题描述:求指定表达式的值。

输入格式:输入有 t 个测试用例。每个测试用例的第一行为整数 $M(1\leqslant M\leqslant 45000)$,第二行为 $n(1\leqslant n\leqslant 45000)$,接下来正好是 n 行,每行有两个数字 A_i 和 B_i,由空格分隔,两个数字不能同时等于 0。

输出格式:对于每个测试用例,输出一行为以下表达式的结果。

$$(A_1^{B_1}+A_2^{B_2}+\cdots+A_n^{B_n})\bmod M$$

输入样例:

```
3
16
4
2 3
3 4
4 5
5 6
36123
1
2374859 3029382
17
1
3 18132
```

输出样例:

```
2
13195
13
```

解:采用《教程》4.5.1 节中求 x^n 问题的快速幂方法求表达式的值,需要注意的是这里的 A_i、B_i 可能是非常大的整数,需要采用 long long 类型表示。对应的程序如下:

```cpp
#include<cstdio>
#include<iostream>
using namespace std;
int main()
{    long long a,b,c,sum;
    int t,M,n;
```

```
        scanf("%d", &t);
        while(t--)
        {   scanf("%d%d", &M, &n);
            sum=0;
            for(int i=1;i<=n; i++)
            {   scanf("%lld%lld", &a, &b);
                c=1;
                while(b)
                {   if(b&1)
                        c=c*a%M;
                    a=a*a%M;
                    b>>=1 ;
                }
                sum += c % M;
            }
            printf("%lld\n", sum%M);
        }
        return 0;
    }
```

上述程序提交时通过,执行时间为 141ms,内存消耗为 92KB。

第 **5** 章 回溯法

5.1 单项选择题及其参考答案

1. 回溯法是在问题的解空间中按_____策略从根结点出发搜索的。
   - A. 广度优先
   - B. 活结点优先
   - C. 扩展结点优先
   - D. 深度优先

   答：回溯法采用深度优先搜索在解空间中搜索问题的解。答案为 D。

2. 下列算法中_____通常以深度优先方式搜索问题的解。
   - A. 回溯法
   - B. 动态规划
   - C. 贪心法
   - D. 分支限界法

   答：回溯法采用深度优先搜索在解空间中搜索问题的解,分支限界法采用广度优先搜索在解空间中搜索问题的解。答案为 A。

3. 关于回溯法以下叙述中不正确的是_____。
   - A. 回溯法有通用解题法之称,可以系统地搜索一个问题的所有解或任意解
   - B. 回溯法是一种既带系统性又带跳跃性的搜索算法
   - C. 回溯法算法需要借助队列来保存从根结点到当前扩展结点的路径
   - D. 回溯法算法在生成解空间的任一结点时,先判断该结点是否可能包含问题的解,如果肯定不包含,则跳过对以该结点为根的子树的搜索,逐层向祖先结点回溯

   答：回溯算法是采用深度优先遍历的,需要借助栈保存从根结点到当前扩展结点的路径。答案为 C。

4. 回溯法的效率不依赖于下列因素_____。
   - A. 确定解空间的时间
   - B. 满足显式约束的值的个数

C. 计算约束函数的时间　　　　　　　　D. 计算限界函数的时间

答：回溯法解空间是虚拟的,不必事先确定整个解空间。答案为 A。

5. 下面_____是回溯法中为避免无效搜索采取的策略。

A. 递归函数　　　　　　　　　　　　B. 剪支函数

C. 随机数函数　　　　　　　　　　　D. 搜索函数

答：剪支函数包括约束函数(在扩展结点处剪除不满足约束条件的路径)和限界函数(剪去得不到问题解或最优解的路径)。答案为 B。

6. 对于含 n 个元素的子集树问题(每个元素二选一),最坏情况下解空间树的叶子结点个数是_____。

A. $n!$　　　　　B. 2^n　　　　　C. $2^{n+1}-1$　　　　D. 2^{n-1}

答：这样的解空间树是一棵高度为 $n+1$ 的满二叉树,叶子结点恰好有 2^n 个。答案为 B。

7. 用回溯法求解 0/1 背包问题时的解空间是_____。

A. 子集树　　　　　　　　　　　　　B. 排列树

C. 深度优先生成树　　　　　　　　　D. 广度优先生成树

答：在 0/1 背包问题中每个物品是二选一(要么选中要么不选中),与物品的顺序无关,对应的解空间为子集树类型。答案为 A。

8. 用回溯法求解 0/1 背包问题时最坏时间复杂度是_____。

A. $O(n)$　　　　B. $O(n\log_2 n)$　　　C. $O(n\times 2^n)$　　　D. $O(n^2)$

答：0/1 背包问题的解空间为一棵高度为 $n+1$ 的满二叉树,结点个数为 $2^{n+1}-1$,最坏情况是搜索全部结点。答案为 C。

9. 用回溯法求解 TSP 问题时的解空间是_____。

A. 子集树　　　　　　　　　　　　　B. 排列树

C. 深度优先生成树　　　　　　　　　D. 广度优先生成树

答：TSP 问题的解空间属于典型的排列树,因为路径与顶点顺序有关。答案为 B。

10. n 个学生每个人有一个分数,求最高分的学生的姓名,最简单的方法是_____。

A. 回溯法　　　　B. 归纳法　　　　C. 迭代法　　　　D. 以上都不对

答：最简单的方法是依次迭代比较求最高分数。答案为 C。

11. 求中国象棋中马从一个位置到另外一个位置的所有走法,采用回溯法求解时对应的解空间是_____。

A. 子集树　　　　　　　　　　　　　B. 排列树

C. 深度优先生成树　　　　　　　　　D. 广度优先生成树

答：每一步马从相邻可走的位置中选择一个位置走下去。答案为 A。

12. n 个人排队在一台机器上做某个任务,每个人的等待时间不同,完成他的任务的时间是不同的,求完成这 n 个任务的最小时间,采用回溯法求解时对应的解空间是_____。

    A. 子集树

    B. 排列树

    C. 深度优先生成树

    D. 广度优先生成树

答:该问题是求 $1 \sim n$ 的某个排列对应的 n 个任务完成的最小时间。答案为 B。

5.2 问答题及其参考答案

1. 回溯法的搜索特点是什么?

答:回溯法的搜索特点是深度优先搜索+剪支。深度优先搜索可以尽快地找到一个解,剪支函数可以终止一些路径的搜索,提高搜索性能。

2. 有这样一个数学问题,x 和 y 是两个正实数,求 $x+y=3$ 的所有解,请问能否采用回溯法求解,如果改为 x 和 y 是两个均小于或等于 10 的正整数,又能否采用回溯法求解,如果能,请采用解空间画出求解结果。

答:当 x 和 y 是两个正实数时,理论上讲两个实数之间有无穷个实数,所以无法枚举 x 和 y 的取值,不能采用回溯法求 $x+y=3$ 的所有解。

当 x 和 y 是两个均小于或等于 10 的正整数时,它们的枚举范围是有限的,可以采用回溯法求 $x+y=3$ 的所有解,采用剪支仅扩展 $x,y \in [1,2]$ 的结点。解向量是 (x,y),对应的解空间如图 5.1 所示,找到的两个解是 $(1,2)$ 和 $(2,1)$。

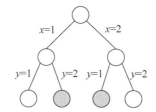

图 5.1 求 $x+y=3$ 的解空间

3. 对于 $n=4, a=(11,13,24,7), t=31$ 的子集和问题,利用左、右剪支的回溯法算法求解,给出求出的所有解,并且画出在解空间中的搜索过程。

答:利用左、右剪支的回溯法算法求出两个解如下。

第 1 个解:选取的数为 11 13 7

第 2 个解:选取的数为 24 7

在解空间中的搜索过程如图 5.2 所示,图中每个结点为 (cs,rs),其中 cs 为考虑第 i 个整数时选取的整数和,rs 为剩余整数和。题中实例搜索的结点个数是 11,如果不剪支,需要搜索 31 个结点。

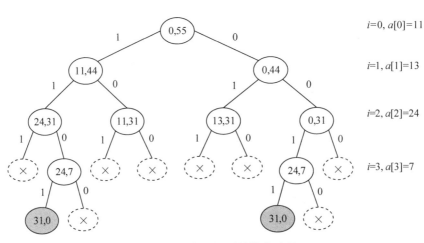

图 5.2　子集和问题的搜索过程

4. 对于 n 皇后问题,通过解空间说明 $n=3$ 时是无解的。

答:$n=3$ 时的解向量为 (x_1,x_2,x_3),x_i 表示第 i 个皇后的列号,对应的解空间如图 5.3 所示,所有的叶子结点均不满足约束条件,所以无解。

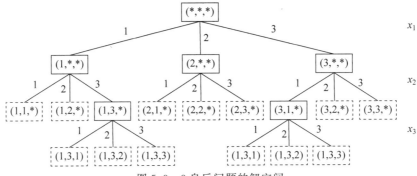

图 5.3　3 皇后问题的解空间

5. 对于 n 皇后问题,有人认为当 n 为偶数时其解具有对称性,即 n 皇后问题的解个数恰好为 $n/2$ 皇后问题的解个数的两倍,这个结论正确吗?

答:这个结论错误。因为两个 $n/2$ 皇后问题的解合并起来不是 n 皇后问题的解。

6. 《教程》5.2.4 节采用解空间为子集树求解 n 皇后问题,请问能否采用解空间为排列树的回溯框架求解?如果能,请给出剪支操作,说明最坏情况下的时间复杂度,按照最坏情况下的时间复杂度比较哪个算法更好?

答:设 n 皇后问题的解向量为 $(x_1,x_2,\cdots,x_n)$,x_i 表示第 i 个皇后的列号,显然每个解一定是 $1\sim n$ 的某个排列,所以可以采用解空间为排列树的回溯框架求解 n 皇后问题。其剪支操作是任何两个皇后不能同行、同列和同两条对角线。最坏情况下该算法的时间复杂度为 $O(n\times n!)$,由于 $O(n!)$ 好于 $O(n^n)$,所以按照最坏情况下的时间复杂度比较,解空间为排列树的回溯算法好于解空间为子集树的回溯算法。实际上可以通过进一步剪支使得《教程》5.2.4 节的算法的最坏时间复杂度达到 $O(n\times n!)$。

7. 对应如图 5.4 所示的无向连通图,假设颜色数 $m=2$,给出 m 着色的所有着色方案,并且画出对应的解空间。

答:这里 $n=4$,顶点编号为 $0 \sim 3$,$m=2$,颜色编号为 0 和 1,解向量为 (x_0,x_1,x_2,x_3),x_i 表示顶点 i 的着色,对应的解空间如图 5.5 所示,着色方案有两种,分别是 $(0,1,1,1)$ 和 $(1,0,0,0)$。

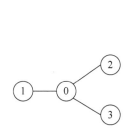

图 5.4　一个无向连通图

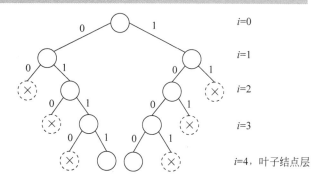

图 5.5　m 着色问题的解空间

8. 有一个 $0/1$ 背包问题,物品个数 $n=4$,物品编号为 $0 \sim 3$,它们的重量分别是 3、1、2 和 2,价值分别是 9、2、8 和 6,背包容量 $W=3$。利用左、右剪支的回溯法算法求解,并且画出在解空间中的搜索过程。

答:求解过程如下。
① 4 个物品按 v/w 递减排序后的结果如表 5.1 所示。
② 从 $i=0$ 开始搜索对应的解空间如图 5.6 所示。

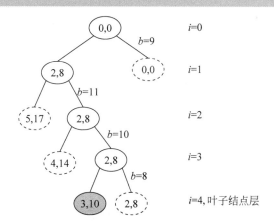

图 5.6　$0/1$ 背包问题的解空间

最后得到的最优解是选择编号为 1 和 2 的物品,总重量为 3,总价值是 10。

表 5.1　4 个物品按 v/w 递减排序后的结果

序号 i	物品编号 no	重量 w	价值 v	v/w
0	2	2	8	4
1	0	3	9	3

序号 i	物品编号 no	重量 w	价值 v	v/w
2	3	2	6	3
3	1	1	2	2

9. 以下算法用于求 n 个不同元素 a 的全排序,当 $a=(1,2,3)$ 时,请给出算法输出的全排序的顺序。

```cpp
int cnt=0;                              //累计排列的个数
void disp(vector < int > & a)           //输出一个解
{   printf(" 排列%2d: (",++cnt);
    for (int i=0;i < a.size()-1;i++)
        printf("%d,",a[i]);
    printf("%d)",a.back());
    printf("\n");
}
void dfs(vector < int > & a,int i)      //递归算法
{   int n=a.size();
    if (i>=n-1)                         //递归出口
        disp(a);
    else
    {   for (int j=n-1;j>=i;j--)
        {   swap(a[i],a[j]);            //交换 a[i]与 a[j]
            dfs(a,i+1);
            swap(a[i],a[j]);            //交换 a[i]与 a[j]:恢复
        }
    }
}
void perm(vector < int > & a)           //求 a 的全排列
{
    dfs(a,0);
}
```

答:当 $a=(1,2,3)$ 时调用 perm(a)的输出结果及其顺序如下。

```
排列 1: (1,3,2)
排列 2: (1,2,3)
排列 3: (2,1,3)
排列 4: (2,3,1)
排列 5: (3,1,2)
排列 6: (3,2,1)
```

10. 假设问题的解空间为 $(x_0,x_1,\cdots,x_{n-1})$,每个 x_i 有 m 种不同的取值,所有 x_i 取不同的值,该问题既可以采用子集树递归回溯框架求解,也可以采用排列树递归回溯框架求解,考虑最坏时间性能应该选择哪种方法?

答:一般情况下,这样的问题采用子集树递归回溯框架求解时最坏时间复杂度为 $O(m^n)$,采用排列树递归回溯框架求解时最坏时间复杂度为 $O(n!)$,如果 $m=2$,由于 $O(2^n)<O(n!)$,采用前者较好,若 m 接近 n,由于 $O(n^n)>O(n!)$,采用后者较好。

11. 以下两个算法都是采用排列树递归回溯框架求解任务分配问题,判断其正确性,如果不正确,请指出其中的错误。

(1) 算法 1:

```cpp
void dfs(vector < int > & x,int cost,int i)          //递归算法
```

```
{   if (i > n)                                    //到达叶子结点
    {   if (cost < bestc)                         //比较求最优解
        {   bestc=cost;
            bestx=x;
        }
    }
    else                                          //没有到达叶子结点
    {   for (int j=1;j<=n;j++)                     //为人员 i 试探任务 x[j]
        {   if (task[x[j]]) continue;             //若任务 x[j]已经分配,则跳过
            task[x[j]]=true;
            cost+=c[i][x[j]];
            swap(x[i],x[j]);                      //为人员 i 分配任务 x[j]
            if(bound(x,cost,i)< bestc)            //剪支
                dfs(x,cost,i+1);                  //继续为人员 i+1 分配任务
            swap(x[i],x[j]);
            cost-=c[i][x[j]];                     //cost 回溯
            task[x[j]]=false;                     //task 回溯
        }
    }
}
```

(2) 算法2:

```
void dfs(vector < int > & x,int cost,int i)        //递归算法
{   if (i > n)                                     //到达叶子结点
    {   if (cost < bestc)                          //比较求最优解
        {   bestc=cost;
            bestx=x;
        }
    }
    else                                           //没有到达叶子结点
    {   for (int j=1;j<=n;j++)                      //为人员 i 试探任务 x[j]
        {   if (task[x[j]]) continue;              //若任务 x[j]已经分配,则跳过
            swap(x[i],x[j]);                       //为人员 i 分配任务 x[j]
            task[x[j]]=true;
            cost+=c[i][x[j]];
            if(bound(x,cost,i)< bestc)             //剪支
                dfs(x,cost,i+1);                   //继续为人员 i+1 分配任务
            cost-=c[i][x[j]];                      //cost 回溯
            task[x[j]]=false;                      //task 回溯
            swap(x[i],x[j]);
        }
    }
}
```

答：算法1是正确的。算法2不正确,在执行第一个 swap(x[i],x[j])后表示已经为人员 i 分配了任务 $x[j]$,应该置 task[x[i]]=true,cost+=c[i][x[i]],后面的回溯恢复过程也是如此。

5.3 算法设计题及其参考答案

1. 给定含 n 个整数的序列 a(其中可能包含负整数),设计一个算法从中选出若干整数,使它们的和恰好为 t。例如,$a=(-1,2,4,3,1)$,$t=5$,求解结果是 $(2,3,1,-1)$,$(2,3)$,

(2,4,−1)和(4,1)。

解：由于 a 中可能包含负整数，甚至 t 有可能是负数，无法剪支，采用求 a 的幂集的思路，相当于求出 a 的所有子集并且累计子集和 cs，当到达一个叶子结点时若满足 $cs=t$ 就是一个解。对应的算法如下：

```cpp
vector < int > a={2,3,4,1,−1};            //存放所有整数
int n=a.size(),t=5;
vector < int > x;                         //解向量,全局变量
int cs;                                   //累计选择的元素和
int sum;                                  //累计组合个数
void dfs(int cs,int i)                    //递归回溯算法
{   if (i>=n)                             //到达一个叶子结点
    {   if(cs==t)                         //找到一个解
        {   printf(" (%d): i=%d ",++sum,i);
            for (int j=0;j < x.size();j++)
                if (x[j]==1)
                    printf("%d ",a[j]);
            printf("\n");
        }
    }
    else                                  //没有到达叶子结点
    {   x[i]=1; cs+=a[i];
        dfs(cs,i+1);                      //选择 a[i]
        cs−=a[i];                         //回溯 cs
        x[i]=0;
        dfs(cs,i+1);                      //不选择 a[i]
    }
}
void subs4()                              //求解子集和问题
{   x.resize(n,0);                        //指定 x 的长度为 n
    sum=0;
    cs=0;
    dfs(0,0);
}
```

说明：有人说一旦找到了 $cs=t$ 就输出一个解(看成不再选择后面的元素)，所以将输出解的条件改为满足 $i<n$ && $cs=t$。这样是错误的，因为这样做的结果是输出一个解后就停止了该结点的扩展，后面的解就找不到了，例如(2,3)是一个解，这样修改就找不到(2,3,1,−1)这个解了。

2. 给定含 n 个正整数的序列 a，设计一个算法从中选出若干整数，使它们的和恰好为 t 并且所选元素个数最少的一个解。

解：该问题属于典型的解空间为子集树的问题，采用子集树的回溯算法框架。当找到一个解后通过对选取的元素个数进行比较求最优解 bestx 和 bestm，剪支原理见《教程》5.2.1 节中求解子集和问题的算法。对应的算法如下：

```cpp
vector < int > a={4,2,3,1,5};             //存放所有整数
int n=5,t=9;
vector < int > bestx;                     //最优解向量
int bestm=n;                              //最多选择 n 个元素
void dfs(int cs,int rs,vector < int > &x,int m,int i)  //递归算法
{   if (i>=n)                             //到达一个叶子结点
    {   if (cs==t)                        //找到一个解
```

```
       {  if (m＜bestm)                   //找更优解
          {  bestm＝m;
             bestx＝x;
          }
       }
    }
    else                              //没有到达叶子结点
    {  rs－＝a[i];                      //求剩余的整数和
       if (cs＋a[i]<=t)                 //左孩子结点剪支
       {   x[i]＝1;                     //选取整数 a[i]
           dfs(cs＋a[i],rs,x,m+1,i+1);
       }
       if (cs＋rs>=t)                   //右孩子结点剪支
       {   x[i]＝0;                     //不选取整数 a[i]
           dfs(cs,rs,x,m,i+1);
       }
       rs＋＝a[i];                       //恢复剩余整数和
    }
}
void subs5()                          //求解子集和问题
{  bestx.resize(n);
   vector＜int＞ x(n);                  //解向量
   int rs＝0;                          //表示所有整数和
   for (int j＝0;j＜n;j++)              //求 rs
       rs＋＝a[j];
   int m＝0;
   dfs(0,rs,x,m,0);                   //i 从 0 开始
}
```

上述程序的执行结果如下:

最优解是选取的整数:4 5 共选取 2 个整数

3. 给定一个含 n 个不同整数的数组 a,设计一个算法求其中所有 $m(m \leqslant n)$ 个元素的组合。例如,$a=(1,2,3)$,$m=2$,输出结果是$(1,2)$,$(1,3)$和$(2,3)$。

解: 与求 a 的幂集类似,相当于求出 a 的所有子集,在满足题目的解中恰好选择 m 个元素。对应的算法如下:

```
int n;
vector＜int＞ x;                        //解向量,全局变量
int k;                                //累计选择的元素个数
int sum;                              //累计组合个数
void dfs(vector＜int＞ &a,int m,int i)   //递归回溯算法
{  if (i>=n)                          //到达一个叶子结点
   {  if(k==m)                        //找到一个解
      {  printf(" (%d): ",++sum);
         for (int j＝0;j＜x.size();j++)
             if (x[j]==1)
                 printf("%d ",a[j]);
         printf("\n");
      }
   }
   else                              //没有到达叶子结点
   {  x[i]＝1; k++;
      dfs(a,m,i+1);                   //选择 a[i]
      k--;                           //回溯 k
```

```
                    x[i]=0;
                    dfs(a,m,i+1);                    //不选择 a[i]
                }
    }
    void comb(vector < int > &a,int m)             //求 a 中 m 个元素的组合
    {   n=a.size();
        x.resize(n);                               //指定 x 的长度为 n
        sum=0;
        k=0;
        dfs(a,m,0);
    }
```

4. 设计一个算法求 $1 \sim n$ 中 $m(m \leqslant n)$ 个元素的排列，要求每个元素最多只能取一次。例如，$n=3$，$m=2$ 的输出结果是 $(1,2),(1,3),(2,1),(2,3),(3,1),(3,2)$。

解：用解向量 $x=(x_0,x_1,\cdots,x_{m-1})$ 表示 m 个整数的排列，每个 x_i 是 $1 \sim n$ 中的一个整数，并且所有 x_i 不相同，i 从 0 开始搜索，当 $i \geqslant m$ 时到达一个叶子结点，输出一个解，即一个排列。为了避免元素重复，设计 used 数组，其中 $used[j]=0$ 表示没有选择整数 j，$used[j]=1$ 表示已经选择整数 i。对应的算法如下：

```
int m,n;
int x[MAXM];                                       //解向量 x[0..m-1]存放一个排列
bool used[MAXN];
int sum;                                           //累计解个数
void dfs(int i)                                    //递归算法
{   if (i>=m)
    {   printf(" (%d): ",++sum);
        for (int j=0;j< m;j++)                     //输出一个排列
            printf("%d ",x[j]);
        printf("\n");
    }
    else
    {   for (int j=1;j<=n;j++)
        {   if (!used[j])
            {   used[j]=true;                      //修改 used[i]
                x[i]=j;                            //x[i]选择 j
                dfs(i+1);                          //继续搜索排列的下一个元素
                used[j]=false;                     //回溯:恢复 used[j]
            }
        }
    }
}
```

5. 在《教程》5.2.4 节求 n 皇后问题的算法中每次放置第 i 个皇后时，其列号 x_i 的试探范围是 $1 \sim n$，实际上前面已经放好的皇后的列号是不必试探的，请根据这个信息设计一个更高效的求解 n 皇后问题的算法。

解：$place(i,j)$ 算法用于测试第 i 行第 j 列是否可以放置第 i 个皇后，时间复杂度为 $O(i)$，调用次数越多性能越差。现在设计一个 used 数组，$used[j]=0$ 表示列号 j 没有被占用，$used[j]=0$ 表示列号 j 已经被占用，在试探第 i 个皇后的列号 x_i 时仅对 $used[j]=0$ 的列号 j 调用 $place(i,j)$，这样大大减少了调用 $place(i,j)$ 的次数。对应的算法如下：

```
int q[MAXN];                                       //存放各皇后所在的列号,为全局变量
bool used[MAXN];
```

```
int sum=0;                                    //累计解个数
void disp(int n)                              //输出一个解
{   printf("   第%d个解:",++sum);
    for (int i=1;i<=n;i++)
        printf("(%d,%d) ",i,q[i]);
    printf("\n");
}

bool place(int i,int j)                       //测试(i,j)位置能否摆放皇后
{   if (i==1) return true;                    //第一个皇后总是可以放置
    int k=1;
    while (k<i)                               //k=1~i-1是已放置了皇后的行
    {   if (abs(q[k]-j)==abs(i-k))            //不必检测同列的情况
            return false;
        k++;
    }
    return true;
}
int cnt=0;                                    //执行place算法的次数
void queen31(int n,int i)                     //回溯算法
{   if (i>n)
        disp(n);                              //所有皇后放置结束时输出一个解
    else
    {   for (int j=1;j<=n;j++)                //在第i行上试探每一个列j
        {   if(used[j]) continue;            //跳过前面已经放置皇后的列号
            cnt++;
            if (place(i,j))                   //在第i行上找到一个合适的位置(i,j)
            {   q[i]=j;
                used[j]=true;                 //列号j已经放置皇后
                queen31(n,i+1);
                used[j]=false;                //回溯
                q[j]=0;
            }
        }
    }
}
void queen3(int n)                            //递归求解n皇后问题
{   memset(used,false,sizeof(used));
    queen31(n,1);
}
```

例如,$n=4$ 时上述算法共调用 place(i,j) 算法 32 次,如果不改进则调用 60 次,$n=6$ 时从 894 次降低为 356 次。

6. 请采用基于排列树的回溯框架设计求解 n 皇后问题的算法。

解:用 q 数组表示 n 皇后问题的一个解中所有皇后的列号,显然 q 一定是 $1\sim n$ 的某个排列,所以可以采用基于排列树的回溯框架设计。对应的算法如下:

```
int q[MAXN];                                  //存放各皇后所在的列号,为全局变量
int cnt=0;                                    //累计解个数
void disp(int n)                              //输出一个解
{   printf("   第%d个解:",++cnt);
    for (int i=1;i<=n;i++)
        printf("(%d,%d) ",i,q[i]);
    printf("\n");
}
bool place(int i,int j)                       //测试(i,j)位置能否摆放皇后
```

```
{   if (i==1) return true;                  //第一个皇后总是可以放置
    int k=1;
    while (k<i)                             //k=1~i-1 是已放置了皇后的行
    {   if ((q[k]==j) || (abs(q[k]-j)==abs(i-k)))
            return false;
        k++;
    }
    return true;
}
void queen41(int n,int i)                   //回溯算法
{   if (i>n)
        disp(n);                            //所有皇后放置结束
    else
    {   for (int j=i;j<=n;j++)              //在第 i 行上试探每一个列 j
        {   swap(q[i],q[j]);                //第 i 个皇后放置在 q[j]列
            if(place(i,q[i]))               //剪支操作
                queen41(n,i+1);
            swap(q[i],q[j]);                //回溯
        }
    }
}
void queen4(int n)                          //用递归法求解 n 皇后问题
{   for(int i=1;i<=n;i++)
        q[i]=i;
    queen41(n,1);
}
```

7. 一棵整数二叉树采用二叉链 b 存储,设计一个算法求根结点到每个叶子结点的路径。

解:这里的二叉树 b 看成解空间,所谓结点 p 的扩展就是搜索它的左、右孩子结点。解向量 x 存放根结点到一个叶子结点的路径(由于路径的长度可能不同,所以不同解的解向量的长度可能不同)。从根结点出发搜索到叶子结点,每次遇到一个叶子结点就输出 x。对应的算法如下:

```
vector<int> x;                              //解向量
int sum;                                    //累计解个数
void dfs(TreeNode * b)
{   if (b->left==NULL && b->right==NULL)    //到达一个叶子结点
    {   printf(" (%d): ",++sum);
        for(int j=0;j<x.size();j++)
            printf("%d ",x[j]);
        printf("\n");
    }
    else                                    //没有到达叶子结点
    {   if(b->left!=NULL)                    //结点 b 有左孩子
        {   x.push_back(b->left->val);       //在 x 的末尾添加 b 的左孩子结点值
            dfs(b->left);
            x.pop_back();                    //回溯
        }
        if(b->right!=NULL)                   //结点 b 有右孩子
        {   x.push_back(b->right->val);      //在 x 的末尾添加 b 的右孩子结点值
            dfs(b->right);
            x.pop_back();                    //回溯
        }
    }
}
```

```
}
void allpath(TreeNode * b)                    //求解算法
{   if(b==NULL) return;
    x.push_back(b->val);
    dfs(b);
}
```

8. 一棵整数二叉树采用二叉链 b 存储,设计一个算法求根结点到叶子结点的路径中路径和最小的一条路径,如果这样的路径有多条,求其中的任意一条。

解:与第 7 题的解题思路类似,这里是求最短路径(最优解),增加 sum 表示当前路径 x 的路径和,bestx 和 bestsum 用于存放最优解,分别是最优路径与最优路径和。在找到一个解时通过比较路径长度求最短路径。对应的算法如下:

```
vector < int > x;                             //解向量
int sum;                                      //路径和
vector < int > bestx;                         //最优解向量
int bestsum=INF;                              //最短路径和
void dfs(TreeNode * b)
{   if (b->left==NULL && b->right==NULL)      //到达一个叶子结点
    {   if(sum < bestsum)                     //通过比较求更优解
        {   bestsum=sum;
            bestx=x;
        }
    }
    else                                      //没有到达叶子结点
    {   if(b->left!=NULL)                     //结点 b 有左孩子
        {   x.push_back(b->left->val);        //在 x 的末尾添加 b 的左孩子结点值
            sum+=b->left->val;
            dfs(b->left);
            sum-=b->left->val;
            x.pop_back();                     //回溯
        }
        if(b->right!=NULL)                    //结点 b 有右孩子
        {   x.push_back(b->right->val);       //在 x 的末尾添加 b 的右孩子结点值
            sum+=b->right->val;
            dfs(b->right);
            sum-=b->right->val;
            x.pop_back();                     //回溯
        }
    }
}
void minpath(TreeNode * b)                    //求解算法
{   if(b==NULL) return;
    x.push_back(b->val);
    sum=b->val;
    dfs(b);
    printf(" 最短路径: ");
    for(int j=0;j < bestx.size();j++)
        printf("%d ",bestx[j]);
    printf("路径和=%d\n",bestsum);
}
```

9. 一棵整数二叉树采用二叉链 b 存储,设计一个算法产生每个叶子结点的编码。假设从根结点到某个叶子结点 a 有一条路径,从根结点开始,路径走左分支时用 0 表示,走右分支时用 1 表示,这样的 0/1 序列就是 a 的编码。

解：与第 7 题的解题思路类似，这里解向量 x 表示叶子结点的编码(初始为空)，从根结点开始，走左分支时添加 0,走右分支时添加 1。在到达一个叶子结点时输出 x。对应的算法如下：

```cpp
vector < int > x;                              //解向量
void dfs(TreeNode * b)
{   if (b-> left==NULL && b-> right==NULL)     //到达一个叶子结点
    {   printf(" %d 的编码: ",b-> val);
        for(int j=0;j < x.size();j++)
            printf("%d ",x[j]);
        printf("\n");
    }
    else                                       //没有到达叶子结点
    {   if(b-> left!=NULL)                      //结点 b 有左孩子结点
        {   x.push_back(0);                     //在 x 的末尾添加 0
            dfs(b-> left);
            x.pop_back();                       //回溯
        }
        if(b-> right!=NULL)                     //结点 b 有右孩子结点
        {   x.push_back(1);                     //在 x 的末尾添加 1
            dfs(b-> right);
            x.pop_back();                       //回溯
        }
    }
}
void leafcode(TreeNode * b)                    //求解算法
{   if(b==NULL) return;
    dfs(b);
}
```

10. 假设一个含 n 个顶点(顶点编号为 $0 \sim n-1$)的不带权图采用邻接矩阵 A 存储，设计一个算法判断其中顶点 u 到顶点 v 是否有路径。

解：将从图中顶点 u 出发的全部搜索看成解空间，所谓顶点 u 的扩展就是搜索它相邻的尚未访问的顶点。用 flag 变量表示 u 到 v 是否有路径(看成解向量，初始设置为 false)，解空间中的起始点 u 对应根结点，叶子结点对应顶点 v。从顶点 u 出发搜索，为了避免在一条路径中重复访问顶点，设置 visited 数组(初始时所有元素置为 0)，visited[j]=0 表示顶点 j 未访问，visited[j]=1 表示顶点 j 已访问。由于从根结点开始搜索其相邻顶点的，所以必须先置 visited[u]=1,当访问到顶点 v 时说明 u 到 v 有路径，置 flag 为 true,一旦 flag 为 true,便终止后面的结点扩展。采用深度优先搜索的回溯算法如下：

```cpp
vector < vector < int >> A={{0,1,1,0,0},{1,0,1,1,0},{1,1,0,1,0},{0,1,1,0,1},{0,0,0,1,0}};
int n=5;
vector < int > visited(n,0);                   //访问标记
bool flag;                                     //表示 u 到 v 是否有路径
void dfs(int u, int v)
{   if (u==v)                                   //到达顶点 v
        flag=true;
    else if(!flag)                             //没有到达顶点 v 且 flag 为假
    {   for(int j=0;j < n;j++)
        {   if(A[u][j]==1 && visited[j]==0)    //顶点 u 到 j 有边并且 j 没有访问过
            {   visited[j]=1;
                dfs(j,v);
                visited[j]=0;                   //回溯
```

```
            }
          }
        }
    }
    bool haspath(int u, int v)                    //求解算法
    {    flag=false;
         visited[u]=1;                            //标记起始点 u 已访问
         dfs(u,v);
         return flag;
    }
```

11. 假设一个含 n 个顶点(顶点编号为 $0 \sim n-1$)的不带权图采用邻接矩阵 A 存储,设计一个算法求其中顶点 u 到顶点 v 的所有路径。

解:与第 10 题的解题思路类似,这里是求顶点 u 到顶点 v 的所有路径,在解空间中从根结点(对应起始点 u)开始搜索,在扩展时每访问一个顶点将其添加到 x 的末尾,当访问到叶子结点(对应顶点 v)时输出对应的路径 x。对应的算法如下:

```
vector < vector < int >> A={{0,1,1,0,0},{1,0,1,1,0},{1,1,0,1,0},{0,1,1,0,1},{0,0,0,1,0}};
int n=5;
vector < int > x;                                //解向量(路径)
int sum=0;                                       //路径数
vector < int > visited(n,0);
void dfs(int u, int v)
{    if (u==v)                                    //到达顶点 v
     {    printf(" (%d): ",++sum);
          for(int j=0;j < x.size();j++)
              printf("%d ",x[j]);
          printf("\n");
     }
     else                                         //没有到达顶点 v
     {    for(int j=0;j < n;j++)
          {    if(A[u][j]==1 && visited[j]==0)   //顶点 u 到 j 有边并且 j 没有访问过
               {    x.push_back(j);
                    visited[j]=1;
                    dfs(j,v);
                    visited[j]=0;                 //回溯
                    x.pop_back();
               }
          }
     }
}
void allpath(int u, int v)                        //求解算法
{    x.push_back(u);                              //将起始点 u 添加到路径中
     visited[u]=1;                                //标记起始点 u 已访问
     dfs(u,v);
}
```

12. 假设一个含 n 个顶点(顶点编号为 $0 \sim n-1$)的带权图采用邻接矩阵 A 存储,设计一个算法求其中顶点 u 到顶点 v 的一条路径长度最短的路径,一条路径的长度是指路径上经过的边的权值和。如果这样的路径有多条,求其中的任意一条。

解:与第 10 题的解题思路类似,这里是求最短路径(最优解),增加 len 表示当前路径 x 的路径长度,bestx 和 bestlen 用于存放最优解,分别是最优路径与最优路径长度。在找到一个解时通过比较路径长度求最短路径。对应的算法如下:

```
#define INF 0x3f3f3f3f
vector < vector < int >> A={{0,1,5,0,0},{1,0,2,4,0},{5,2,0,1,0},{0,4,1,0,2},{0,0,0,2,0}};
int n=5;
vector < int > x;                              //解向量
int len=0;                                     //路径长度
vector < int > bestx;                          //最优解向量
int bestlen=INF;                               //最优路径长度
vector < int > visited(n,0);
void dfs(int u,int v)
{   if (u==v)                                  //到达顶点 v
    {   if(len < bestlen)                      //通过比较找更短路径
        {   bestlen=len;
            bestx=x;
        }
    }
    else                                       //没有到达顶点 v
    {   for(int j=0;j < n;j++)
        {   if(A[u][j]!=0 && A[u][j]!=INF)     //u 到 j 有边
            {   if(visited[j]==0)              //顶点 j 没有访问过
                {   x.push_back(j);
                    visited[j]=1;
                    len+=A[u][j];
                    dfs(j,v);
                    len-=A[u][j];              //回溯
                    visited[j]=0;
                    x.pop_back();
                }
            }
        }
    }
}
void minpath(int u,int v)                      //求解算法
{   x.push_back(u);                            //将起始点 u 添加到路径中
    visited[u]=1;                              //标记起始点 u 已访问
    len=0;                                     //路径长度初始化为 0
    dfs(u,v);
    printf(" 最短路径: ");
    for(int j=0;j < bestx.size();j++)
        printf("%d ",bestx[j]);
    printf(" 长度=%d\n",bestlen);
}
```

5.4　上机实验题及其参考答案　✳

5.4.1　象棋算式

编写一个实验程序 exp5-1 求解如图 5.7 所示的算式,其中每个不同的棋子代表不同的数字,要求输出这些棋子各代表哪个数字的所有解。

兵炮马卒
+　兵炮车卒
────────
车卒马兵卒

解:解向量为 (a,b,c,d,e),分别表示兵、炮、马、卒和车的取值。

图 5.7　象棋算式

解空间是一棵高度为 6 的树,根结点对应 a 的各种选择,第 2 层结点对应 b 的各种选择,以此类推。所有解的取值范围为 0~9,并且 a~e 均不相等。根据算式设:

$$m = a \times 1000 + b \times 100 + c \times 10 + d$$
$$n = a \times 1000 + b \times 100 + e \times 10 + d$$
$$s = e \times 10000 + d \times 1000 + c \times 100 + a \times 10 + d$$

则约束条件是 $m + n == s$。

为了避免同一数字被重复使用,设计布尔型数组 used,used$[j] = 0(0 \leqslant j \leqslant 9)$ 表示数字 j 没有被使用,used$[j] = 0$ 表示数字 j 已经被使用,在搜索中仅扩展 used$[j]$ 为 0 的结点。为了简便,将 (a, b, c, d, e) 用 $x = (x_0, x_1, x_2, x_3, x_4)$ 代替,这样 i 从 0 开始搜索,当到达一个叶子结点$(i \geqslant 5)$时判断上述约束条件是否成立,若成立则输出一个解。对应的实验程序如下:

```cpp
#include <iostream>
#include <vector>
using namespace std;
vector<int> used(10,0);                      //used[j]表示数字 j 是否已使用
int sum;                                      //累计解个数
void dfs(vector<int> x, int n, int i)        //递归回溯算法
{   if(i>=n)
    {   int m=x[0]*1000+x[1]*100+x[2]*10+x[3];
        int n=x[0]*1000+x[1]*100+x[4]*10+x[3];
        int s=x[4]*10000+x[3]*1000+x[2]*100+x[0]*10+x[3];
        if(m+n==s)                            //找到一个可行解
        {   printf("第%d 个解 ",++sum);
            printf("兵:%d 炮:%d 马:%d 卒:%d 车:%d\n",x[0],x[1],x[2],x[3],x[4]);
        }
        return;
    }
    else
    {   for(int j=0;j<=9;j++)
        {   if(used[j]==0)
            {   x[i]=j;
                used[j]=1;
                dfs(x,n,i+1);
                x[i]=-1;
                used[j]=0;
            }
        }
    }
}
void piece()                                 //求解算法
{   int n=5;
    vector<int> x(n);                         //定义解向量
    sum=0;
    dfs(x,n,0);
}
```

```
int main( )
{    printf("实验结果\n ");
     piece( );
     printf("共％d 个解\n",sum);
     return 0;
}
```

上述程序的执行结果如图 5.8 所示。

图 5.8　exp5-1 实验程序的执行结果

5.4.2　子集和

编写一个实验程序 exp5-2,给定含 n 个正整数的数组 a 和一个整数 t,如果 a 中存在若干个整数(至少包含一个整数)的和恰好等于 t,说明有解,否则说明无解。要求采用相关数据进行测试。

解:相关原理见《教程》5.2.1 节中求解子集和问题的算法。这里仅判断是否有解,用 flag 变量表示是否有解(初始设置为 false),cnt 变量表示解中选取的整数个数(初始为 0),cs 为当前选取的整数和,当到达一个叶子结点($i \geqslant n$)时,若 cs==t && cnt>=1 成立说明有解,置 flag 为 true,一旦 flag 为 true 便终止结点的扩展,全部搜索完毕 flag 仍然为 false 说明无解。对应的实验程序如下:

```
# include < iostream >
# include < vector >
using namespace std;
int n=4,t;
vector < int > a={11,13,24,7};         //存放所有整数
int cnt;                               //解中选取的整数个数
bool flag;                             //是否存在解
void dfs( int cs, int rs, int i)       //递归回溯算法
{    if (i>=n)                         //找到一个叶子结点
     {    if (cs==t && cnt>=1)         //找到一个满足条件的解,置 flag 为 true
              flag=true;
     }
     else if(!flag)                    //没有到达叶子结点并且 flag 为假
     {    rs-=a[i];                    //求剩余的整数和
          if (cs+a[i]<=t)              //左孩子结点剪支
          {    cnt++;
               dfs(cs+a[i],rs,i+1);
               cnt--;                  //回溯
          }
          if (cs+rs>=t)               //右孩子结点剪支
               dfs(cs,rs,i+1);
          rs+=a[i];                    //恢复剩余整数和
```

```
        }
    }
    bool subs()                              //求解子集和问题
    {   int rs=0;                            //表示所有整数和
        for (int j=0;j<n;j++)                //求 rs
            rs+=a[j];
        flag=false;
        cnt=0;
        dfs(0,rs,0);                         //i 从 0 开始
        return flag;
    }
    int main()
    {   printf("a: ");
        for(int j=0;j<n;j++)
            printf("%d ",a[j]);
        printf("\n");
        t=0;
        printf("实验结果\n");
        printf(" t=%d 时%s\n",t,(subs()? "存在解":"没有解"));
        t=15;
        printf(" t=%d 时%s\n",t,(subs()? "存在解":"没有解"));
        t=21;
        printf(" t=%d 时%s\n",t,(subs()? "存在解":"没有解"));
        t=24;
        printf(" t=%d 时%s\n",t,(subs()? "存在解":"没有解"));
        return 0;
    }
```

上述程序的执行结果如图 5.9 所示。

图 5.9 exp5-2 实验程序的执行结果

5.4.3 迷宫路径

编写一个实验程序 exp5-3 采用回溯法求解迷宫问题。给定一个 $m \times n$ 个方块的迷宫，每个方块值为 0 时表示空白，为 1 时表示障碍物，在行走时最多只能走到上、下、左、右相邻的方块。求指定入口 s 到出口 t 的所有迷宫路径和其中一条最短路径。

解：迷宫问题也是一个解空间为子集树的问题，实际上每个方块在四周的 4 个方位选一，入口对应根结点，出口对应叶子结点。这里需要求所有解（迷宫路径），同时求一个最优解（最短长度的路径），用解向量 x 表示迷宫路径，len 表示其长度，bestx 表示最短路径，bestlen 表示最短路径长度。为了避免重复，设计 visited 二维数组，visited$[i][j]=0$ 表示 $[i,j]$ 方块没有访问过，visited$[i][j]=1$ 表示 $[i,j]$ 方块已经访问过。从根结点（即入口 s）出发

搜索,先置入口 s 的 visited 为 1,当访问到出口 t 时输出 x 构成一条迷宫路径,同时比较路径长度确定最短路径。对应的完整实验程序如下:

```cpp
#include <iostream>
#include <vector>
using namespace std;
#define INF 0x3f3f3f3f
int n=4;
int m=4;
vector<vector<int>> A={{0,0,0,1},{0,1,0,0},{0,0,0,1},{1,0,0,0}};
int dx[]={0,0,1,-1};                    //水平方向的偏移量
int dy[]={1,-1,0,0};                    //垂直方向的偏移量
vector<vector<int>> visited(m,vector<int>(n,0));
struct Box                              //方块类型
{   int x;
    int y;
    Box(int x1,int y1): x(x1),y(y1) {}  //构造函数
};
vector<Box> x;                          //解向量
int len;                                //解向量表示的路径长度
vector<Box> bestx;                      //最优解向量
int bestlen=INF;                        //最优解向量表示的路径长度
int sum;                                //表示路径数
void disp()                             //输出一条迷宫路径
{   printf("    路径%d: ",++sum);
    for (int j=0;j<x.size();j++)
        printf("[%d,%d] ",x[j].x,x[j].y);
    printf("  长度=%d\n",len);
}
void dfs(Box& s,Box& t)                 //回溯法
{   if(sum>10) return;
    if(s.x==t.x && s.y==t.y)
    {   disp();
        if(len<bestlen)
        {   bestlen=len;
            bestx=x;
        }
    }
    else
    {   for(int di=0;di<4;di++)         //试探四周的每个方位 di
        {   int nx=s.x+dx[di];         //相邻方块为(nx,ny)
            int ny=s.y+dy[di];
            if(nx<0 || nx>=m || ny<0 || ny>=n)
                continue;              //跳过超界的方块
            if(A[nx][ny]==1)
                continue;              //跳过障碍物
            if(visited[nx][ny]==1)
                continue;              //跳过已经访问的方块
            visited[nx][ny]=1;         //访问(nx,ny)
            len++;
            Box b(nx,ny);
            x.push_back(b);            //(nx,ny)添加到路径中
            dfs(b,t);
            x.pop_back();              //回溯
            len--;
            visited[nx][ny]=0;
        }
    }
}
```

```
}
void mgallpath(Box& s,Box& t)                //求解算法
{    x.push_back(s);                          //入口 s 添加到路径中
     visited[s.x][s.y]=1;                     //标记入口 s 已访问
     len=0;
     dfs(s,t);
}
int main()
{    Box s(0,0);
     Box t(3,3);
     printf("实验结果\n");
     printf("    从[%d,%d]到[%d,%d]的全部路径\n",s.x,s.y,t.x,t.y);
     mgallpath(s,t);
     printf("一条最短路径: ");
     for (int j=0;j<bestx.size();j++)
         printf("[%d,%d] ",bestx[j].x,bestx[j].y);
     printf(" 长度=%d\n",bestlen);
     return 0;
}
```

上述程序用于求如图 5.10 所示的迷宫中从入口(0,0)到出口(3,3)的所有迷宫路径,程序的执行结果如图 5.11 所示。

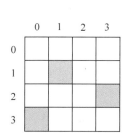

图 5.10   一个迷宫图

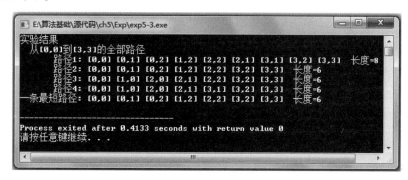

图 5.11   exp5-3 实验程序的执行结果

5.4.4   哈密顿回路

编写一个实验程序 exp5-4 求哈密顿回路。给定一个无向图,由指定的起点前往指定的终点,途中经过所有其他顶点且只经过一次,称为哈密顿路径,闭合的哈密顿路径称作哈密顿回路。设计一个回溯算法求无向图的所有哈密顿回路,并用相关数据进行测试。

解: 相关原理见《教程》5.3.2 节 TSP 问题的基于排列树的回溯算法,这里求哈密顿回路更加简单。用 0/1 邻接矩阵 A 存放无向图,设计当前解向量 $x=(x_0,x_1,\cdots,x_{n-1})$,每个 x_i 表示一个图中顶点,实际上每个 x 表示一条路径,初始时 x_0 置为起点 s,$x_1 \sim x_{n-1}$ 为其他 $n-1$ 个顶点的编号,d 表示当前路径的长度,当到达一个叶子结点时($i \geqslant n$),如果 $A[x[n-1]][s]==1$ 说明 $x[n-1]$ 到 s 有边,$x \bigcup \{s\}$ 就是一条从 s 出发到达 s 的哈密顿回路,输出 x 即可。对应的完整实验程序如下:

```
#include<iostream>
#include<vector>
using namespace std;
int n=5;                                      //图中顶点个数
```

```
vector < vector < int >> A={{0,1,1,1,0},{1,0,0,1,1},{1,0,0,0,1},{1,1,0,0,1},{0,1,1,1,0}};
int cnt=0;                                    //累计路径条数
void disp(vector < int > & x, int d, int s)     //输出一个解
{   printf("   第%d条回路: ",++cnt);
    for (int j=0;j < x.size();j++)
        printf("%d->", x[j]);
    printf("%d\n", s);                        //末尾加上起点 s
}

void dfs(vector < int > & x, int d, int s, int i)   //回溯法
{   if(i>=n)                                  //到达一个叶子结点
    {   if(A[x[n-1]][s]==1)                   //若 x[n-1]到 s 有边
            disp(x,d,s);
    }
    else                                     //没有到达叶子结点
    {   for(int j=i;j < n;j++)               //试探 x[i]走到 x[j]的分支
        {   if (A[x[i-1]][x[j]]==1)          //若 x[i-1]到 x[j]有边
            {   swap(x[i],x[j]);
                dfs(x,d+A[x[i-1]][x[i]],s,i+1);
                swap(x[i],x[j]);
            }
        }
    }
}

void Hamiltonian(int s)                       //求起始点为 s 的哈密顿回路
{   vector < int > x;                         //定义解向量
    x.push_back(s);
    for(int i=0;i < n;i++)                     //将非 s 的顶点添加到 x 中
        if(i!=s)
            x.push_back(i);
    int d=0;
    dfs(x,d,s,1);                             //从 x[1]顶点开始扩展
}

int main()
{   printf("实验结果\n");
    int s=1;
    printf("  从顶点%d 出发的哈密顿回路:\n",s);
    Hamiltonian(s);
    return 0;
}
```

上述程序用于求如图 5.12 所示的无向图中 $s=1$ 的所有哈密顿回路,程序的执行结果如图 5.13 所示。

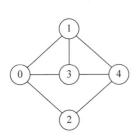

图 5.12　一个无向图

图 5.13　exp5-4 实验程序的执行结果

5.5 在线编程题及其参考答案

5.5.1 LeetCode216——组合总和 Ⅲ

问题描述：找出所有相加之和为 n 的 k 个数的组合，组合中只允许含 $1\sim9$ 的正整数，并且每种组合中不存在重复的数字。例如，$k=3$，$n=7$ 的结果是 $\{1,2,4\}$，而 $k=3$，$n=9$ 的结果是 $\{1,2,6\}$，$\{1,3,5\}$ 和 $\{2,3,4\}$。要求设计如下函数：

```
class Solution {
public:
    vector < vector < int >> combinationSum3(int k, int n) {}
};
```

解：用类变量 ans 存放结果，相关剪支原理见《教程》5.2.1 节中求解子集和问题的算法，这里不再讨论，改为用解向量 x 存放选取的所有整数，每个分量的取值范围是 $1\sim9$，cnt 表示选取的整数个数，i 从 1 开始（对应解空间的根结点），每个整数 i 只有选取和不选取两种可能，当到达一个叶子结点（$i\geqslant10$）时，如果 $cs=N$ 并且 $cnt=K$ 表示找到一个解，将 x 添加到 ans 中。对应的程序如下：

```
class Solution {
    vector < vector < int >> ans;
    int N, K;
public:
    vector < vector < int >> combinationSum3(int k, int n)
    {   N=n; K=k;
        int rs=0;                        //rs 表示所有整数和
        for (int j=1;j<=9;j++)           //求 rs
            rs+=j;
        int cnt=0;
        vector < int > x;
        dfs(0, rs, x, cnt, 1);           //i 从 1 开始
        return ans;
    }
    void dfs(int cs, int rs, vector < int > & x, int cnt, int i)  //递归回溯算法
    {   if (i>=10)                       //找到一个叶子结点
        {   if (cs==N && cnt==K)         //找到一个满足条件的解
                ans.push_back(x);
        }
        else                            //没有到达叶子结点
        {   rs-=i;                      //求剩余的整数和
            if (cs+i<=N)                //左剪支
            {   x.push_back(i);         //选取整数 i
                cnt++;
                dfs(cs+i, rs, x, cnt, i+1);
                cnt--;                  //回溯
                x.pop_back();
            }
            if (cs+rs>=N)              //右剪支
                dfs(cs, rs, x, cnt, i+1);
            rs+=i;                     //恢复剩余整数和
```

```
        }
    }
};
```

上述程序的提交结果为通过,执行时间为 0ms,内存消耗为 6.5MB。实际上由于测试数据比较少,即使不采用任何剪支,执行时间也只有 4ms。没有任何剪支的程序如下:

```cpp
class Solution {
    vector < vector < int >> ans;
    int N, K;
public:
    vector < vector < int >> combinationSum3(int k, int n)
    {   N=n; K=k;
        int cnt=0;
        vector < int > x;
        dfs(0, x, cnt, 1);                      //i从1开始
        return ans;
    }
    void dfs(int cs, vector < int > & x, int cnt, int i)    //递归回溯算法
    {   if (i>=10)                              //找到一个叶子结点
        {   if (cs==N && cnt==K)                //找到一个满足条件的解
                ans.push_back(x);
        }
        else                                    //没有到达叶子结点
        {   x.push_back(i);                     //选取整数 i
            cnt++;
            dfs(cs+i, x, cnt, i+1);
            cnt--;                              //回溯
            x.pop_back();
            dfs(cs, x, cnt, i+1);               //不选取整数 i
        }
    }
};
```

5.5.2　LeetCode39——组合总和

问题描述:给定一个无重复元素的数组 a 和一个目标数 t,找出 a 中所有可以使数字和为 t 的组合。a 中的数字可以无限制被重复选取,其中所有数字(包括 t)都是正整数。例如,$a=\{2,3,6,7\}$,$t=7$ 的结果为 $\{\{7\},\{2,2,3\}\}$,而 $a=\{2,3,5\}$,$t=8$ 的结果为 $\{\{2,2,2,2\},\{2,3,3\},\{3,5\}\}$。要求设计如下函数:

```cpp
class Solution {
public:
    vector < vector < int >> combinationSum(vector < int > & a, int t) { }
};
```

解:与 LeetCode216 题目类似,但这里 a 中每个元素可以重复选取,同样用解向量 x 存放选取的所有整数,用 i 从 0 开始遍历 a,增加一个剩余数的参数 rt(rt 为 t 与当前选取的整数和的差,初始值为 t)。当搜索第 i 层的一个结点时,求出 $cnt=rt/a[i]$(表示最多可以选取 cnt 个 $a[i]$),这样 $a[i]$ 的选取分为 $cnt+1$ 种情况:不选取 $a[i]$,选取一个 $a[i]$,选取两个 $a[i]$,…,选取 cnt 个 $a[i]$,如图 5.14 所示。当 $i \geqslant N$(对应解空间的一个叶子结点)并且 $rt=0$ 时对应一个解 x,将 x 添加到 ans 中。

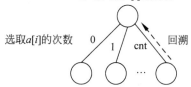

第i层对应$a[i]$的选取

选取$a[i]$的次数　0　1　cnt　回溯

图 5.14　$a[i]$元素是在 cnt$+1$ 种情况中选一

另外也可以将满足 rt$=0$ 的结点作为一个解,剪去 $i\geq N$ 或者 rt<0 的分支,或者说仅扩展满足 $i<N$ 并且 rt>0 的结点。对应的程序如下:

```cpp
class Solution {
    vector < vector < int >> ans;
    int N;
public:
    vector < vector < int >> combinationSum( vector < int > & a, int t)
    {   N=a.size();
        vector < int > x;
        dfs(a,t,x,0);                          //i从0开始
        return ans;
    }
    void dfs( vector < int > &a, int rt, vector < int > & x, int i)   //递归回溯算法
    {   if (rt==0)
            ans.push_back(x);                  //找到一个叶子结点
        else if(i < N && rt>0)
        {   dfs(a,rt,x,i+1);                    //不选择 a[i]
            int cnt=0;
            for(int j=1;a[i] * j<=rt;j++)       //枚举 a[i]可以选取的次数
            {   cnt++;
                x.push_back(a[i]);              //包含 a[i]选取 1,2,…,cnt 次
                dfs(a,rt-a[i] * j,x,i+1);
            }
            for(int j=0;j < cnt;j++)
                x.pop_back();                   //前面 a[i]最多取 cnt 次,回溯 cnt 次
        }
    }
};
```

上述程序的提交结果为通过,执行时间为 8ms,内存消耗为 14.6MB。

5.5.3　LeetCode131——分割回文串

问题描述:给定一个字符串 s(长度范围是 $1\sim16$,均由小写英文字母组成),请将 s 分割成一些子串,使每个子串都是回文串,返回 s 所有可能的分割方案。回文串是正着读和反着读都一样的字符串。例如,$s=$"aab",结果是[["a","a","b"],["aa","b"]]。要求设计如下函数:

```cpp
class Solution {
public:
    vector < vector < string >> partition(string s) {  }
};
```

解:用 ans 存放所有分割方案。i 从 0 开始,找到 $s[i..j]$ 的每一个回文的终止位置 j,所以该问题类似子集和问题,假设有 k 个这样的 j,扩展就是在 k 个情况中选取一个,再从

$j+1$ 位置开始继续搜索。解向量 x 存放一个分割方案,当 $i \geqslant n$ 时表示找到了 s 的一个解,将 x 添加到 ans 中,最后返回 ans。对应的程序如下:

```cpp
class Solution {
    vector < vector < string >> ans;                    //存放所有方案
public:
    vector < vector < string >> partition(string s)
    {   vector < string > x;
        dfs(s,x,0);
        return ans;
    }
    void dfs(string s, vector < string > & x, int i)    //从 i 位置开始分割回文
    {   int n=s.size();
        if(i>=n)                                        //找到一个解
            ans.push_back(x);
        else
        {   for(int j=i;j<n;j++)                         //试探 i 开始的每一个位置 j
            {   string s1=s.substr(i,j-i+1);            //取出 s[i..j] 的子串 s1
                if(isPalindrome(s1))                    //若 s1 是回文
                {   x.push_back(s1);
                    dfs(s,x,j+1);
                    x.pop_back();                       //回溯
                }
            }
        }
    }
    bool isPalindrome(string s)                         //判断 s 是否为回文
    {   int i=0, j=s.size()-1;
        while(i<j)
        {   if(s[i] != s[j])
                return false;
            i++; j--;
        }
        return true;
    }
};
```

上述程序的提交结果为通过,执行时间为 124ms,内存消耗为 78MB。

5.5.4　HDU1027——第 k 小的排列

问题描述:给定正整数 n 和 k,求 $1\sim n$ 的全排列中第 k 小的排列。

输入格式:输入包含多个测试用例,每个测试用例一行,由两个整数(即 n 和 k)组成($1\leqslant n\leqslant 1000,1\leqslant k\leqslant 10000$)。输入直到文件结束。

输出格式:对于每个测试用例,在一行中输出 $1\sim n$ 中第 k 小的排列,两个数字之间输出一个空格,但不要在最后一个数字后输出任何空格。

输入样例:

6 4
11 8

输出样例:

1 2 3 5 6 4

1 2 3 4 5 6 7 9 8 11 10

解：采用基于子集树的回溯框架,用解向量 $x[1..n]$ 存放一个排列（初始置为 $1\sim n$），设计一个重复标记数组 used,used[j] 表示数字 j 是否已经使用。解空间的根结点层次 $i=1$。对于第 i 层的结点,$x[i]$ 可能的取值为 $1\sim n$ 中未使用过的数字 j。cnt 累计求出的排列个数,由于这样做求出的所有排列是递增的,所以当 cnt $=k$ 时对应的 x 中的排列就是第 k 小的排列。对应的程序如下：

```cpp
#include <iostream>
#include <cstring>
using namespace std;
#define INF 0x3f3f3f3f
#define MAXN 10005
int x[MAXN];                        //存放一个排列
bool used[MAXN];                    //used[j]表示j是否使用过
int cnt;
bool flag;
bool permutation(int i, int n, int k)    //回溯算法
{   if(i==n+1)                      //到达一个叶子结点
            {   cnt++;
                if(cnt==k)          //找到第k个解时返回true
                    return true;
            }
            else
            {   for(int j=1;j<=n;j++)
                {   if(!used[j])             //整数j没有使用过
                    {   x[i]=j;
                        used[j]=true;        //标记j已经使用
                        if (permutation(i+1,n,k))
                            return true;
                        used[j]=false;       //回溯
                    }
                }
            }
    return false;
}
int main()
{   int n,k;
    while(scanf("%d%d",&n,&k)!=EOF)
    {   flag=false;
        memset(used,false,sizeof(used));
        cnt=0;
        for(int i=1;i<=n;i++)           //初始化
            x[i]=i;
        permutation(1,n,k);
        for(int i=1;i<=n;i++)           //输出结果
        {   if(i==1)
                printf("%d",x[i]);
            else
                printf(" %d",x[i]);
        }
        printf("\n");
    }
    return 0;
}
```

上述程序的提交结果为通过,执行时间为 452ms,内存消耗为 1776KB。

5.5.5 HDU2553——n 皇后问题

问题描述:在 $n \times n$ 个方格的棋盘上放置了 n 个皇后,使得它们不相互攻击(即任意两个皇后不允许处在同一排,同一列,也不允许处在与棋盘边框成 45°角的斜线上)。对于给定的 n,请求出有多少种合法的放置方法。

输入格式:共有若干行,每行一个正整数 $n(n \leqslant 10)$,表示棋盘和皇后的数量,如果 $n=0$ 表示结束。

输出格式:共有若干行,每行一个正整数,表示对应输入行的皇后的不同放置数量。

输入样例:

```
1
8
5
0
```

输出样例:

```
1
92
10
```

解:采用《教程》5.2.4 节中求 n 皇后问题的思路,仅将输出全部解改为输出解的个数。另外,这里 n 最大为 10,但测试用例个数可能超过 10,所以先求出 1~10 皇后问题,将解个数存放在 ans 数组中,当输入的皇后个数为 n 时直接输出 ans[n] 即可。采用基于子集树递归函数框架的程序如下:

```cpp
#include <iostream>
#include <vector>
using namespace std;
#define MAXN 12
int q[MAXN];                              //存放各皇后所在的列号,为全局变量
int cnt;                                  //累计解个数
bool place(int i, int j)                  //测试(i,j)位置能否摆放皇后
{   if (i==1) return true;                //第一个皇后总是可以放置
    int k=1;
    while (k<i)                           //k=1~i-1是已放置了皇后的行
    {   if ((q[k]==j) || (abs(q[k]-j)==abs(i-k)))
            return false;
        k++;
    }
    return true;
}
void queen(int n, int i)                  //回溯算法
{   if (i>n)
        cnt++;                            //解个数增加1
    else
    {   for (int j=1;j<=n;j++)            //在第i行上试探每一个列j
        {   if (place(i,j))              //在第i行上找到一个合适的位置(i,j)
            {   q[i]=j;
                queen(n,i+1);
                q[i]=0;                   //回溯
```

```
            }
        }
    }
}
int main( )
{   int ans[MAXN];                         //ans[n]存放 n 皇后问题的解个数
    for(int n=1;n<=10;n++)
    {   cnt=0;
        queen(n,1);
        ans[n]=cnt;
    }
    int n;
    while(~scanf("%d",&n) && n)
        printf("%d\n",ans[n]);
    return 0;
}
```

上述程序的提交结果为通过,执行时间为 31ms,内存消耗为 1372KB。当然也可以采
用基于排列树的递归回溯框架求解,对应的程序如下:

```
# include <iostream>
# include <cstring>
using namespace std;
# define MAXN 12                         //最多皇后个数
int q[MAXN];                             //存放各皇后所在的列号,为全局变量
int cnt;                                 //累计解个数
bool place(int i,int j)                  //测试(i,j)位置能否摆放皇后
{   if (i==1) return true;               //第一个皇后总是可以放置
    int k=1;
    while (k<i)                          //k=1~i-1 是已放置了皇后的行
    {   if ((q[k]==j) || (abs(q[k]-j)==abs(i-k)))
            return false;
        k++;
    }
    return true;
}

void queen(int n,int i)                  //回溯算法
{   if (i>n)
        cnt++;                           //解个数增加 1
    else
    {   for (int j=i;j<=n;j++)           //在第 i 行上试探每一个列 j
        {   swap(q[i],q[j]);             //第 i 个皇后放置在 q[j]列
            if(place(i,q[i]))            //剪支操作
                queen(n,i+1);
            swap(q[i],q[j]);            //回溯
        }
    }
}
int main( )
{   int ans[MAXN];
    for(int n=1;n<=10;n++)
    {   cnt=0;
        for(int i=1;i<=n;i++)
            q[i]=i;
        queen(n,1);
```

```
        ans[n] = cnt;
    }
    int n;
    while(~scanf("%d", &n) && n)
        printf("%d\n", ans[n]);
    return 0;
}
```

上述程序的提交结果为通过,执行时间为 15ms,内存消耗为 1740KB。

5.5.6 HDU2616——杀死怪物

问题描述:YF 的家乡附近有一座山,山上住着一个大怪物,YF 想要消灭它。YF 有 n 个技能,怪物的血量为 m,当血量小于或等于 0 时怪物被消灭。YF 的技能在不同的时间使用时有不同的效果。现在告诉你每个技能的效果,用 (A, M) 描述,A 为该技能在普通时间内使用时消耗怪物的血量,M 表示当怪物的血量小于或等于 M 时使用该技能可以获得双倍效果。每种技能最多只能使用一次。

输入格式:输入包含多个测试用例。每个测试用例的第一行是两个整数 n 和 m($2 < n < 10$,$1 < m < 10^7$),n 为 YF 的技能数量,接下来 n 行,每行的 (A_i, M_i)($0 < A_i, M_i \leq m$)描述一个技能。

输出格式:对于每个测试用例,输出一个整数表示 YF 至少应该使用多少技能才能消灭怪物,如果 YF 不能消灭怪物则输出 -1。

输入样例:

```
3 100
10 20
45 89
5 40

3 100
10 20
45 90
5 40

3 100
10 20
45 84
5 40
```

输出样例:

```
3
2
-1
```

解:n 个技能的编号为 $0 \sim n-1$,每个仅能够使用一次,用 used 标记(值为 0 表示该技能没有使用,值为 1 表示已经使用)。设解向量 $\boldsymbol{x} = (x_0, x_1, \cdots, x_{i-1})$,表示使用 i 次(个)技能消灭了怪物,x_j 表示第 j 次使用的技能的编号,rm 表示怪物的剩余血量(初始为 m),叶子结点对应 rm $\leq$ 0(怪物被消灭)。i 从 0 开始试探(根结点的层次为 0),解向量中的第 i 层结点表示第 i 次选择技能,可选范围是 $0 \sim n-1$ 中没有使用的技能,一旦到达一个叶子结点,比较求最小的 i 存放到 bestx 中,最后输出 bestx 即可。由于仅求最小的 i,所以不必定

义解向量 **x**。对应的程序如下:

```
#include <iostream>
#include <algorithm>
using namespace std;
#define MAXN 15
#define INF 0x3f3f3f3f
int n;
int bestx;                                  //bestx 表示最优解
struct Spell                                //技能的类型
{   int a,b;
    int used;                               //标记该技能是否已经使用过
} s[MAXN];
void dfs(int rm,int i)
{   if(rm<=0)                               //怪物被消灭对应叶子结点
        bestx=min(bestx,i);                 //比较求最小值
    else
    {   for(int j=0;j<n;j++)                //试探第 i 次使用的技能
        {   if(s[j].used)                   //跳过已经使用过的技能
                continue;
            s[j].used=1;                    //第 i 次使用技能 j
            if(rm<=s[j].b)                  //技能力量倍增的情况
                dfs(rm-s[j].a*2,i+1);
              else                          //技能普通使用的情况
                dfs(rm-s[j].a,i+1);
            s[j].used=0;                    //回溯
        }
    }
}
int main()
{   int m;
    while(cin >> n >> m)
    {   for(int i=0;i<n;i++)
        {   cin >> s[i].a >> s[i].b;
            s[i].used=0;
        }
        bestx=INF;
        dfs(m,0);
        if(bestx==INF)
                cout << -1 << endl;
        else
                cout << bestx << endl;
    }
    return 0;
}
```

上述程序的提交结果为通过,执行时间为 124ms,内存消耗为 1800KB。

5.5.7 POJ3187——向后数字和

问题描述:给定一个 $1 \sim n$ 的某个排列,将相邻数字相加以生成一个少一个数字的新列表,重复这个操作,直到只剩下一个数字 x 为止。例如,若给定一个 $n=4$ 的排列为 3,1,2,4,第一次相邻数字相加的结果是 4,3,6,第 2 次相邻数字相加的结果是 7,9,第 3 次相邻数字相加的结果是 16,那么该排列产生的向后数字和 $x=16$。不同排列的向后数字和可能不同。

输入格式：输入有多个测试用例，每个测试用例是两个由空格分隔的整数 n 和 sum。

输出格式：对于每个测试用例，求出其向后数字和等于 sum 的某个 $1\sim n$ 的排列，如果有多个这样的排列，请选择按字典顺序排列最小的一个。

输入样例：

4 16

输出样例：

3 1 2 4

提示：另外一个满足要求的答案是 3,2,1,4，但 3,1,2,4 是最小的。

解：题目就是枚举 $1\sim n$ 的排列，求出其向后数字和 x，若 $x=$sum，则输出该排列。求 $1\sim n$ 的全排列可以采用基于排列树的递归算法框架，对应的程序如下：

```cpp
#include <iostream>
#include <vector>
using namespace std;
#define MAXN 12
int n,sum;
vector <int> a;
vector <int> ans;
bool judge(vector <int> b)                          //判断 b 序列是否满足条件
{   for (int i=n-1;i>=1;i--)
    {   for (int j=0;j<=i-1;j++)
            b[j]=b[j]+b[j+1];
    }
    if (b[0]==sum)
        return true;
    else
        return false;
}
bool flag;
void dfs(vector <int> &a,int i)                      //递归算法
{   if (i>=n)                                        //到达一个叶子结点
    {   if(judge(a))
        {   ans=a;
            flag=true;
        }
    }
    else if(!flag)                                   //没有到达叶子结点且 flag 为 false
    {   for (int j=i;j<n;j++)
        {   swap(a[i],a[j]);                         //交换 a[i] 与 a[j]
            dfs(a,i+1);
            swap(a[i],a[j]);                         //交换 a[i] 与 a[j]:恢复
        }
    }
}
int main()
{   while (cin >> n >> sum)
```

```
{   a.resize(n);
    for (int j=0;j<n;j++)
        a[j]=j+1;
    flag=false;
    dfs(a,0);
    for (int i=0;i<n;i++)
        cout << ans[i] << " ";
    cout << endl;
}
return 0;
}
```

但是上述程序提交时出现答案错误,原因是这样求出的全排列并非按字典顺序递增排列的。例如,对于测试用例 4,16,找到的答案是 3,2,1,4,不满足题目的要求。这里使用 STL 中提供的一个求全排列的通用函数 next_permutation。它产生的全部排列就是按字典顺序递增排列的,利用该函数求解的程序如下:

```
# include < iostream >
# include < vector >
# include < algorithm >
using namespace std;
int n,sum;
bool judge(vector < int > b)          //判断 b 序列是否满足条件
{   for (int i=n-1;i>=1;i--)
    {   for (int j=0;j<=i-1;j++)
            b[j]=b[j]+b[j+1];
    }
    if (b[0]==sum)
        return true;
    else
        return false;
}
int main()
{   while (cin >> n >> sum)
    {   vector < int > a(n);
        for (int j=0;j<n;j++)
            a[j]=j+1;
        do
        {   if(judge(a)) break;
        } while (next_permutation(a.begin(),a.end()));
        for (int i=0;i<n;i++)
            cout << a[i] << " ";
        cout << endl;
    }
    return 0;
}
```

上述程序提交时通过,执行时间为 625ms,内存消耗为 188KB,满足时空要求。

5.5.8 POJ1321——棋盘问题

问题描述:在一个给定形状的棋盘(形状可能是不规则的)上面摆放棋子,棋子没有区别,要求摆放时任意的两个棋子不能放在棋盘中的同一行或者同一列,请编程求解对于给定形状和大小的棋盘摆放 k 个棋子的所有可行的摆放方案 C。

输入格式：输入包含多个测试用例。每个测试用例的第一行是两个正整数 n 和 $k(n \leqslant 8,$ $k \leqslant n)$，表示在一个 $n \times n$ 的矩阵内描述棋盘以及摆放棋子的数目，当为 -1 -1 时表示输入结束。随后的 n 行描述了棋盘的形状，每行有 n 个字符，其中'♯'表示棋盘区域，'.'表示空白区域（数据保证不出现多余的空白行或者空白列）。

输出格式：对于每个测试用例输出一行表示摆放的方案数目 C（数据保证 $C < 2^{31}$）。

输入样例：

```
2   1
♯   .
.   ♯
4   4
.   .   .   ♯
.   .   ♯   .
.   ♯   .   .
♯   .   .   .
-1  -1
```

输出样例：

```
2
1
```

解：本题类似 n 皇后问题，但有以下几点不同。

① 棋子之间的冲突更加简单，只有不同行列，设置一个 used 数组，used[j]＝1 表示第 j 列已经放了棋子，used[j]＝0 表示第 j 列没有放棋子（初始时所有元素设置为 0）。

② 每行中最多只能在指定的位置放棋子（'♯'的位置）。

③ 有的行可能不放棋子，而 n 皇后问题中每一行都需要放置一个皇后。

这样该问题相当于子集和问题，每行中'♯'就是子集和问题中的一个整数，一个解就是在 n 个整数中挑选 k 个没有冲突的整数。设计解向量 $\boldsymbol{x} = (x_0, x_1, \cdots, x_{n-1})$，$x_i$ 表示第 i 行放置棋子的列号，注意 x_i 有两种选择，第 i 行不放置棋子或者找到一个'♯'位置放置一个棋子。用 tot 表示放置棋子的个数，$i \geqslant n$ 对应一个叶子结点，如果到达某个叶子结点并且 tot＝k，则解的个数 cnt 增加 1，最后输出 cnt 即可。由于题目不需要输出每一个解，仅需要求解的个数，所以不必设计解向量 $\boldsymbol{x}$。对应的程序如下：

```cpp
#include <iostream>
#include <cstring>
using namespace std;
#define MAXN 12
char map[MAXN][MAXN];
int n, k;
int cnt;                         //方案个数
int used[MAXN];                  //used[j]表示第 j 列是否放了棋子
void queen(int tot, int i)       //回溯算法
{   if(i >= n)
    {   if (tot == k)            //棋子的个数恰好为 k
            cnt++;               //解的个数增加 1
    }
```

```
    else
    {   queen(tot,i+1);                 //第 i 行不放棋子
        for (int j=0;j<n;j++)           //第 i 行放一个棋子,试探每一个列 j
        {   if (map[i][j]=='#' && !used[j])
            {   used[j]=1;              //在第 i 行第 j 列放一个棋子
                queen(tot+1,i+1);
                used[j]=0;              //回溯
            }
        }
    }
}
int main()
{   while(scanf("%d%d",&n,&k) && n!=-1 && k!=-1)
    {   for (int j=0;j<n;j++)           //输入一个测试用例
            scanf("%s",map[j]);
        cnt=0;
        memset(used,0,sizeof(used));
        queen(0,0);                     //求解
        printf("%d\n",cnt);             //输出结果
    }
    return 0;
}
```

上述程序提交时通过,执行时间为 47ms,内存消耗为 128KB,满足时空要求。

5.5.9 POJ2488——骑士游历

问题描述:给定一个 $n \times m$ 的棋盘,一个骑士希望从其中某个方格出发走遍棋盘中的所有方格,请帮助他找到一条这样的路径。如果骑士在(x, y)位置,骑士走一步的 8 个位置如图 5.15 所示。

	$x-1, y-2$		$x+1, y-2$	
$x-2, y-1$				$x+2, y-1$
		x, y		
$x-2, y+1$				$x+2, y+1$
	$x-1, y+2$		$x+1, y+2$	

图 5.15 骑士走一步的 8 个位置

输入格式:输入的第一行为正整数 t,表示测试用例的个数。每个测试用例的输入为两个正整数 n 和 m,表示一个 $n \times m$($1 \leqslant n \times m \leqslant 26$)的棋盘。

输出格式:每个测试用例的输出以包含"Scenario #no:"的行开头,其中 no 是从 1 开始的测试用例的编号,然后输出一行表示找到的一条路径,路径采用字符串表示。例如 A1B3C1A2B4C2A3B1C3A4B2C4 表示一条长度为 12 的路径,由 12 个方格组成,每个方格由行号和列号构成(编号从 1 开始),但是行号用大写字母表示,$A=1$,$B=2$,以此类推,列号直接用数字表示。两个测试用例的结果输出之间空一行。如果不存在这样的路径,则输出"impossible"字符串。

输入样例:

```
3
1 1
2 3
4 3
```

输出样例:

```
Scenario #1:
A1
```

Scenario #2:
impossible

Scenario #3:
A1B3C1A2B4C2A3B1C3A4B2C4

解：类似迷宫问题，但行走方向有 8 个方位，用以下偏移量表示。

```
int dx[]={-1, 1, -2, 2, -2,2, -1,1};          //x 方向的偏移量
int dy[]={-2,-2,-1,-1, 1, 1, 2, 2};          //y 方向的偏移量
```

遍历棋盘的每个位置 (i,j)，从该位置出发搜索路径，用 ans 数组存放一条路径，用 cnt 参数表示路径上经过的方格个数，当 cnt $=n*m$ 时表示找到了一条合适的路径 ans，按题目要求输出即可。由于只需要找一条路径，用 flag 表示是否找到了路径（初始为 false），一旦找到路径置 flag 为 true，并且终止搜索，如果最后 flag 为 false，说明没有路径。对应的程序如下：

```cpp
# include <iostream>
# include <cstring>
using namespace std;
# define MAXN 33
int dx[]={-1,1,-2,2,-2,2,-1,1};              //x 方向的偏移量
int dy[]={-2,-2,-1,-1,1,1,2,2};              //y 方向的偏移量
int n,m;
struct Box                                    //方块类型
{   int x,y;
    Box() {}
    Box(int x,int y):x(x),y(y) {}             //构造函数
} ans[MAXN*MAXN];
int visited[MAXN][MAXN];
bool flag;
void dfs(int x,int y,int cnt)                 //从(x,y)出发搜索路径
{   if(flag) return;                          //找到一条路径后返回
    if(cnt==n*m)                              //找到一个解后输出
    {   flag=true;
        for(int i=1;i<=cnt;i++)
            printf("%c%d",ans[i].y+'A',ans[i].x+1);
        printf("\n");
    }
    else
    {   for(int di=0;di<8;di++)               //试探 8 个方位
        {   int nx=x+dx[di];
            int ny=y+dy[di];
            if(nx<0 || nx>=n || ny<0 || ny>=m)   //(nx,ny)超界时跳过
                continue;
            if(visited[nx][ny])              //(nx,ny)已访问时跳过
                continue;
            visited[nx][ny]=1;
            ans[cnt+1]=Box(nx,ny);
            dfs(nx,ny,cnt+1);
            visited[nx][ny]=0;               //回溯,为什么 ans 不必回退
        }
    }
}
int main()
{   int t;
```

```
        scanf("%d",&t);
        for(int no=1;no<=t;no++)
        {   if(no!=1) printf("\n");
            scanf("%d%d",&n,&m);
            memset(visited,0,sizeof(visited));
            flag=false;
            printf("Scenario #%d:\n",no);
            for(int i=0;i<n;i++)
            {   for(int j=0;j<m;j++)
                {   visited[i][j]=1;
                    ans[1]=Box(i,j);
                    dfs(i,j,1);
                    visited[i][j]=0;
                    if(flag) break;
                }
                if(flag) break;
            }
            if(!flag) printf("impossible\n");
        }
        return 0;
}
```

上述程序提交时通过,执行时间为 16ms,内存消耗为 136KB,满足时空要求。

5.5.10　POJ1040——运输问题

问题描述:一条火车线路共有 $m+1$ 个车站,起点站 A 的编号为 0,终点站 B 的编号为 m,其他站的编号为 $1\sim m-1$,火车按车站编号顺序依次停靠,每位乘客的车票价格是他乘坐的车站数。火车有 s 个座位,火车行驶中任何时刻不能超载。现在有 n 个订单,每个订单包含起点站、终点站和乘客人数(一个订单中的所有乘客的行程是相同的)。求火车从车站 A 开到车站 B 的最大总收入,注意一个订单要么被执行(该订单的所有乘客都可以乘车),要么被拒绝。

输入格式:输入包含多个测试用例。每个测试用例的第一行包含 3 个整数,即 s、m 和 $n(m\leqslant8,n\leqslant22)$,接下来 n 行,每行是一个订单信息,由起点站、终点站和乘客人数 3 个整数组成。第一行中的 3 个整数都等于 0 时表示输入结束。

输出格式:对于每个测试用例,输出一行包含最大总收入的整数。

输入样例:

```
10 3 4
0 2 1
1 3 5
1 2 7
2 3 10
10 5 4
3 5 10
2 4 9
0 2 5
2 5 8
0 0 0
```

输出样例:

```
19
34
```

解：用 order 数组存放 n 个订单，采用回溯法求解，i 从 0 到 $n-1$ 处理所有订单，每个订单 i 的处理有 3 种情况。

① 不选取订单 i。

② 考虑订单 i，考虑后满足约束条件，则执行订单 i。

③ 考虑订单 i，考虑后不满足约束条件，则不执行订单 i。

从中看出，本问题就是三选一的子集树问题，也可以看成执行订单 i 和不执行订单 i 的二选一问题。为了确定约束条件，设计 cnt 数组，其中 cnt[j] 表示当前车站 j 的乘客人数。当考虑订单 i 时，累计该订单中乘客乘坐到达的车站 j 的人数，若 cnt[j]$>s$，则说明不满足约束条件，不能执行订单 i。

使用 besttot 表示最大总收入（初始为 0），当前总收入用 tot 表示。当 $i \geqslant n$ 时表示当前方案的总收入为 tot，比较将最大值存放到 besttot，最后输出 besttot 即可。对应的程序如下：

```cpp
#include <iostream>
#include <cstring>
#include <algorithm>
using namespace std;
#define MAXN 25
int s,m,n;
struct Orders                          //车站订单类型
{   int start;                         //起点站
    int dest;                          //终点站
    int peop;                          //乘客人数
    int mon;                           //该订单的价格
} order[MAXN];
int cnt[MAXN];                         //cnt[i]表示到达车站i的总乘客人数
int besttot;                           //最优解
void dfs(int tot,int i)
{   if(i>=n)
        besttot=max(besttot,tot);
    else
    {   dfs(tot,i+1);                  //不考虑订单i
        bool flag=true;               //考虑订单i
        for(int j=order[i].start+1;j<=order[i].dest;j++)  //处理订单i
        {   cnt[j]+=order[i].peop;
            if(cnt[j]>s)              //不能执行该订单
                flag=false;
        }
        if(flag)                      //如果能够执行该订单
            dfs(tot+order[i].mon,i+1); //执行订单i
        for(int j=order[i].start+1;j<=order[i].dest;j++)  //回溯
            cnt[j]-=order[i].peop;
    }
}
int main()
{   while(cin>>s>>m>>n)
    {   if(s==0 && m==0 && n==0) break;
        memset(cnt,0,sizeof(cnt));
        besttot=0;
        for(int i=0;i<n;i++)
        {   cin>>order[i].start>>order[i].dest>>order[i].peop;
            order[i].mon=(order[i].dest-order[i].start)*order[i].peop;   //求订单的价格
```

```
        }
        dfs(0,0);
        cout << besttot << endl;
    }
}
```

上述程序提交时通过,执行时间为 625ms,消耗的空间为 212KB,满足时空要求。

5.5.11　POJ1129——最少频道数

问题描述:现在需要在一个非常大的区域建立一个广播电台,想让该区域都能够接收到信号,必须建立一些用于转播信号的中继器,但是相邻的两个中继器的频道必须不同,否则会相互干扰,不相邻的中继器可以使用相同的频道。给定一个中继网络,要求求出所需要的最少不同频道数。

输入格式:输入包含多个测试用例,每个测试用例的第一行是中继器的个数 n,接下来共 n 行,每一行表示一个中继器的邻接关系,例如 A:BCDH 表示中继器 A 与中继器 B、C、D 和 H 相邻。注意相邻是对称关系,如果 A 与 B 相邻,则 B 必然与 A 相邻。中继器采用大写字母表示,邻接关系按字母顺序列出,中继器的个数 n 最多为 26 个。以输入 $n=0$ 表示结束。

另外,由于中继器位于一个平面内,所以连接相邻中继器形成的图形没有任何交叉的线段。

输出格式:对于每个测试用例,输出一行表示所需的最少频道数。示例输出显示了该行的格式。当只需要一个频道时,注意频道是单数形式。

输入样例:

```
2
A:
B:
4
A:BC
B:ACD
C:ABD
D:BC
4
A:BCD
B:ACD
C:ABD
D:ABC
0
```

输出样例:

```
1 channel needed.
3 channels needed.
4 channels needed.
```

解:由输入建立一个无向图的邻接表,每个顶点表示一个中继器,采用《教程》5.2.7 节中图的 m 着色算法的思路,每种不同的频道就是一种不同的颜色,题目就是求使得图中所有相邻顶点着上不同颜色所需要的最少颜色数。但这里没有给出颜色数 m,并且要求最小的 m(最优解是最小值),属于问题 II 类型。

相关变量设计与 m 着色算法的相同,仅增加 bestm 表示最小的 m,根据四色定理,任意这样的图最多 4 种颜色即可着色。让 m 从 1 到 4 循环,从顶点 0 开始执行 dfs 回溯算法,若 cnt>0 说明找到了最小的 m,置 bestm,最后输出 bestm。对应的程序如下:

```cpp
# include < iostream >
# include < vector >
# include < cstring >
using namespace std;
# define INF 0x3f3f3f3f              //表示∞
# define MAXN 30                     //最多顶点个数
int n;
int x[MAXN];
int bestm;
int cnt;                            //全局变量,累计解个数
vector < int > A[MAXN];              //邻接表
bool judge(int i,int j)             //判断顶点 i 是否可以着上颜色 j
{   for(int k=0;k < A[i].size();k++)
    {   if(x[A[i][k]]==j)           //存在相同颜色的顶点
        return false;
    }
    return true;
}

void dfs(int m,int i)               //递归回溯算法
{   if(i>=n)                        //到达一个叶子结点
        cnt++;
    else if(cnt==0)                 //如果 cnt>0 就没有必要继续了
    {   for(int j=0;j < m;j++)
        {   x[i]=j;                 //设置顶点 i 颜色为 j
            if(judge(i,j))          //若顶点 i 可以着颜色 j
                dfs(m,i+1);
            x[i]=-1;                //回溯
        }
    }
}

int main()
{   char str[MAXN];
    while(scanf("%d",&n)!=EOF)
    {   if(n==0) break;
        bestm=INF;
        for(int i=0;i <=30;i++)      //初始化 A
            A[i].clear();
        for(int i=0;i < n;i++)       //由输入建立邻接表 A
        {   scanf("%s",str);
            for(int j=2;str[j]!='\0';j++)   //A→0,B→1,以此类推
                A[(str[0]-'A')].push_back(str[j]-'A');
        }
        for(int m=1;m <=4;m++)       //循环找最小的 m
        {   memset(x,0xff,sizeof(x));  //所有元素初始化为-1
            cnt=0;
            dfs(m,0);                //从顶点 i=0 开始
            if(cnt > 0)
            {   bestm=m;
                break;               //一旦找到就结束循环
            }
        }
        if(bestm==1)                 //按题目要求输出结果
```

```
                printf("1 channel needed.\n");
            else
                printf("%d channels needed.\n",bestm);
        }
    return 0;
}
```

上述算法需要调用 bestm 次 dfs 算法,也就是说若 bestm=4,需要依次独立地调用 dfs(1,0),dfs(2,0),dfs(3,0),dfs(4,0),这样性能比较低,可以改为从 m=1 开始,当没有找到合适的着色时置 m++ 继续搜索,这样调用一次 dfs 即可。对应的改进算法如下:

```
#include <iostream>
#include <vector>
#include <cstring>
using namespace std;
#define INF 0x3f3f3f3f                  //定义为∞
#define MAXN 30                         //最多顶点个数
int n;
int x[MAXN];
int bestm;
vector<int> A[MAXN];                     //邻接表
bool judge(int i,int j)                  //判断顶点 i 是否可以着颜色 j
{   for(int k=0;k<A[i].size();k++)
    {   if(x[A[i][k]]==j)                //存在相同颜色的顶点
        return false;
    }
    return true;
}

void dfs(int m,int i)                    //递归回溯算法
{   if(i>=n)                             //到达一个叶子结点
        bestm=min(bestm,m);
    else
    {   for(int j=0;j<m;j++)
        {   x[i]=j;                       //设置顶点 i 颜色为 j
            if(judge(i,j))               //若顶点 i 可以着颜色 j
                dfs(m,i+1);
            x[i]=-1;                      //回溯
        }
        if(m<4)                          //执行到这里说明 m 小了,但最多4种颜色即可
        {   x[i]=m;                       //增加一种颜色 m(注意增加的颜色编号为 m)
            dfs(m+1,i+1);
            x[i]=-1;                      //回溯
        }
    }
}
int main()
{   char str[MAXN];
    while(scanf("%d",&n)!=EOF)
    {   if(n==0) break;
        bestm=INF;
        for(int i=0;i<=30;i++)           //初始化 A
            A[i].clear();
        for(int i=0;i<n;i++)             //由输入建立邻接表 A
        {   scanf("%s",str);
            for(int j=2;str[j]!='\0';j++)
                A[(str[0]-'A')].push_back(str[j]-'A');
```

```
        }
        memset(x,0xff,sizeof(x));          //所有元素初始化为-1
        dfs(0,0);                          //从颜色数 m=0,顶点 i=0 开始
        if(bestm==1)
            printf("1 channel needed.\n");
        else
            printf("%d channels needed.\n",bestm);
    }
    return 0;
}
```

非常有趣的是上述两个程序在 POJ 提交时执行时间均为 0ms,说明测试数据比较小,理论上讲后面一个算法的性能较高。

第6章 分支限界法

1. 分支限界法在解空间中按_____策略从根结点出发搜索。

    A. 广度优先　　　　B. 活结点优先　　　C. 扩展结点优先　　D. 深度优先

答：分支限界法采用广度优先搜索方法在解空间中搜索问题的解。答案为 A。

2. 广度优先是_____的一种搜索方法。

    A. 分支限界法　　　　B. 动态规划法　　　C. 贪心法　　　　　D. 回溯法

答：分支限界法采用广度优先搜索方法在解空间中搜索问题的解。答案为 A。

3. 常见的两种分支限界法是_____。

    A. 广度优先分支限界法与深度优先分支限界法

    B. 队列式分支限界法与栈式分支限界法

    C. 排列树和子集树

    D. 队列式分支限界法与优先队列式分支限界法

  答：分支限界法根据存放活结点的数据结构分为队列式分支限界法与优先队列式分支限界法。答案为 D。

  4. 在分支限界法中，根据从活结点表中选择下一个扩展结点的不同方式可以有几种常用类型，以下_____描述最为准确。

    A. 采用队列的队列式分支限界法

    B. 采用小根堆的优先队列式分支限界法

    C. 采用大根堆的优先队列式分支限界法

    D. 以上都常用，针对具体问题选择其中某种合适的方式答：在分支限界法中存放活结点的数据结构有队列和优先队列(分为小根堆和大根堆)。答案为 D。

5. 普通的广度优先搜索使用的数据结构是_____。

　　A. 小根堆　　　　　　B. 大根堆　　　　　　C. 栈　　　　　　D. 队列

答：普通的广度优先搜索采用队列存放活结点。答案为 D。

6. 在采用分支限界法求解 0/1 背包问题时活结点表的组织形式是_____。

　　A. 小根堆　　　　　　B. 大根堆　　　　　　C. 栈　　　　　　D. 数组

答：0/1 背包问题求最大价值,采用大根堆。答案为 B。

7. 用分支限界法求图的最短路径时活结点表的组织形式是_____。

　　A. 小根堆　　　　　　B. 大根堆　　　　　　C. 栈　　　　　　D. 数组

答：在求图的最短路径中路径长度越小越优先扩展,采用小根堆。答案为 A。

8. 采用最大效益优先搜索方式的算法是_____。

　　A. 分支限界法　　　B. 动态规划法　　　C. 贪心法　　　D. 回溯法

答：按最大效益优先搜索方式的算法就是采用大根堆的分支限界法,效益越大的队列元素越优先出队做扩展操作。答案为 A。

9. 以下不是分支限界法搜索方式的是_____。

　　A. 广度优先　　　　　　　　　　B. 最小耗费优先

　　C. 最大效益优先　　　　　　　　D. 深度优先

答：分支限界法采用队列或者优先队列存放活结点,体现广度优先搜索的特点。答案为 D。

10. 优先队列式分支限界法选取扩展结点的原则是_____。

　　A. 先进先出　　　　　　　　　　B. 后进先出

　　C. 结点的优先级　　　　　　　　D. 随机

答：优先队列式分支限界法按队中元素的优先级进行扩展,优先级越大的队列元素越优先出队做扩展操作。答案为 C。

6.2 问答题及其参考答案

1. 简述分支限界法与回溯法的区别。

答：回溯法的求解目标是找出解空间中满足约束条件的一个解或所有解,采用深度优先搜索方式搜索整个解空间。分支限界法的目标一般是在满足约束条件的解中找出最优解,采用广度优先搜索方式搜索解空间。两者都可以通过约束函数和限界函数进行剪支,以减少结点的搜索。

2. 为什么说分支限界法本质上是找一个解或者最优解。

答：分支限界法采用广度优先搜索方式,无法回溯,尽管有些问题可以采用广度优先搜索方式搜索整个解空间以便找到所有解,但这不是分支限界法的特性,所以分支限界法本质上是找一个解或者最优解。

3. 简述分层次的广度优先搜索适合什么问题的求解。

答：分层次的广度优先搜索适合这样的问题的求解,首先问题求解过程符合广度优先搜索的特性,其次每次结点扩展时的代价相同。

4. 求最优解时回溯法在什么情况下优于队列式分支限界法。

答：回溯法和队列式分支限界法都可以通过剪支提高性能,常用的剪支是将当前路径的限界(上界或者下界)值与已经求出的最优解进行比较,剪去不可能得到更优解的分支,回溯法采用深度优先搜索,队列式分支限界法采用广度优先搜索,如果采用深度优先搜索能够较快地找到一个解(通常如此),那么回溯法会优于队列式分支限界法。

5. 为什么采用队列式分支限界法求解迷宫问题的最短路径长度时不做剪支设计?

答：采用队列式分支限界法求解迷宫问题时,在剪支操作中将当前路径长度的下界值与已经求出的最优解进行比较,而采用广度优先搜索时,只要找到一条路径,该路径本身就是最短路径,所以剪支没有意义。

6. 有一个 0/1 背包问题,$n=4$,$w=(2,4,3,2)$,$v=(6,8,3,2)$,$W=8$,给出采用队列式分支限界法求解的过程。

答：物品的顺序恰好与按单位重量价值递减的顺序一致。在采用分支限界法求解该问题时,bestv=0,先将根结点{[0,0,16],$i=0$}进队(结点用[cw,cv,ub]或者[cw,cv]表示,cw 和 cv 分别表示当前选择的物品重量和价值,ub 表示上界值,i 表示结点的层次或者物品编号)。

(1) 出队结点{[0,0,16],$i=0$},左结点{[2,6],$i=1$}进队;右结点{[0,0,12],$i=1$}进队。

(2) 出队结点{[2,6,16],$i=1$},左结点{[6,14],$i=2$}进队;右结点{[2,6,11],$i=2$}进队。

(3) 出队结点{[0,0,12],$i=1$},左结点{[4,8],$i=2$}进队;右结点{[0,0,5],$i=2$}进队。

(4) 出队结点{[6,14,16],$i=2$},左结点被剪支;右结点{[6,14,16],$i=3$}进队。

(5) 出队结点{[2,6,11],$i=2$},左结点{[5,9],$i=3$}进队;右结点{[2,6,8],$i=3$}进队。

(6) 出队结点{[4,8,12],$i=2$},左结点{[7,11],$i=3$}进队;右结点{[4,8,10],$i=3$}进队。

(7) 出队结点{[0,0,5],$i=2$},左结点{[3,3],$i=3$}进队;右结点{[0,0,2],$i=3$}进队。

（8）出队结点$\{[6,14,16],i=3\}$，左结点$\{[8,16],i=4\}$为一个解$[8,16]$，则 bestv $=$ $\max\{0,16\}=16$；右结点被剪支。

（9）出队结点$\{[5,9,11],i=3\}$，左结点$\{[7,11],i=4\}$为一个解$[7,11]$，则 bestv $=$ $\max\{16,11\}=16$；右结点被剪支。

（10）出队结点$\{[2,6,8],i=3\}$，左结点$\{[4,8],i=4\}$为一个解$[4,8]$，则 bestv $=$ $\max\{16,8\}=16$；右结点被剪支。

（11）出队结点$\{[7,11,12],i=3\}$，左、右结点被剪支。

（12）出队结点$\{[4,8,10],i=3\}$，左结点$\{[6,10],i=4\}$为一个解$[6,10]$，则 bestv $=$ $\max\{16,10\}=16$；右结点被剪支。

（13）出队结点$\{[3,3,5],i=3\}$，左结点$\{[5,5],i=4\}$为一个解$[5,5]$，则 bestv $=$ $\max\{16,5\}=16$；右结点被剪支。

（14）出队结点$\{[0,0,2],i=3\}$，左结点$\{[2,2],i=4\}$为一个解$[2,2]$，则 bestv $=$ $\max\{16,2\}=16$；右结点被剪支。

最大价值 bestv $=16$，最佳装填方案是选取第 0 个、第 1 个和第 3 个物品，总重量 $=8$，总价值 $=16$。

7. 对第 6 题的 0/1 背包问题，给出采用优先队列式分支限界法求解的过程。

答：在采用优先队列式分支限界法时，先将根结点$\{[0,0,16],i=0\}$进队。

（1）出队结点$\{[0,0,16],i=0\}$，左结点$\{[2,6,16],i=1\}$进队；右结点$\{[0,0,12],i=1\}$进队。

（2）出队结点$\{[2,6,16],i=1\}$，左结点$\{[6,14,16],i=2\}$进队；右结点$\{[2,6,11],i=2\}$进队。

（3）出队结点$\{[6,14,16],i=2\}$，左结点被剪支；右结点$\{[6,14,16],i=3\}$进队。

（4）出队结点$\{[6,14,16],i=3\}$，左结点$\{[8,16,16],i=4\}$为一个解$[8,16]$，则 bestv $=$ $\max\{0,16\}=16$；右结点被剪支。

（5）出队结点$\{[0,0,12],i=1\}$，左结点$\{[4,8,12],i=2\}$进队；右结点被剪支。

（6）出队结点$\{[4,8,12],i=2\}$，左结点$\{[7,11,12],i=3\}$进队；右结点被剪支。

（7）出队结点$\{[7,11,12],i=3\}$，左、右结点被剪支。

（8）出队结点$\{[2,6,11],i=2\}$，左结点$\{[5,9,11],i=3\}$进队；右结点被剪支。

（9）出队结点$\{[5,9,11],i=3\}$，左结点$\{[7,11,11],i=4\}$为一个解$[7,11]$，则 bestv $=$ $\max\{16,11\}=16$；右结点被剪支。

最大价值 bestv $=16$，最佳装填方案是选取第 0 个、第 1 个和第 3 个物品，总重量 $=8$，总价值 $=16$。

8. 对于如图 6.1 所示的带权有向图，给出采用优先队列式分支限界法求解起点 0 到其他所有顶点的最短路径及其长度的过程。说明该算法是如何避免最短路径上顶点重复的问题。

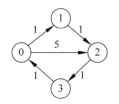

图 6.1 一个带权有向图

答：先将结点{[0,0],$i=0$}进队(其中[vno,length]表示队中顶点为 vno、路径长度为 length 的结点,i 表示结点的层次)。

(1) 出队结点{[0,0],$i=0$},考虑边<0,1>:1,修改 dist[1]=1,将结点{[1,1],$i=1$}进队;考虑边<0,2>:5,修改 dist[2]=5,将结点{[2,5],$i=1$}进队。

(2) 出队结点{[1,1],$i=1$},考虑边<1,2>:1,修改 dist[2]=2,将结点{[2,2],$i=2$}进队。

(3) 出队结点{[2,2],$i=2$},考虑边<2,3>:1,修改 dist[3]=3,将结点{[3,3],$i=3$}进队。

(4) 出队结点{[3,3],$i=3$},考虑边<3,0>:1,没有修改。

(5) 出队结点{[2,5],$i=1$},考虑边<2,3>:1,没有修改。

队空,求解结果如下:

源点 0 到顶点 1 的最短路径长度:1,路径:0→1。

源点 0 到顶点 2 的最短路径长度:2,路径:0→1→2。

源点 0 到顶点 3 的最短路径长度:3,路径:0→1→2→3。

从上看出,如果一条路径在搜索时出现重复的顶点,由于后者的 dist 值较大,通过边松弛操作将其剪支,从而避免最短路径上顶点重复的问题。

9. 《教程》中的例 6-2 没有采用例 6-1 的包含边松弛,你认为算法正确吗？如果认为正确,请予以证明;如果认为错误,请给出一个反例。

答：算法是正确的。因为图中边的权值为正数,采用按 length 越小越优先出队的优先队列,从顶点 s 开始搜索,如果出队结点 e 是第一次满足 $e.$vno$=t$,则 $e.$length 一定是 s 到 t 的最短路径长度。采用反证法证明。

(1) 若前面某个出队的结点 $e1$ 满足 $e1.$vno$=t$,则与假设 e 是第一次出现矛盾。

(2) 若后面某个出队的结点 $e2$ 满足 $e2.$vno$=t$ 并且 $e2.$length$<e.$length,显然这与优先队列矛盾,因为这里的优先队列是小根堆,越后面出队的结点的 length 越长。

从上述证明看出该算法存在这样的问题,如果图中 s 到 t 没有路径并且存在回路,这样 $e.$vno$=t$ 永远不会成立,并且会因为有回路陷入死循环。

10. 《教程》6.4.3 节与例 6-2 都是求最短路径,而且后者没有包含边松弛,问这两个问题有什么不同？

答：尽管这两个问题都是求 s 到 t 的最短路径,但路径的含义不同,例 6-2 是指常规的路径概念,由于所有边的权为正数,路径长度是累加关系,沿着一条路径走下去,路径长度只会越来越长,这样到达一个顶点 v 的路径不会出现重复的顶点,所以出队结点 e 是第一次

满足 $e.\text{vno}=t$，则 $e.\text{length}$ 一定是 s 到 t 的最短路径长度。而《教程》6.4.3 节中路径长度是指路径上最大的边权值，如果按照例 6-2 的算法执行，可能由于出现回路陷入死循环，从而找不到正确的答案，所以必须采用边松弛操作，用 $\text{dist}[x][y]$ 记录所有到达 (x,y) 的最短路径长度，这样搜索到 t 时其 length 才是 s 到 t 的最短路径长度。

6.3　算法设计题及其参考答案　✳

1. 一棵二叉树采用二叉链 b 存储，结点值是正整数，设计一个队列式分支限界法算法求根结点到叶子结点的路径中的最短路径长度，这里的路径长度是指路径上的所有结点值之和。

解：该问题的解空间中结点类型为（结点地址，该结点的路径长度）。由于二叉树中从根结点到每个结点的路径是唯一的，所以不必采用边松弛操作，只采用基本的剪支方式。对应的队列式分支限界法算法如下：

```
struct QNode                              //队列结点类型
{   TreeNode * p;
    int length;
};
int bfs(TreeNode * b)
{   int bestd=INF;                        //存放最短路径长度
    QNode e,e1,e2;
    queue<QNode> qu;
    e.p=b;
    e.length=b->val;
    qu.push(e);                           //根结点进队
    while(!qu.empty())
    {   e=qu.front(); qu.pop();           //出队结点 e
        TreeNode * p=e.p;
        int length=e.length;
        if(p->left==NULL && p->right==NULL)
            bestd=min(bestd,length);
        if(p->left!=NULL)
        {   if(length+p->left->val<bestd)     //左剪支
            {   e1.p=p->left;
                e1.length=length+p->left->val;
                qu.push(e1);                  //扩展左孩子
            }
        }
        if(p->right!=NULL)
        {   if(length+p->right->val<bestd)    //右剪支
            {   e2.p=p->right;
                e2.length=length+p->right->val;
                qu.push(e2);                  //扩展右孩子
            }
        }
    }
    return bestd;
}
```

2. 一棵二叉树采用二叉链 b 存储,结点值是正整数,设计一个优先队列式分支限界法算法求根结点到叶子结点的路径中的最短路径长度,这里的路径长度是指路径上的所有结点值之和。

解：采用优先队列,按路径长度越短越优先出队,所以找到的第一个叶子结点就是路径长度最短的路径。对应的优先队列式分支限界法算法如下：

```cpp
struct QNode                                    //优先队列结点类型
{   TreeNode * p;
    int length;
    bool operator <(const QNode& b) const
    {
        return length > b.length;               //length 越小越优先出队
    }
};
int bfs(TreeNode * b)
{   QNode e,e1,e2;
    priority_queue< QNode > qu;
    e.p=b;
    e.length=b—>val;
    qu.push(e);                                 //根结点进队
    while(!qu.empty())
    {   e=qu.top(); qu.pop();                    //出队结点 e
        TreeNode * p=e.p;
        int length=e.length;
        if(p—>left==NULL && p—>right==NULL)
            return length;
        if(p—>left!=NULL)
        {   e1.p=p—>left;
            e1.length=length+p—>left—>val;
            qu.push(e1);                         //扩展左孩子
        }
        if(p—>right!=NULL)
        {   e2.p=p—>right;
            e2.length=length+p—>right—>val;
            qu.push(e2);                         //扩展右孩子
        }
    }
    return —1;
}
```

3. 一棵二叉树采用二叉链 b 存储,设计一个分层次的广度优先搜索法算法求二叉树的高度。

解：先将根结点进队,树高度 height=0,队不空时循环,height++(只有当队不空时该层才有结点,其层次增加 1),然后一层一层地搜索。对应的分层次的广度优先搜索法算法如下：

```cpp
int bfs(TreeNode * b)
{   queue< TreeNode * > qu;
    qu.push(b);                                 //根结点进队
    int height=0;
    while(!qu.empty())
    {   height++;
        int cnt=qu.size();
        for(int i=0;i< cnt;i++)
```

```
    {   TreeNode * p=qu.front(); qu.pop();        //出队结点 p
        if(p—> left!=NULL)
            qu.push(p—> left);
        if(p—> right!=NULL)
            qu.push(p—> right);
        }
    }
    return height;
}
```

4. 一棵二叉树采用二叉链 b 存储,设计一个优先队列式分支限界法算法求二叉树的高度,本算法与第 3 题的算法相比有什么优点?

解：将根结点的路径长度(实际上是指层次)看成 1,左、右孩子的路径长度看成 2,以此类推,该问题转换为求根结点到所有叶子结点的路径中最长路径的长度,优先队列按路径长度越大越优先出队,第一个叶子结点的路径长度就是树的高度。对应的优先队列式分支限界法算法如下：

```
    struct QNode                        //优先队列结点类型
    {   TreeNode * p;
        int length;
        bool operator <(const QNode& b) const
        {
            return length < b.length;        //length 越大越优先出队
        }
    };
    int bfs(TreeNode * b)
    {   QNode e,e1,e2;
        priority_queue < QNode > qu;
        e.p=b;
        e.length=1;
        qu.push(e);                        //根结点进队
        while(!qu.empty())
        {   e=qu.top(); qu.pop();        //出队结点 e
            TreeNode * p=e.p;
            int length=e.length;
            if(p—> left==NULL && p—> right==NULL)
                return length;
            if(p—> left!=NULL)
            {   e1.p=p—> left;
                e1.length=length+1;
                qu.push(e1);                //扩展左孩子
            }
            if(p—> right!=NULL)
            {   e2.p=p—> right;
                e2.length=length+1;
                qu.push(e2);                //扩展右孩子
            }
        }
        return −1;
    }
```

第 3 题的算法需要搜索二叉树中的全部结点,而本算法只要搜索到最低层第一个叶子结点就结束。本题将优先队列改为队列结果是相同的。

5. 给定一个含 n 个顶点(顶点编号是 $0 \sim n-1$)的不带权连通图采用邻接表 A 存储,图中任意两个顶点之间有一个最短路径长度(路径长度是指路径上经过的边数),设计一个算法求所有两个顶点之间最短路径长度的最大值。

解:先从顶点 0 出发采用分层次的广度优先搜索找到一个最短路径长度最大的顶点 t,再从顶点 t 出发采用分层次的广度优先搜索找到最大的最短路径长度。对应的算法如下:

```
int t;                                              //全局变量
int bfs(vector < vector < int >> & A, int s)        //从顶点 s 出发广度优先搜索
{   int n=A.size();
    int visited[MAXN];
    memset(visited, 0, sizeof(visited));
    queue < int > qu;
    qu.push(s);
    visited[s]=1;
    int bestd=0;
    while(!qu.empty())
    {   int cnt=qu.size();                          //当前队列有 cnt 个顶点
        for(int i=0;i<cnt;i++)                      //循环 cnt 次
        {   int u=qu.front(); qu.pop();             //出队顶点 u
            printf("出队%d, bestd=%d\n", u, bestd);
            t=u;                                    //记录出队顶点,最后 t 就是最远的顶点
            for(int v=0;v<n;v++)
            {   if(A[u][v]!=0 && visited[v]==0)    //u 到 v 有边且没有访问过
                {   qu.push(v);
                    visited[v]=1;
                    printf(" 扩展%d, bestd=%d\n", v, bestd);
                }
            }
        }
        bestd++;
    }
    return bestd-1;
}
int solve(vector < vector < int >> & A)             //求解算法
{   bfs(A,0);
    return bfs(A,t);
}
```

6. 给定一个不带权图采用邻接表 A 存储,s 集合表示若干个顶点,t 表示终点,设计一个算法求 s 中所有顶点到 t 的最短路径长度。

解:采用多起点分层次的广度优先搜索方法,先将 s 中的所有顶点进队,然后进行分层次的广度优先搜索,用 bestd 表示扩展的层数,当扩展到终点 t 时返回 bestd 即可。对应的算法如下:

```
int bfs(vector < vector < int >> & A, vector < int > & s, int t)
{   int n=A.size();
    int visited[MAXN];
    memset(visited, 0, sizeof(visited));
    queue < int > qu;
    for(int j=0;j<s.size();j++)                     //将 s 中的所有顶点进队
    {   qu.push(s[j]);
        visited[s[j]]=1;
    }
    int bestd=0;
    while(!qu.empty())
```

```
{       bestd++;
        int cnt=qu.size();                              //当前队列有 cnt 个顶点
        for(int i=0;i<cnt;i++)                          //循环 cnt 次
        {   int u=qu.front(); qu.pop();                 //出队顶点 u
            if(u==t) return bestd;
            for(int v=0;v<n;v++)
            {   if(A[u][v]!=0 && visited[v]==0)         //u 到 v 有边且没有访问过
                {   if(v==t) return bestd;              //扩展到终点时返回
                    qu.push(v);
                    visited[v]=1;
                }
            }
        }
    }
    return -1;                                          //没有找到返回-1
}
```

7. 给定一个带权图采用邻接表 A 存储,所有权为正整数,s 集合表示若干个顶点,t 表示终点,设计一个算法求 s 中所有顶点到 t 的最短路径长度。

解:采用多起点的优先队列式分支限界法,先将 s 中的所有顶点进队,然后按《教程》中例 6-2 的过程进行搜索,当找到终点 t 时返回对应的路径长度即可。对应的优先队列式分支限界法算法如下:

```
struct QNode                                            //优先队列结点类型
{   int vno;                                            //顶点编号
    int length;                                         //路径长度
    bool operator <(const QNode& b) const
    {
        return length > b.length;                       //length 越小越优先出队
    }
};
int bfs(vector < vector < int >> & A, vector < int > & s, int t)   //求 s 到 t 的最短路径长度
{   int n=A.size();
    QNode e,e1;
    priority_queue < QNode > pqu;                       //定义优先队列
    for(int j=0;j<s.size();j++)                         //将 s 中的所有顶点进队
    {   e.vno=s[j];                                     //建立结点 e
        e.length=0;
        pqu.push(e);                                    //结点 e 进队
    }
    while(!pqu.empty())                                 //队不空时循环
    {   e=pqu.top(); pqu.pop();                         //出队结点 e
        int u=e.vno;
        if(u==t)
            return e.length;
            for (int v=0;v<n;v++)
        {   if(A[u][v]!=0 && A[u][v]<INF)               //u 到 v 有边
            {   e1.vno=v;                               //建立相邻顶点 v 的结点 e1
                e1.length=e.length+A[u][v];
                pqu.push(e1);                           //结点 e1 进队
            }
        }
    }
    return -1;
}
```

8. 给定一个带权图采用邻接表 A 存储,所有权为正整数,s 表示起点,t 表示终点,设计一个算法求 s 到 t 的最长路径长度。

解：采用优先队列式分支限界法,按路径长度越长越优先出队,但是图中有回路时,沿着回路转一圈路径长度越来越长,为此需要增加路径判重,采用整数 used 通过位操作实现路径判重,然后按《教程》中例 6-2 的过程搜索(例 6-2 中求最短路径,沿着回路转一圈路径长度越来越长,通过优先队列过滤了这样的路径),当找到终点 t 时返回对应的路径长度即可。对应的算法如下：

```
struct QNode                              //优先队列结点类型
{    int vno;                             //顶点编号
     int length;                          //路径长度
     int used;                            //用于路径判重
     bool operator <(const QNode& b) const
     {
          return length < b.length;       //length 越大越优先出队
     }
};
bool inset(int used, int j)               //判断顶点 j 是否在 used 中(是否访问过)
{
     return (used&(1<<j))!=0;
}
void addj(int& used, int j)               //在 used 中添加顶点 j(表示顶点 j 已访问)
{
     used=used | (1<<j);
}
int bfs(vector < vector < int >> & A, int s, int t)   //求 s 到 t 的最长路径长度
{    int n=A.size();
     QNode e, e1;
     priority_queue < QNode > pqu;         //定义优先队列
     e.vno=s;                             //建立源点 e
     e.length=0;
     addj(e.used, s);
     pqu.push(e);                         //源点 e 进队
     while(!pqu.empty())                  //队不空时循环
     {    e=pqu.top(); pqu.pop();         //出队结点 e
          int u=e.vno;
          if(u==t)   return e.length;     //第一次扩展终点时返回
          for (int v=0;v<n;v++)
          {    if(A[u][v]!=0 && A[u][v]< INF)   //u 到 v 有边
               {    if(!inset(e.used, v))       //顶点 v 不在路径中
                    {    e1.vno=v;              //建立相邻顶点 v 的结点 e1
                         e1.length=e.length+A[u][v];
                         e1.used=e.used;
                         addj(e1.used, v);
                         pqu.push(e1);          //结点 e1 进队
                    }
               }
          }
     }
     return -1;
}
```

9. 有一个含 n 个顶点(顶点编号为 $0\sim n-1$)的带权图,采用邻接矩阵数组 A 表示,采用分支限界法求从起点 s 到目标点 t 的最短路径长度,以及具有最短路径长度的路径条数。

解：采用优先队列式分支限界法求解，从顶点 s 开始搜索，找到目标点 t 后比较求最短路径长度及其路径条数。对应的算法如下：

```cpp
int bestd=INF;                              //最优路径的路径长度
int bestcnt=0;                              //最优路径的条数
struct QNode                               //优先队列结点类型
{   int vno;                               //顶点编号
    int length;                            //当前结点的路径长度
    bool operator <(const QNode &s) const  //重载>关系函数
    {
        return length > s.length;          //length 越小越优先
    }
};
void bfs(int s, int t)                     //求最短路径问题
{   QNode e,el;
    priority_queue < QNode > pqu;          //定义一个优先队列 pqu
    e.vno=s;                               //构造根结点
    e.length=0;
    pqu.push(e);                           //根结点进队
    while (!pqu.empty())                   //队不空时循环
    {   e=pqu.top(); pqu.pop();            //出队结点 e 作为当前结点
        if (e.vno==t)                      //e 是一个叶子结点
        {   if (e.length < bestd)          //比较找最优解
            {   bestcnt=1;
                bestd=e.length;            //保存最短路径长度
            }
            else if (e.length==bestd)
                bestcnt++;
        }
        else                               //e 不是叶子结点
        {   for (int j=0; j < n; j++)      //检查 e 的所有相邻顶点
                if (A[e.vno][j]!=INF && A[e.vno][j]!=0)   //顶点 e.vno 到顶点 j 有边
                {   if (e.length+A[e.vno][j]< bestd)   //剪支
                    {   el.vno=j;
                        el.length=e.length+A[e.vno][j];
                        pqu.push(el);      //有效子结点 el 进队
                    }
                }
        }
    }
}
```

10. 给定一个含 n 个正整数的数组 A，设计一个分支限界法算法，判断其中是否存在若干个整数和(含只有一个整数的情况)为 t。

解：采用队列式分支限界法求解，队列中的结点类型为 (i, sum)，分别表示结点的层次和当前选择的元素和。第 i 层结点的左、右两个子结点分别对应选择整数 $A[i]$ 和不选择整数 $A[i]$ 两种情况，由于 A 中元素均为正整数，采用的左剪支操作是仅扩展选择整数 $A[i]$ 时不超过 t 的结点。对应的算法如下：

```cpp
struct QNode                              //队列结点类型
{   int i;                               //当前结点层次
    int sum;                             //当前元素和
};
bool bfs(vector < int > & A, int t)
{   int n=A.size();
```

```
        QNode e,e1,e2;
        queue < QNode > qu;                    //定义一个队列 qu
        e.i=0;                                  //根结点置初值,其层次计为 0
        e.sum=0;
        qu.push(e);                             //根结点进队
        while (!qu.empty())                     //队不空时循环
        {   e=qu.front(); qu.pop();             //出队结点 e
            if (e.sum+A[e.i]<=t)                //检查左孩子结点
            {   e1.i=e.i+1;                      //建立左孩子结点
                if(e1.i<=n)                      //超界时跳过
                {   e1.sum=e.sum+A[e.i];
                    if(e1.sum==t)
                        return true;
                    else
                        qu.push(e1);
                }
            }
            e2.i=e.i+1;                          //建立右孩子结点
            if(e2.i<=n)                          //超界时跳过
            {   e2.sum=e.sum;
                if(e2.sum==t)
                    return true;
                else
                    qu.push(e2);
            }
        }
        return false;
    }
```

思考题:如何利用《教程》5.2.1 节中的子集和问题的右剪支操作进一步提高上述算法的性能?

11. 给定一个含 n 个正整数的数组 A,设计一个分支限界法算法判断其中是否存在 k($1 \le k \le n$)个整数和为 t。

解:与第 10 题的算法思路相同,在队列结点中增加 cnt 表示选择的整数个数,返回 true 的条件除了 sum 为 t 外还需要 cnt$=k$。对应的算法如下:

```
struct QNode                                    //队列结点类型
{   int i;                                       //当前结点层次
    int cnt;                                     //当前选择的元素个数
    int sum;                                     //当前和
};
bool bfs(vector < int > & A,int t,int k)
{   int n=A.size();
    QNode e,e1,e2;
    queue < QNode > qu;                          //定义一个队列 qu
    e.i=0;                                        //根结点置初值,其层次计为 0
    e.cnt=0;
    e.sum=0;
    qu.push(e);                                   //根结点进队
    while (!qu.empty())                           //队不空时循环
    {   e=qu.front(); qu.pop();                   //出队结点 e
        if (e.sum+A[e.i]<=t)                      //检查左孩子结点
```

```
    {    e1.i=e.i+1;                          //建立左孩子结点
         if(e1.i<=n)                          //超界时跳过
         {    e1.cnt=e.cnt+1;
              e1.sum=e.sum+A[e.i];
              if(e1.sum==t && e1.cnt==k)
                   return true;
              else
                   qu.push(e1);
         }
    }
    e2.i=e.i+1;                               //建立右孩子结点
    if(e2.i<=n)                               //超界时跳过
    {    e2.cnt=e.cnt;
         e2.sum=e.sum;
         if(e2.sum==t && e2.cnt==k)
              return true;
         else
              qu.push(e2);
    }
    }
    return false;
}
```

6.4　上机实验题及其参考答案　✳

6.4.1　在原始森林中解救 A

编写一个实验程序 exp6-1 解决解救问题，A 不幸迷失于原始森林中，B 要到原始森林中解救她，他每次只能在上、下、左、右 4 个方向移动一个单元。B 知道如果遇到金刚他会死的，野狗也会咬他，而且咬了两次(含一只野狗咬两次或者两只野狗各咬一次)之后他也会死的。求 B 能否找到 A。

测试数据存放在 exp6-1.txt 文本文件中，第一行是单个数字 $t(0 \leqslant t \leqslant 20)$，表示测试用例的数目，每个测试用例的第一行是 $n(0 < n \leqslant 30)$，表示原始森林是一个 $n \times n$ 单元的矩阵，接下来是 n 个字符串，每个字符串含 n 个字符，其中 $'p'$ 表示 B，$'a'$ 表示 A，$'r'$ 表示空道路，$'k'$ 表示金刚，$'d'$ 表示野狗。对于每个测试用例，如果 B 能够找到 A，则在一行中输出 "Yes"，否则在一行中输出 "No"。

输入样例：

```
2
3
pkk
rrd
rda
3
```

```
prr
kkk
rra
```

输出样例：

```
Yes
No
```

解：采用队列式分支限界法求解,队列结点为(x,y,bite),表示走到(x,y)位置时被野狗咬的次数,设计 visited[MAXN][MAXN][2]访问标记数组(第3维表示被野狗咬的次数,参见《教程》6.3.4节的解释),从 B 的位置(bx,by)开始搜索,当搜索到 A 的位置(ax,ay)时返回 true,整个搜索完毕返回 false。对应的实验程序如下：

```cpp
#include <iostream>
#include <cstring>
#include <queue>
using namespace std;
#define MAXN 35
int n;
char str[MAXN][MAXN];                        //表示森林
int bite;                                    //被野狗咬的次数
int visited[MAXN][MAXN][2];                  //访问标记数组
int ax,ay,bx,by;                             //A 和 B 位置
int dx[]={1,-1,0,0};                         //x 方向的偏移量
int dy[]={0,0,1,-1};                         //y 方向的偏移量
struct QNode                                 //队列结点类型
{   int x,y;                                 //当前位置
    int bite;                                //被野狗咬的次数
};
bool bfs()                                   //求解解救 A 问题
{   queue<QNode> pqu;
    QNode e,e1;
    e.x=bx; e.y=by;
    e.bite=0;
    visited[bx][by][0]=1;
    pqu.push(e);
    while (!pqu.empty())                     //队列不空时循环
    {   e=pqu.front(); pqu.pop();            //出队结点 e
        for (int di=0;di<4;di++)             //试探四周
        {   e1.x=e.x+dx[di];
            e1.y=e.y+dy[di];
            if (e1.x<0 || e1.x>=n || e1.y<0 || e1.y>=n)
                continue;                    //超界时跳过
            if (str[e1.x][e1.y]=='k')
                continue;                    //为金刚时跳过
            if (str[e1.x][e1.y]=='a')
                return true;                 //遇到 A 返回 true
            if (str[e1.x][e1.y]=='r')        //遇到道路
                e1.bite=e.bite;
            else if(str[e1.x][e1.y]=='d')    //遇到野狗
                e1.bite=e.bite+1;
            if(e1.bite>=2)
                continue;                    //被野狗咬两次时跳过
            if(visited[e1.x][e1.y][e1.bite]==1)
                continue;                    //已经走过时跳过
```

```
                visited[e1.x][e1.y][e1.bite]=1;
                pqu.push(e1);
            }
        }
        return false;                                    //没有找到 A 返回 false
    }
    int main( )
    {   freopen("exp6-1.txt","r",stdin);                 //从 exp6-1.txt 文件读数据
        int t;
        scanf("%d",&t);                                  //输入 t
        while (t--)
        {   bite=0;
            memset(visited,0,sizeof(visited));
            scanf("%d",&n);                              //输入 n
            for(int i=0;i<n;i++)                         //输入一个测试用例
                scanf("%s",str[i]);
            for (int i=0;i<n;i++)
            {   for (int j=0;j<n;j++)
                {   if (str[i][j]=='a')                  //A 的位置(ax,ay)
                    {   ax=i;
                        ay=j;
                    }
                    if(str[i][j]=='p')                   //B 的位置(bx,by)
                    {   bx=i;
                        by=j;
                    }
                }
            }
            if(bfs())
                printf("Yes\n");
            else
                printf("No\n");
        }
        return 0;
    }
```

6.4.2　装载问题

编写一个实验程序 exp6-2 采用优先队列式分支限界法求解最优装载问题。给出以下装载问题的求解过程和结果：$n=5$，集装箱重量为 $w=(5,2,6,4,3)$，限重为 $W=10$。在装载重量相同时，最优装载方案是集装箱个数最少的方案。

解：设计优先队列 pqu，由于最优解是选择的集装箱重量和尽量重且集装箱个数尽量少，为此先将 w 递减排序，队列结点类型为 (i,cw,cnt,x,rw)，分别表示结点的层次，选择的集装箱重量和个数，解向量以及剩余集装箱重量，优先队列按 cw 越大越优先出队（cw 相同时按 cnt 越小越优先出队）。第 i 层结点 e 表示对集装箱 i 做决策，选择集装箱 i 时产生子结点 $e1$，不选择集装箱 i 时产生子结点 $e2$。左剪支是仅扩展 $e1.cw<=W$ 的结点 $e1$，右剪支是仅扩展 bestw==0 || (bestw!=0 && $e2.cw+e2.rw>$bestw 的结点 $e1$（若没有求出任何解，$e2$ 直接进队，若加上剩余重量都达不到 bestw，则不进队）。对应的实验程序如下：

```
# include < iostream >
# include < queue >
```

```
#include<algorithm>
using namespace std;
#define INF 0x3f3f3f3f
int n=5;
int W=10;
int w[]={5,2,6,4,3};                          //集装箱重量
int bestw=0;                                   //存放最大重量,全局变量
int bestcnt=INF;                              //存放最优解的集装箱个数,全局变量
vector<int> bestx;                            //存放最优解,全局变量
struct QNode                                  //优先队列结点类型
{   int i;                                     //当前结点的层次
    int cw;                                    //当前结点的总重量
    int rw;                                    //剩余重量和
    vector<int> x;                            //当前结点包含的解向量
    int cnt;
    bool operator <(const QNode& b) const
    {   if (cw==b.cw)                          //cw 相同时
            return cnt>b.cnt;                  //按 cnt 越小越优先
        return cw<b.cw;                        //按 cw 越大越优先
    }
};
void dispe(QNode&e)                           //输出一个结点
{   printf("{(%d,%d,%d) i=%d, x=[",e.cw,e.cnt,e.rw,e.i);
    bool first=true;
    for(int j=0;j<n;j++)
        if(e.x[j]==1)
        {   if(first)
            {   printf("%d",w[j]);
                first=false;
            }
            else printf(" %d",w[j]);
        }
    printf("]}");
}
int sum=0;
void Enqueue(QNode& e,priority_queue<QNode> & pqu)    //进队操作
{   if (e.i==n)                               //e 是一个叶子结点
    {   printf("->叶子结点");
        if ((e.cw>bestw) || (e.cw==bestw && e.cnt<bestcnt))
        {   bestw=e.cw;                        //比较找最优解
            bestcnt=e.cnt;
            bestx=e.x;
            printf("->一个解-> bestw=%d,cnt=%d\n",bestw,bestcnt);
        }
        else printf("\n");
    }
    else
    {   pqu.push(e);
        printf("->进队\n");
    }
}
void bfs()                                     //求装载问题的最优解
{   QNode e,e1,e2;
    priority_queue<QNode> pqu;                 //定义一个优先队列 pqu
    e.i=0;                                     //根结点置初值,其层次计为 0
    e.cw=0;   e.rw=0;
    for(int j=0;j<n;j++)   e.rw+=w[j];
```

```
        e.cnt=0;
        e.x.resize(n);
        pqu.push(e);                                    //根结点进队
        while (!pqu.empty())                            //队不空时循环
        {   e=pqu.top(); pqu.pop();                     //出队结点 e
            printf("（%d)出队",++sum); dispe(e);
            e1.i=e.i+1;                                 //建立左孩子结点
            e1.cw=e.cw+w[e.i];
            e1.rw=e.rw-w[e.i];
            e1.x=e.x;
            e1.x[e.i]=1;
            e1.cnt=e.cnt+1;
            printf(" 左结点:"); dispe(e1);
            if(e1.cw<=W)
                Enqueue(e1,pqu);
            else
                printf("->剪支\n");
            e2.i=e.i+1;                                 //建立右孩子结点
            e2.cw=e.cw;
            e2.rw=e.rw-w[e.i];
            e2.x=e.x;
            e2.x[e.i]=0;
            e2.cnt=e.cnt;
            printf(" 右结点:"); dispe(e2);
            if(bestw==0 || (bestw!=0 && e2.cw+e2.rw > bestw))
                Enqueue(e2,pqu);
            clsc
                printf("->剪支\n");
        }
}
int main()
{   sort(w,w+n,greater<int>());
    printf("递减排序: w=[");
    for(int j=0;j<n-1;j++)
        printf("%d, ",w[j]);
    printf("%d]\n",w[n-1]);
    bfs();
    printf("求解结果:\n");
    for(int j=0;j<n;j++)                                //输出最优解
        if(bestx[j]==1)
            printf("选择重量为%d 的集装箱 ",w[j]);
    printf("装入总重量为%d\n",bestw);
    return 0;
}
```

上述程序的执行结果如图 6.2 所示。

6.4.3　最小机器重量设计问题Ⅰ

编写一个实验程序 exp6-3 求解最小机器重量设计问题Ⅰ,设某一机器由 n 个部件组成,部件编号为 $0\sim n-1$,每一种部件都可以从 m 个供应商处购得,供应商编号为 $0\sim m-1$。设 w_{ij} 是从供应商 j 处购得的部件 i 的重量,c_{ij} 是相应的价格。对于给定的机器部件重量和机器部件价格,计算总价格不超过 cost 的最小机器重量设计,可以在同一个供应商处购得多个部件。

图 6.2 exp6-2 实验程序的执行结果

测试数据存放在 exp6-3.txt 文本文件中,第一行输入 3 个整数 n、m、cost,接下来 n 行输入 w_{ij}(每行 m 个整数),最后 n 行输入 c_{ij}(每行 m 个整数),这里 $1 \leqslant n, m \leqslant 100$。程序输出的第一行包括 n 个整数,表示每个对应的供应商编号,第二行为对应的重量。

输入样例:

```
3 3 7
1 2 3
3 2 1
2 3 2
1 2 3
5 4 2
2 1 2
```

输出样例:

```
1 3 1
4
```

解:采用优先队列式分支限界法求解最小机器重量设计,优先队列按当前总重量越小越优先出队,总重量相同时按当前总价格越小越优先出队。用 bestw 存放满足条件的最小重量(初始值为∞),用 bestc 存放满足条件的最小价格(初始值为∞)。从部件 0 开始搜索,当到达一个叶子结点时比较求最优解。对应的实验程序 exp6-3.cpp(含输出完整的求解过程)如下:

```cpp
#include <iostream>
#include <vector>
#include <cstring>
#include <queue>
using namespace std;
#define INF 0x3f3f3f3f
```

```cpp
#define MAXN 102
#define MAXM 102
int n;                                          //部件数
int m;                                          //供应商数
int cost;                                       //限定价格
int w[MAXN][MAXM];                              //w[i][j]为部件i由供应商j提供时的重量
int c[MAXN][MAXM];                              //c[i][j]为部件i在供应商j处的价格
struct QNode                                    //优先队列结点类型
{   int i;                                      //当前结点的层次
    int cw;                                     //当前结点的总重量
    int cc;                                     //当前结点的总价格
    vector<int> x;                             //当前解向量
    bool operator <(const QNode& b) const
    {   if(cw==b.cw)                            //总重量相同时
            return cc>b.cc;                     //cc越小越优先出队
        return cw>b.cw;                         //cw越小越优先出队
    }
};
int bestw=INF;                                  //最优方案的总重量
int bestc=INF;                                  //最优方案的总价格
vector<int> bestx;                             //最优方案,bestx[i]表示部件i分配的供应商
void dispe(QNode&e)                             //输出一个结点
{   printf("{(%d,%d) i-%d, x-[",e.cw,e.cc,e.i);
    bool first=true;
    for(int j=0;j<n;j++)
    {   if(e.x[j]!=-1)
        {   if(first)
            {   printf("%d",j);
                first=false;
            }
            else printf(" %d",j);
        }
    }
    printf("]}");
}

void Enqueue(QNode& e,priority_queue<QNode> & pqu)   //进队操作
{   if(e.i==n)                                  //到达一个叶子结点
    {   printf("->叶子结点");
        if (e.cc < bestc && e.cw < bestw)       //比较找最优解
        {   bestw=e.cw;
            bestc=e.cc;
            bestx=e.x;
            printf("->一个解-> bestw=%d,bestc=%d\n", bestw,bestc);
        }
        else printf("\n");
    }
    else
```

```
    {   pqu.push(e);
            printf("—>进队\n");
        }
}
int sum=0;
void bfs()                                    //求最小机器重量设计的最优解
{   QNode e,e1;
    priority_queue<QNode> pqu;                //定义优先队列 pqu
    e.i=0;                                    //根结点层次计为0,叶子结点层次为n
    e.cw=0;
    e.cc=0;
    e.x.resize(n);
    for(int k=0;k<n;k++)                      //x 的初始值均设置为-1
        e.x[k]=-1;
    pqu.push(e);                              //根结点进队
    while (!pqu.empty())                      //队不空时循环
    {   e=pqu.top(); pqu.pop();              //出队结点 e
        printf(" (%d)出队",++sum); dispe(e); printf("\n");
        for (int j=0;j<m;j++)                 //试探所有供应商 j
        {   e1.i=e.i+1;                       //建立孩子结点 e1
            e1.cw=e.cw+w[e.i][j];
            e1.cc=e.cc+c[e.i][j];
            e1.x=e.x;
            e1.x[e.i]=j;                      //表示部件 e.i 选择供应商 j
            printf("      j=%d,子结点:",j); dispe(e1);
            if (e1.cc<=cost)                  //需要满足约束条件
            {   if(e1.cc<bestc && e1.cw<=bestw)  //剪支
                    Enqueue(e1,pqu);
                else
                    printf("—>剪支(限界)\n");
            }
            else printf("—>剪支(约束)\n");
        }
    }
}
int main()
{   freopen("exp6-3.txt","r",stdin);
    scanf("%d%d%d",&n,&m,&cost);             //输入部件数、供应商数和限定价格
    for(int i=0;i<n;i++)                     //输入各部件由不同供应商提供时的重量
        for(int j=0;j<m;j++)
            scanf("%d",&w[i][j]);
    for(int i=0;i<n;i++)                     //输入各部件在不同供应商处的价格
    {   for(int j=0;j<m;j++)
            scanf("%d",&c[i][j]);
    }
    printf("求解过程\n");
    bfs();
```

```
        printf("最优解\n");                        //输出最优解
        for(int i=0;i<n;i++)
            printf("   部件%d选择供应商%d",i,bestx[i]);
        printf("\n   最小重量=%d 最优价格=%d\n",bestw,bestc);
        return 0;
    }
```

上述程序针对题目中的样例求解,执行结果如图 6.3 所示。

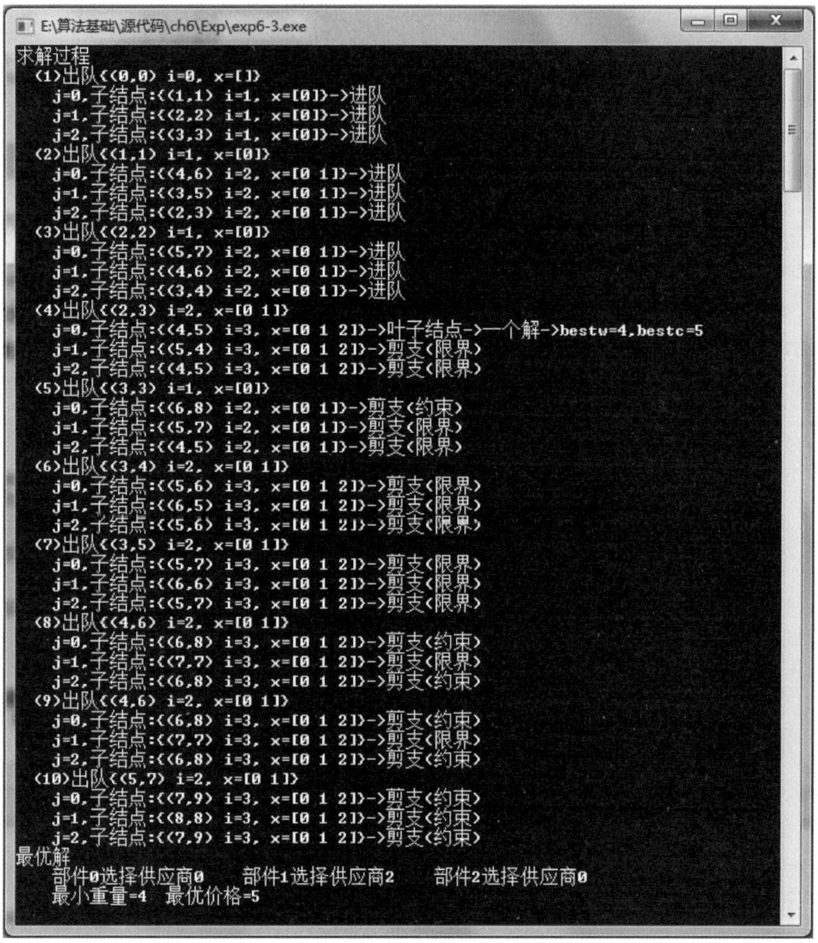

图 6.3　exp6-3 实验程序的执行结果

6.4.4　最小机器重量设计问题Ⅱ

编写一个实验程序 exp6-4 求解最小机器重量设计问题Ⅱ,问题描述与上一个实验题相似,仅改为从同一个供应商处最多只能购得一个部件。测试数据存放在 exp6-4.txt 文件中。

输入样例:

3 3 7
1 2 3
3 2 1

```
2 3 2
1 2 3
5 4 2
2 1 2
```

输出样例:

```
1 2 3
5
```

解: 解题思路与 6.4.3 节实验题类似,只是这里要求所有部件在不同供应商处购买,为此在 QNode 结点类型中增加一个判重的成员,这里采用 6.4.6 节中的 used 变量实现。对应的实验程序 exp6-4.cpp(含输出完整的求解过程)如下:

```cpp
#include <iostream>
#include <vector>
#include <cstring>
#include <queue>
using namespace std;
#define INF 0x3f3f3f3f
#define MAXN 102
#define MAXM 102
int n;                                       //部件数
int m;                                       //供应商数
int cost;                                    //限定价格
int w[MAXN][MAXM];
int c[MAXN][MAXM];
struct QNode                                 //优先队列结点类型
{   int i;                                   //当前结点的层次
    int cw;                                  //当前结点的总重量
    int cc;                                  //当前结点的总价格
    vector<int> x;                           //当前解向量
    int used;                                //路径判重
    bool operator <(const QNode& b) const
    {   if(cw==b.cw)                         //总重量相同时
            return cc>b.cc;                  //cc 越小越优先出队
        return cw>b.cw;                      //cw 越小越优先出队
    }
};
int bestw=INF;                               //最优方案的总重量
int bestc=INF;                               //最优方案的总价格
vector<int> bestx;                           //最优方案,bestx[i]表示部件 i 分配的供应商
void dispe(QNode& e)                         //输出一个结点
{   printf("{(%d,%d) i=%d, x=[",e.cw,e.cc,e.i);
    bool first=true;
    for(int j=0;j<n;j++)
    {   if(e.x[j]!=-1)
        {   if(first)
            {   printf("%d",j);
                first=false;
            }
            else printf(" %d",j);
        }
    }
    printf("]}");
}
void Enqueue(QNode& e, priority_queue<QNode> & pqu)   //进队操作
```

```cpp
{   if(e.i==n)                          //到达一个叶子结点
    {   printf("—>叶子结点");
        if (e.cc < bestc && e.cw < bestw)   //通过比较找出最优解
        {   bestw=e.cw;
            bestc=e.cc;
            bestx=e.x;
            printf("—>一个解—> bestw=%d,bestc=%d\n",bestw,bestc);
        }
        else printf("\n");
    }
    else
    {   pqu.push(e);
        printf("—>进队\n");
    }
}

bool inset(int used,int j)               //判断顶点 j 是否在 used 中(是否访问过)
{
    return (used&(1<<j))!=0;
}
void addj(int& used,int j)               //在 used 中添加顶点 j(表示顶点 j 已访问)
{
    used=used | (1<<j);
}
int sum=0;
void bfs()                               //求最小机器重量设计的最优解
{   QNode e,e1;
    priority_queue < QNode > pqu;        //定义优先队列 pqu
    e.i=0;                               //根结点层次计为 0,叶子结点层次为 n
    e.cw=0;
    e.cc=0;
    e.x.resize(n);
    for(int k=0;k<n;k++)                 //x 的初始值均设置为-1
        e.x[k]=-1;
    e.used=0;
    pqu.push(e);                         //根结点进队
    while (!pqu.empty())                 //队不空时循环
    {   e=pqu.top(); pqu.pop();          //出队结点 e
        printf(" (%d)出队",++sum); dispe(e); printf("\n");
        for (int j=0;j < m;j++)          //试探所有供应商 j
        {   if(inset(e.used,j))          //j 出现在路径中时跳过
                continue;
            e1.i=e.i+1;                  //建立孩子结点
            e1.cw=e.cw+w[e.i][j];
            e1.cc=e.cc+c[e.i][j];
            e1.x=e.x;
            e1.x[e.i]=j;                 //表示部件 e.i 选择供应商 j
            e1.used=e.used; addj(e1.used,j);
            printf("      j=%d,子结点:",j); dispe(e1);
            if (e1.cc <=cost)            //需要满足约束条件
            {   if(e1.cc < bestc && e1.cw <=bestw)   //剪支
                    Enqueue(e1,pqu);
                else
                    printf("—>剪支(限界)\n");
            }
            else printf("—>剪支(约束)\n");
        }
    }
}
```

```
}
int main()
{    freopen("exp6-4.txt","r",stdin);
     scanf("%d%d%d",&n,&m,&cost);      //输入部件数、供应商数和限定价格
     for(int i=0;i<n;i++)              //输入各部件由不同供应商提供时的重量
          for(int j=0;j<m;j++)
               scanf("%d",&w[i][j]);
     for(int i=0;i<n;i++)             //输入各部件在不同供应商处的价格
          for(int j=0;j<m;j++)
               scanf("%d",&c[i][j]);
     printf("求解过程\n");
     bfs();
     printf("最优解\n");              //输出最优解
     for(int i=0;i<n;i++)
          printf(" 部件%d选择供应商%d",i,bestx[i]);
     printf("\n    最小重量=%d 最优价格=%d\n",bestw,bestc);
     return 0;
}
```

上述程序针对题目中的样例求解,执行结果如图 6.4 所示。

图 6.4　exp6-4 实验程序的执行结果

6.4.5　货郎担问题

编写一个实验程序 exp6-5 采用优先队列式分支限界法求解货郎担问题,问题描述见《教程》5.3.2 节,对于图 6.5 所示的 4 城市的图,给出从顶点 2 出发并回到顶点 2 的最优路径,输出在求解中搜索到的所有路径。

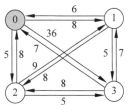

图 6.5　一个 4 城市的图

解:解题思路见《教程》6.4.6 节。对应的实验程序 exp6-5.cpp如下:

```
# include < iostream >
# include < vector >
```

```cpp
#include <queue>
#include <cstring>
#include <algorithm>
using namespace std;
#define INF 0x3f3f3f3f
#define MAXN 12
vector<vector<int>> A={{0,8,5,36},{6,0,8,5},{8,9,0,5},{7,7,8,0}};
int n=4;
vector<int> bestpath;                       //保存最短路径
int bestcost=INF;                           //保存最短路径长度
int sum=0;                                  //累计找到的路径条数
struct QNode                                //优先队列的结点类型
{   int i;                                  //解空间的层次
    int vno;                                //当前顶点
    int used;                               //路径判重
    int cost;                               //路径代价
    vector<int> path;
    bool operator <(const QNode& b) const
    {
        return cost < b.cost;               //按 cost 越小越优先出队
    }
};
bool inset(int used,int j)                   //判断顶点 j 是否在 used 中
{
    return (used&(1<<j))!=0;
}
void addj(int& used,int j)                   //在 used 中添加顶点 j
{
    used=used|(1<<j);
}
void disp(vector<int> path,int cost)         //输出一个解
{   printf("       第%d 条路径: ",++sum);
    for (int i=0;i<path.size();i++)
        printf("%2d",path[i]);
    printf(", 路径长度: %d\n",cost);
}
void bfs(int s)                              //分支限界法算法
{   QNode e,e1;
    priority_queue<QNode> qu;
    e.i=0;
    e.vno=s;                                 //起始顶点为 s
    e.cost=0;
    e.used=0;
    e.path.push_back(s);
    addj(e.used,s);                          //表示顶点 s 已经访问
    qu.push(e);
    while(!qu.empty())
    {   e=qu.top(); qu.pop();                //出队一个结点 e
        e1.i=e.i+1;                          //扩展下一层
        for(int j=0;j<n;j++)
        {   if(inset(e.used,j))              //顶点 j 已经出现在路径中时跳过
                continue;
            e1.vno=j;                        //e1.i 层选择顶点 j
            e1.used=e.used;
```

```
        addj(e1.used,j);                //顶点 j 已经访问
        e1.cost=e.cost+A[e.vno][e1.vno];  //累计路径长度
        e1.path=e.path;
        e1.path.push_back(e1.vno);
        if(e1.i==n-1)                   //e1 为叶子结点
        {   e1.path.push_back(s);        //在路径中加入起点 s
            e1.cost+=A[e1.vno][s];       //计入从 e.v 到起点 s 的路径长度
            disp(e1.path,e1.cost);       //输出一个解
            if (e.cost < bestcost)       //比较求最短路径
            {   bestcost=e1.cost;
                bestpath=e1.path;
            }
        }
        if(e1.i<n-1)                    //e1 为非叶子结点
        {   if(e1.cost+A[e1.vno][s]< bestcost)   //剪支
                qu.push(e1);             //e1 进队
        }
        }
    }
}
void TSP2(int s)                          //求解 TSP(起始点为 s)
{
    bfs(s);
}
int main( )
{   int s=2;
    printf("以%d 为起点的求解结果\n",s);
    TSP2(s);
    printf(" 最短路径:        ");
    for (int i=0;i< bestpath.size( );i++)
        printf("%2d",bestpath[i]);
    printf(", 路径长度: %d\n",bestcost);
    return 0;
}
```

上述程序的执行结果如图 6.6 所示。

图 6.6　exp6-5 实验程序的执行结果

在线编程题及其参考答案 ✳

6.5.1 LeetCode847——访问所有结点的最短路径

问题描述：给出 graph 为有 N 个结点（编号为 $0 \sim N-1, 1 \leqslant N \leqslant 12$）的无向连通图。graph. length $= N$，且只有结点 i 和 j 连通时，$j \neq i$ 在列表 graph[i]中恰好出现一次。要求返回能够访问所有结点的最短路径的长度。可以在任一结点开始和停止，也可以多次重新访问结点，并且可以重用边。例如 graph $=$[[1,2,3],[0],[0],[0]]，输出为 4，对应的一条可能路径为[1,0,2,0,3]。要求设计如下函数：

```cpp
class Solution {
public:
    int shortestPathLength(vector < vector < int >> & graph) { }
};
```

解：采用多起点分层次的广度优先搜索方法，从某个顶点出发搜索路径，若该路径上包含全部顶点，则对应的路径长度就是所求解。其中判断一条路径上是否存在重复顶点采用《教程》6.4.6 节的方法。对应的程序如下：

```cpp
#define MAXN 13                                    //最多顶点个数
struct QNode                                       //队列结点类型
{   int vno;                                       //顶点编号
    unsigned state;                                //对应的状态
};
class Solution {
public:
    int shortestPathLength(vector < vector < int >> & graph)
    {   int n = graph.size();                      //顶点个数
        unsigned endstate = (1 << n) - 1;          //目标状态
        int visited[MAXN][1 << MAXN];
        memset(visited, 0, sizeof(visited));
        QNode e, e1;
        queue < QNode > qu;
        for(int i = 0; i < n; i++)                 //所有顶点及其初始状态进队
        {   e.vno = i;
            e.state = (1 << i);
            qu.push(e);
            visited[i][e.state] = 1;
        }
        int bestd = 0;
        while(!qu.empty())                         //队列不空时循环
        {   int cnt = qu.size();                   //求队中元素个数
            for(int i = 0; i < cnt; i++)           //处理该层的所有元素
            {   e = qu.front(); qu.pop();          //出队(v, state)
                int v = e.vno;
```

```
                    unsigned state=e.state;
                    if (state==endstate)                    //找到目标状态
                        return bestd;
                    for(int j=0;j<graph[v].size();j++)      //顶点 v 所有相邻未访问顶点进队
                    {   int u=graph[v][j];
                        e1.vno=u;
                        e1.state=(state|(1<<u));
                        if(visited[u][e1.state]==1)          //已经访问则跳过
                            continue;
                        qu.push(e1);
                        visited[u][e1.state]=1;
                    }
                }
            bestd++;                                         //搜索一层,路径长度增加 1
        }
        return -1;                                           //没有找到目标状态返回-1
    }
};
```

上述程序提交时通过,执行时间为 8ms,内存消耗为 8.7MB。

6.5.2 LeetCode1376——通知所有员工所需的时间

问题描述:公司里有 n ($1 \leqslant n \leqslant 100000$) 名员工,每个员工的编号是唯一的,即 $0 \sim n-1$。公司唯一的总负责人的编号为 headID。在 manager 数组中,每个员工都有一个直属负责人,其中 manager[i] 是员工 i 的直属负责人,对于总负责人有 manager[headID]$=-1$,题目保证从属关系可以用树结构显示。现在公司总负责人想要向公司所有员工通告一条紧急消息,他将会首先通知他的直属下属,然后由这些下属通知他们的下属,直到所有的员工都得知这条紧急消息。员工 i 需要 informTime[i] 分钟来通知他的所有直属下属,也就是说在 informTime[i] 分钟后,他的所有直属下属都可以开始传播这一消息,如果员工 i 没有下属,则 informTime[i]$=0$。求通知所有员工这一紧急消息所需要的分钟数,题目保证所有员工都可以收到通知。例如,$n=4$,headID$=2$,manager$=[3,3,-1,2]$,informTime$=[0,0,162,914]$,结果为 1076。要求设计如下函数:

```
class Solution {
public:
    int numOfMinutes(int n,int headID,vector<int>& manager,vector<int>& informTime){ }
};
```

解:这是一个树结构,采用 unordered_map<int,vector<int>>哈希表 E 存放一个员工的所有下属员工(看成图的邻接表存储结构)。实际上题目就是求员工 headID 到所有叶子结点的最长路径长度,采用基本广度优先搜索方法,因此一层一层地搜索,对于每个员工结点比较求最大的 length,用 bestd 存放,最后返回 bestd 即可。对应的程序如下:

```
struct QNode                        //队列中的结点类型
{   int vno;                        //员工
    int length;                     //路径长度(路径上边的时间和)
};
class Solution {
```

```
public:
    int numOfMinutes(int n, int headID, vector < int > & manager, vector < int > & informTime)
    {   unordered_map < int, vector < int >> E;   //树(图的邻接表)
        for (int i=0;i<n;i++)                      //E[manager[i]]包含其所有下属员工
            E[manager[i]].push_back(i);
        QNode e,e1;
        queue < QNode > qu;
        e.vno=headID;
        e.length=informTime[headID];
        qu.push(e);
        int bestd=0;                   //存放最优解
        while (!qu.empty())
        {   e=qu.front(); qu.pop();
            int vno=e.vno;
            int length=e.length;
            bestd=max(bestd,length);
            for (int j=0;j<E[vno].size();j++)
            {   e1.vno=E[vno][j];
                e1.length=length+informTime[E[vno][j]];
                qu.push(e1);
            }
        }
        return bestd;
    }
};
```

上述程序提交时通过,执行时间为 428ms,内存消耗为 158.6MB。

6.5.3 HDU1242——救援问题

问题描述:A 被抓进了监狱,监狱被描述为一个有 $n \times m(n,m \leqslant 200)$ 个方格的网格,监狱里有围墙、道路和守卫。A 的朋友们想要救他(可能有多个朋友),只要有一个朋友找到 A(就是到达 A 所在的位置),那么 A 将被救了。在找 A 的过程中只能向上、向下、向左和向右移动,若遇到有守卫的方格必须杀死守卫才能进入该方格。假设每次向上、向下、向右、向左移动需要一个单位时间,而杀死一个守卫也需要一个单位时间。请帮助 A 的朋友们计算救援 A 的最短时间。

输入格式:第一行包含两个整数,分别代表 n 和 m。然后是 n 行,每行有 m 个字符,其中'♯'代表墙,'.'代表道路,'a'代表 A,'r'代表 A 的朋友,'x'代表守卫。处理到文件末尾。

输出格式:对于每个测试用例,输出一个表示所需最短时间的整数。如果这样的整数不存在,输出一行包含"Poor ANGEL has to stay in the prison all his life."的字符串。

输入样例:

```
7    8
♯  .  ♯  ♯  ♯  ♯  ♯  .
♯  .  a  ♯  .  .  r  .
♯  .  .  ♯  x  .  .  .
.  .  ♯  .  .  ♯  .  ♯
♯  .  .  .  ♯  ♯  .  .
.  ♯  .  .  .  .  .  .
.  .  .  .  .  .  .  .
```

输出样例:

13

解：采用多始点的广度优先搜索算法求解。由于 A 的朋友可能有多个,先将 A 的所有朋友的位置进队,从这些位置出发进行广度优先搜索,根据广度优先搜索的特性,第一次找到 B 时的路径就是最短路径。对应的程序如下：

```cpp
# include < iostream >
# include < cstring >
# include < queue >
using namespace std;
# define MAXN 202
int n,m;
char grid[MAXN][MAXN];                              //存放网格
int visited[MAXN][MAXN];                            //访问标记数组
int dx[]={0,0,1,-1};                               //水平方向的偏移量
int dy[]={1,-1,0,0};                               //垂直方向的偏移量
struct QNode                                        //队列中的结点类型
{   int x,y;
    int length;                                     //当前路径长度
};
queue < QNode > qu;
int bfs(QNode target)
{   QNode e,e1;
    while(!qu.empty())
    {   e=qu.front(); qu.pop();
        for(int di=0;di<4;di++)
        {   e1.x=e.x+dx[di];
            e1.y=e.y+dy[di];
            e1.length=e.length+1;
            if(e1.x==target.x && e1.y==target.y)    //找到目标
                return e1.length;                   //返回
            if(e1.x<0 || e1.x>=n || e1.y<0 || e1.y>=m)  //超界时跳过
                continue;
            if(visited[e1.x][e1.y]==1)              //已访问时跳过
                continue;
            if(grid[e1.x][e1.y]=='#')              //为墙时跳过
                continue;
            if(grid[e1.x][e1.y]=='x')              //为守卫的情况
            {   visited[e1.x][e1.y]=1;             //标记已访问
                e1.length=e.length+2;              //走一步+杀死守卫
                qu.push(e1);
            }
            else                                    //为道路的情况
            {   visited[e1.x][e1.y]=1;             //标记已访问
                e1.length=e.length+1;             //走一步
                qu.push(e1);
            }
        }
    }
    return -1;
}
int main()
{   QNode target,fri;                               //标记天使的位置
    while(cin >> n >> m)
    {   for(int i=0;i<n;i++)                        //输入矩阵
        {   for(int j=0;j<m;j++)
```

```
          {   cin >> grid[i][j];
              if(grid[i][j] == 'a')                                        //A 的位置
              {   target.x=i;
                  target.y=j;
              }
              else if(grid[i][j] == 'r')                                   //所有朋友进队
              {   fri.x=i;
                  fri.y=j;
                  fri.length=0;
                  qu.push(fri);
              }
          }
      }
      memset(visited,0,sizeof(visited));
      int bestlen=bfs(target);
      while(!qu.empty())                                                   //清空队列
          qu.pop();
      if(bestlen==-1)                                                      //如果 bestlen 为-1 说明没找到路径
          cout <<"Poor ANGEL has to stay in the prison all his life."<< endl;
      else
          cout << bestlen << endl;
  }
  return 0;
}
```

上述程序提交时通过,执行时间为 171ms,内存消耗为 2000KB。另外也可以采用优先队列式分支限界法求解,按当前路径长度 length 越小越优先出队。对应的程序如下:

```
#include <iostream>
#include <cstring>
#include <queue>
using namespace std;
#define MAXN 202
int n,m;
char grid[MAXN][MAXN];                                                     //存放网格
int visited[MAXN][MAXN];                                                   //访问标记数组
int dx[]={0,0,1,-1};                                                       //水平方向的偏移量
int dy[]={1,-1,0,0};                                                       //垂直方向的偏移量
struct QNode                                                               //优先队列中的结点类型
{   int x,y;
    int length;                                                            //当前路径长度
    bool operator <(const QNode& b) const
    {
        return length > b.length;                                          //按 length 越小越优先出队
    }
};
int bfs(QNode start)
{   QNode e,e1;
    priority_queue <QNode> qu;
    qu.push(start);
    while(!qu.empty())
    {   e=qu.top(); qu.pop();
        for(int di=0;di<4;di++)
        {   e1.x=e.x+dx[di];
            e1.y=e.y+dy[di];
            e1.length=e.length+1;
            if(e1.x<0 || e1.x>=n || e1.y<0 || e1.y>=m) //超界时跳过
```

```
            continue;
        if(grid[e1.x][e1.y]=='r')                    //找到一个朋友
            return e1.length;                        //返回
        if(visited[e1.x][e1.y]==1)                   //已访问时跳过
            continue;
        if(grid[e1.x][e1.y]=='#')                    //为墙时跳过
            continue;
        if(grid[e1.x][e1.y]=='x')                    //为守卫的情况
        {   visited[e1.x][e1.y]=1;                    //标记已访问
            e1.length=e.length+2;                    //走一步＋杀死守卫
            qu.push(e1);
        }
        else                                         //为道路的情况
        {   visited[e1.x][e1.y]=1;                    //标记已访问
            e1.length=e.length+1;                    //走一步
            qu.push(e1);
        }
        }
    }
    return -1;
}
int main()
{   QNode start;                                     //标记天使的位置
    while(cin >> n >> m)
    {   for(int i=0;i<n;i++)                          //输入矩阵
        {   for(int j=0;j<m;j++)
            {   cin >> grid[i][j];
                if(grid[i][j]=='a')                  //A 的位置
                {   start.x=i;
                    start.y=j;
                    start.length=0;
                }
            }
        }
        memset(visited,0,sizeof(visited));
        int bestlen=bfs(start);
        if(bestlen==-1)                              //bestlen 为-1 则没找到路径
            cout <<"Poor ANGEL has to stay in the prison all his life."<< endl;
        else
            cout << bestlen << endl;
    }
    return 0;
}
```

上述程序提交时通过,执行时间为 $156\mathrm{ms}$,内存消耗为 $2016\mathrm{KB}$。

6.5.4　HDU1548——奇怪的电梯

问题描述:有一个奇怪的电梯,可以随意停在任意一层,每一层都有一个数字 $k_i(0 \leqslant k_i \leqslant N)$。电梯只有两个按钮,即 UP 和 DOWN,当在第 i 层按 UP 按钮时将上 k_i 楼层,即到达第 $i+k_i$ 层,同样,如果按下 DOWN 按钮将下降 k_i 层,即将前往第 $i-k_i$ 层。电梯上不能高过 N,下不能低于 1。例如有 5 层楼,$k_1=3,k_2=3,k_3=1,k_4=2,k_5=5$,从 1 楼开始按 UP 按钮上到 4 楼,在 1 楼不能按 DOWN 按钮,因为没有负楼层。现在的问题是当有人在 A 层,想去 B 层,至少要按 UP 或 DOWN 按钮多少次?

输入格式：输入由几个测试用例组成，每个测试用例包含两行，第一行包含上面描述的 3 个整数 $N,A,B(1{\leqslant}N,A,B{\leqslant}200)$，第二行包含 N 个整数 $k_1,k_2,\cdots,k_n$。以单个 0 表示输入结束。

输出格式：对于每个测试用例，在一行中输出一个整数，表示在 A 层时想要去 B 层最少按下按钮的次数，如果不能到达 B 层，输出"-1"。

输入样例：

```
5 1 5
3 3 1 2 5
0
```

输出样例：

```
3
```

解：采用优先队列式分支限界法求解，队列结点类型为 (x,time)，其中 x 存放当前电梯的层次，time 为到达该层按按钮的次数，按 time 越小越优先出队。在出队结点 e 时根据相邻位置的各种情况扩展出结点 $e1$，如果能够继续走则将 $e1$ 进队，与《教程》6.4.2 节的例 6-2 类似，路径不必判重，第一次到达出口的步数就是答案。对应的程序如下：

```cpp
#include <iostream>
#include <cstring>
#include <queue>
using namespace std;
#define MAXN 510
int start,t,n;
int a[MAXN];
int visited[MAXN];                              //visited[i]表示第 i 层是否访问过
struct SNode                                    //优先队列结点类型
{   int x;                                      //当前层次
    int time;                                   //按按钮的次数
    friend bool operator <(SNode a,SNode b)
    {
        return a.time > b.time;                 //按 time 越小越优先出队
    }
};
int bfs()
{   priority_queue <SNode> pqu;                  //定义一个优先队列
    SNode e,e1;
    e.x=start;
    e.time=0;
    pqu.push(e);                                 //起始层次 A 进队
    visited[start]=1;
    while(!pqu.empty())
    {   e1=pqu.top(); pqu.pop();
        if(e1.x==t)                              //到达目标层
            return e1.time;
        if(e1.x+a[e1.x]<=n && visited[e1.x+a[e1.x]]==0)   //按 UP 按钮
        {   e.time=e1.time+1;
            e.x=e1.x+a[e1.x];
            pqu.push(e);
            visited[e1.x+a[e1.x]]=1;
        }
        if(e1.x-a[e1.x]>=1 && visited[e1.x-a[e1.x]]==0)    //按 DOWN 按钮
```

```
            {   e.time=e1.time+1;
                e.x=e1.x-a[e1.x];
                pqu.push(e);
                visited[e1.x-a[e1.x]]=1;
            }
        }
        return -1;
}
int main()
{   while(scanf("%d",&n) && n!=0)
    {   memset(visited,0,sizeof(visited));
        scanf("%d%d",&start,&t);
        for(int i=1;i<=n;i++)
            scanf("%d",&a[i]);
        int ans=bfs();
        printf("%d\n",ans);
    }
    return 0;
}
```

上述程序提交时通过,执行时间为 15ms,内存消耗为 1744KB。

6.5.5   HDU1869——六度分离

问题描述:1967 年社会学家米尔格兰姆提出这样的假说,任何两个素不相识的人中间最多隔着 6 个人,即只用 6 个人就可以将他们联系在一起,称为"六度分离"理论。但从来就没有得到过严谨的证明。现在请对 N 个人展开调查以验证该理论是否成立。

输入格式:输入包含多个测试用例,直到输入文件结束。每个测试用例的第一行包含两个整数 N 和 $M(0<N<100,0<M<200)$,分别表示人数(这些人分别编成 $0 \sim N-1$)和他们之间的关系个数,接下来有 M 行,每行两个整数 $A,B(0 \leqslant A,B<N)$,表示 A 和 B 互相认识。除了这 M 个关系,其他任意两人之间均不相识。

输出格式:对于每个测试用例,如果数据符合"六度分离"理论,就在一行里输出"Yes",否则输出"No"。

输入样例:

```
8 7
0 1
1 2
2 3
3 4
4 5
5 6
6 7
8 8
0 1
1 2
2 3
3 4
4 5
5 6
6 7
7 0
```

输出样例：

Yes
Yes

解：采用优先队列式分支限界法求解，与《教程》6.3.2节中求图的单源最短路径类似，这里将两个人的认识关系看成一条边，任意两个人需要认识的关系数就是最短路径长度。从任意人 i 求到每个人 j 的最短路径长度 dist[j]，只要出现 dist[j]＞7 就输出"No"，全部搜索完毕后输出"Yes"。对应的程序如下：

```cpp
# include < iostream >
# include < cstring >
# include < queue >
# include < vector >
using namespace std;
# define INF 0x3f3f3f3f
# define MAXN 110
struct SNode                                //优先队列的结点类型
{   int vno;                                //顶点编号
    int cnt;                                //关系个数
    SNode() {}
    SNode(int a,int b):vno(a),cnt(b) { }    //构造函数
    bool operator <(const SNode &a) const
    {
        return cnt > a.cnt;                 //按关系个数越少越优先出队
    }
};
int n,m;
int dist[MAXN];
vector < SNode > A[MAXN];                    //邻接表
void bfs(int s)
{   priority_queue < SNode > pqu;
    memset(dist,0x3f,sizeof(dist));
    dist[s]=0;
    pqu.push(SNode(s,dist[s]));
    while(!pqu.empty())
    {   SNode e=pqu.top(); pqu.pop();
        for(int j=0;j < A[e.vno].size();j++)    //查找 e.vno 的所有邻接点
        {   SNode e1=A[e.vno][j];
            if(dist[e1.vno]> dist[e.vno]+e1.cnt)    //边松弛
            {   dist[e1.vno]=dist[e.vno]+e1.cnt;
                pqu.push(SNode(e1.vno,dist[e1.vno]));
            }
        }
    }
}
int main()
{   int a,b;
    int flag;
    while(scanf("%d %d",&n,&m)!=EOF)
    {   flag=1;
        for(int i=0;i < n;i++) A[i].clear();    //清空邻接表
        for(int i=0;i < m;i++)
        {   scanf("%d %d",&a,&b);
            A[a].push_back(SNode(b,1));    //(x,y)则 x 和 y 的关系数为 1
            A[b].push_back(SNode(a,1));
```

```
            }
            for(int i=0;i < n;i++)
            {   bfs(i);
                for(int j=0;j < n;j++)
                {   if(dist[j]> 7)                 //找到一个违背者
                    {   flag=0;                    //flag 设置为 0
                        break;                     //退出内循环
                    }
                }
                if(flag==0) break;                 //flag 设置为 0 时退出外循环
            }
            if(flag)
                printf("Yes\n");
            else
                printf("No\n");
        }
        return 0;
}
```

上述程序提交时通过,执行时间为 0ms,内存消耗为 1744KB。

6.5.6　HDU2425——徒步旅行

问题描述:A 要去徒步旅行,已获得了一张 $R \times C$ 的地图,地图中的每个方格是树、沙子、路径和石头 4 种类型之一。所有不包含石头的方格都是可通过的,每当 A 进入一个类型为 X 的方格(其中 X 可以是树、沙子或路径)时,他将花费时间 $T(X)$,此外每次 A 只能向上、向下、向左或向右移动,前提是该方向的相邻方格存在。考虑到 A 目前的位置和目的地,请确定最适合的路径。

输入格式:输入包含多个测试用例。每个测试用例以两个整数 R、C($2 \leqslant R \leqslant 20, 2 \leqslant C \leqslant 20$)开始,分别表示地图的行数和列数,下一行包含 3 个整数 VP、VS 和 VT($1 \leqslant VP \leqslant 100, 1 \leqslant VS \leqslant 100, 1 \leqslant VT \leqslant 100$),表示走过 3 个类型的方格(路径、沙子或树)所需的时间。以下 R 行描述了该地图,每一行都包含 C 个字符,每个字符是'T'、'.'、'♯'、'@'中的一个,分别对应树、沙、路径和石头类型的方格。最后一行包含 4 个整数 SR、SC、TR、TC($0 \leqslant SR < R$, $0 \leqslant SC < C, 0 \leqslant TR < R, 0 \leqslant TC < C$),表示 A 当前的位置和目的地。保证当前的位置是可达的,也就是说不会是一个'@'的方格。每个测试用例的后面都有一个空行,输入以文件末尾结束。

输出格式:对于每个测试用例,在单独的一行上输出一个整数,表示完成行程所需的最短时间,如果 A 无法到达目的地,则输出 −1。

输入样例:

```
4 6
1 2 10
T . . . T T
T T T ♯ ♯ ♯
T T . @ ♯ T
. . ♯ ♯ ♯ @
0 1 3 0

4 6
1 2 2
```

```
T  .  .  .  T  T
T  T  T  #  #  #
T  T  .  @  #  T
.  .  #  #  #  @
0 1 3 0

2 2
5 1 3
T@
@.
0 0 1 1
```

输出样例：

Case 1: 14
Case 2: 8
Case 3: −1

解：采用优先队列式分支限界法求解，与《教程》中的例 6-2 类似，路径不必判重，第一次到达出口的步数就是答案。对应的程序如下：

```cpp
#include <iostream>
#include <cstring>
#include <queue>
using namespace std;
#define INF 0x3f3f3f3f
#define MAXN 25
int a[MAXN][MAXN];                          //地图
int r,c;
int sx,sy,ex,ey;
int dist[MAXN][MAXN];                        //从起始点到当前点的距离
int dx[]={0,0,1,-1};                         //水平方向的偏移量
int dy[]={1,-1,0,0};                         //垂直方向的偏移量
struct SNode                                 //优先队列的结点类型
{   int x,y;
    int step;                                //路径长度
    bool operator <(const SNode& b) const
    {
        return step > b.step;                //step 越小越优先出队
    }
};
int bfs()
{   SNode e,e1;
    priority_queue <SNode> que;
    e.x=sx;   e.y=sy;
    e.step=0;
    memset(dist,0x3f,sizeof(dist));          //将所有元素设置为 INF
    dist[sx][sy]=0;
    que.push(e);
    while(!que.empty())
    {   e=que.top(); que.pop();
        if(e.x==ex && e.y==ey)               //找到目标位置
            return dist[ex][ey];
        for(int di=0;di<4;di++)
        {   int nx=e.x+dx[di];
            int ny=e.y+dy[di];
```

```
        if(nx>=0 && nx<r && ny>=0 && ny<c && a[nx][ny]!=0)
        {   if(e.step+a[nx][ny]<dist[nx][ny])
            {   e1.x=nx; e1.y=ny;
                e1.step=e.step+a[nx][ny];
                dist[nx][ny]=e1.step;
                que.push(e1);
            }
        }
        }
    }
    return -1;
}
int main()
{   char ch;
    int VP,VS,VT;
    int t=0;                                //测试用例的个数
    while(scanf("%d%d",&r,&c)!=EOF)
    {   scanf("%d%d%d",&VP,&VS,&VT);        //输入 VP、VS 和 VT
        for(int i=0;i<r;i++)
        {   scanf("%c",&ch);
            for(int j=0;j<c;j++)            //输入一行的 c 个字符
            {   scanf("%c",&ch);
                if(ch=='T')
                    a[i][j]=VT;
                else if(ch=='.')
                    a[i][j]=VS;
                else if(ch=='#')
                    a[i][j]=VP;
                else
                    a[i][j]=0;
            }
        }
        scanf("%d%d%d%d",&sx,&sy,&ex,&ey);  //输入起始和目标位置
        if(sx==ex && sy==ey)
            printf("Case %d: 0\n",++t);
        else
            printf("Case %d: %d\n",++t,bfs());
    }
    return 0;
}
```

上述程序提交时通过,执行时间为 15ms,内存消耗为 1744KB。

6.5.7 HDU1072——变形迷宫

问题描述:迷宫有出口,A 应该在炸弹爆炸之前离开迷宫,炸弹的初始爆炸时间设置为
6 分钟,为了防止炸弹因震动而爆炸,A 必须缓慢移动,即从一个方块移动到最近的方块,也
就是说,如果 A 现在在(x,y)位置,他只能移动到$(x+1,y)$、$(x-1,y)$、$(x,y+1)$或者
$(x,y-1)$位置,并且花费一分钟。迷宫中的某些方块有炸弹重置设备,该设备可以将爆炸
时间重置为 6 分钟。给定迷宫的布局和 A 的起始位置,请告诉 A 是否可以走出迷宫,如果
可以,输出他找到迷宫出口所需的最短时间,否则输出-1。以下是一些规则:

① 假设迷宫是一个二维数组。

② 每一分钟 A 只能移动到一个相邻方块,不能走出边界,也不能在墙上行走。

③ 如果 A 在爆炸时间变为 0 时到达出口,他无法走出迷宫。

④ 如果 A 在爆炸时间变为 0 时到达有炸弹的方块,他将无法使用重置炸弹设备。

⑤ 炸弹重置设备可以使用任意多次,如果需要 A 可以多次到达迷宫中的任何方块。

⑥ 可以忽略重置炸弹设备的时间,也就是说,如果 A 到达一个有炸弹的方块,并且爆炸时间大于 0,则爆炸时间将被重置为 6。

输入格式:输入包含几个测试用例。输入的第一行是表示测试用例个数的整数 T。每个测试用例以两个整数 N 和 $M(1 \leqslant N, M \leqslant 8)$ 开始,表示迷宫的大小。然后是 N 行,每行包含 M 个整数。该数组表示迷宫的布局,有 5 个整数表示迷宫中不同类型的方块。

0:该方块是墙。

1:该方块是空位置。

2:A 的起始位置,从该位置逃离迷宫。

3:迷宫的出口,A 的目标位置。

4:该方块中包含炸弹重置设备。

输出格式:对于每个测试用例,如果 A 可以走出迷宫,则输出他需要的最短时间,否则输出 -1。

输入样例:

```
3
3 3
2 1 1
1 1 0
1 1 3
4 8
2 1 1 0 1 1 1 0
1 0 4 1 1 0 4 1
1 0 0 0 0 0 0 1
1 1 1 4 1 1 1 3
5 8
1 2 1 1 1 1 1 4
1 0 0 0 1 0 0 1
1 4 1 0 1 1 0 1
1 0 0 0 0 3 0 1
1 1 4 1 1 1 1 1
```

输出样例:

```
4
—1
13
```

解:采用优先队列式分支限界法求解,队列结点类型为 $(x, y, step, rtime)$,其中 (x, y) 存放当前位置,step 为到达该位置的步数,rtime 表示到达该位置时炸弹爆炸的剩余时间,按 step 越小越优先出队。在出队结点 e 时根据相邻位置的各种情况扩展出结点 $e1$,如果能够继续走则将 $e1$ 进队,与《教程》中的例 6-2 类似,路径不必判重,第一次到达出口的步数就是最短时间。对应的程序如下:

```cpp
#include<iostream>
#include<queue>
```

```
using namespace std;
# define MAXN 10
int dx[]={0,0,-1,1};                                //x方向的偏移量
int dy[]={1,-1,0,0};                                //y方向的偏移量
struct Box                                          //方块类型(优先队列结点类型)
{    int x,y;
     int step;                                      //路径长度
     int rtime;                                     //到达(x,y)炸弹的剩余爆炸时间
     bool operator <(const Box& b) const

     {
         return step > b.step;                      //按step越小越优先出队
     }
};
int N,M;
int mg[MAXN][MAXN];                                 //迷宫图
int bfs(Box& start,Box& target)
{    priority_queue < Box > pqu;                    //定义一个优先队列
     start.step=0;
     start.rtime=6;
     pqu.push(start);
     while(!pqu.empty())
     {    Box e=pqu.top(); pqu.pop();               //出队结点 e
          if(e.x==target.x && e.y==target.y)        //找到出口
              return e.step;                        //找到最短路径长度
          if(e.rtime==1)
              continue;                             //跳过剩余爆炸时间的位置
          for(int di=0;di<4;di++)
          {    Box e1;
               e1.x=e.x+dx[di];
               e1.y=e.y+dy[di];
               if(e1.x<0 || e1.x>=N || e1.y<0 || e1.y>=M)
                   continue;                        //跳过超界的位置
               if(mg[e1.x][e1.y]==0)
                   continue;                        //跳过墙的位置
               e1.rtime=e.rtime-1;
               e1.step=e.step+1;
               if(mg[e1.x][e1.y]==4)                //该位置有炸弹重置设备
               {    e1.rtime=6;
                    mg[e1.x][e1.y]=0;
               }
               pqu.push(e1);
          }
     }
     return -1;                                     //找不到返回-1
}
int main()
{    int i,j,ncases;
     int sx,sy,tx,ty,ok;
     Box start,target;
     scanf("%d",&ncases);
     while( ncases--)
     {    scanf("%d%d",&N,&M);                      //输入迷宫
          for(i=0;i<N;i++)
          {    for(j=0;j<M;j++)
               {    scanf("%d",&mg[i][j]);
                    if(mg[i][j]==2)                 //A的起始位置
                    {    start.x=i;
```

```
                        start.y＝j;
                    }
                    if(mg[i][j]==3)                          //迷宫出口
                    {   target.x＝i;
                        target.y＝j;
                    }
                }
            }
        printf("％d\n",bfs(start,target));
        }
    return 0;
}
```

上述程序提交时通过,执行时间为31ms,内存消耗为1760KB。

6.5.8　POJ2312——坦克游戏

问题描述:有这样一个游戏,给定一张仅由空地、河流、钢墙和砖墙组成的地图,玩家驾驶一辆坦克,注意坦克不能穿过河流或墙壁,但它可以通过射击摧毁砖墙,当玩家击中砖墙时,它会变成空地,但是如果玩家击中了钢墙,则不会损坏墙。玩家每步可以选择移动到相邻的(上、下、左、右4个方向)空位,或者在不移动的情况下向4个方向之一射击,射击的炮弹会朝那个方向前进,直到它离开地图或击中墙。求最少的步数。

输入格式:输入由几个测试用例组成。每个测试用例的第一行包含两个整数 M 和 N ($2\leqslant M,N\leqslant 300$),接下来 M 行,每一行都包含 N 个大写字母,每个字母是'Y'(玩家的位置)、'T'(目标位置)、'S'(钢墙)、'B'(砖墙)、'R'中的一个(河流)和'E'(空白)。'Y' 和 'T' 都只出现一次。以输入 $M=N=0$ 表示结束。

输出格式:对于每个测试用例,在单独的一行中输出玩家到达目标位置的最少步数,如果无法到达目标,则输出－1。

输入样例:

```
3 4
YBEB
EERE
SSTE
0 0
```

输出样例:

```
8
```

解:本题与迷宫问题类似,采用基本广度优先搜索方法求解,只是改为遇到砖墙时射击一次计一步,该位置变为空地,钢墙和河流均看成障碍物。对应的程序如下:

```
# include < iostream >
# include < cstring >
# include < queue >
using namespace std;
# define MAXN 310
int dx[]＝{0,0,1,−1};                        //水平方向的偏移量
int dy[]＝{1,−1,0,0};                         //垂直方向的偏移量
char str[MAXN][MAXN];
int m,n,sx,sy;
```

```
struct SNode                                    //队列中的结点类型
{   int x,y;                                    //位置
    int step;                                   //步数
};
int bfs()
{   bool visited[MAXN][MAXN];
    memset(visited,0,sizeof(visited));
    SNode e,e1;
    queue < SNode > qu;
    e.x=sx; e.y=sy; e.step=0;
    qu.push(e);
    visited[sx][sy]=1;
    while(!qu.empty())
    {   e=qu.front(); qu.pop();
        if(str[e.x][e.y]=='B')                  //为砖墙时射击一次计一步
        {   e.step++;
            str[e.x][e.y]='E';                  //改为空地
            qu.push(e);
        }
        else
        {   for(int di=0;di<4;di++)             //试探四周
            {   e1.x=e.x+dx[di];               //找一个相邻点
                e1.y=e.y+dy[di];
                if(e1.x<0 || e1.x>=m ||e1.y<0 || e1.y>=n)
                    continue;                   //超界时跳过
                if(visited[e1.x][e1.y])         //已经访问时跳过
                    continue;
                if(str[e1.x][e1.y]=='S' || str[e1.x][e1.y]=='R')
                    continue;                   //为钢墙'S'或者河流'R'时跳过
                e1.step=e.step+1;
                if(str[e1.x][e1.y]=='T')        //到达目的地
                    return e1.step;
                visited[e1.x][e1.y]=1;          //标记已经走过的点
                qu.push(e1);
            }
        }
    }
    return -1;
}
int main()
{   while(scanf("%d%d",&m,&n)==2)
    {   if(m==0 && n==0) break;
        for(int i=0;i<m;i++)
        {   scanf("%s",str[i]);
            for(int j=0;j<n;j++)
            {   if(str[i][j]=='Y')              //起始位置
                {   sx=i;
                    sy=j;
                }
            }
        }
        printf("%d\n",bfs());
    }
    return 0;
}
```

上述程序提交时通过,执行时间为364ms,内存消耗为16MB。

第 7 章 贪心法

1. 下面_____是贪心算法的基本要素。

    A. 重叠子问题   B. 构造最优解

    C. 贪心选择性质   D. 定义最优解

答: 用贪心法求解的问题必须满足最优子结构性质和贪心选择性质。答案为 C。

2. 能采用贪心算法求最优解的问题一般具有的重要性质是_____。

    A. 最优子结构性质与贪心选择性质   B. 重叠子问题性质与贪心选择性质

    C. 最优子结构性质与重叠子问题性质   D. 预排序与递归调用

答: 用贪心法求解的问题必须满足最优子结构性质和贪心选择性质。答案为 A。

3. 所谓贪心选择性质是指_____。

    A. 整体最优解可以通过部分局部最优选择得到

    B. 整体最优解可以通过一系列局部最优选择得到

    C. 整体最优解不能通过局部最优选择得到

    D. 以上都不对

答: 贪心选择性质是指整体最优解可以通过一系列局部最优选择(即贪心选择)来得到。答案为 B。

4. 所谓最优子结构性质是指_____。

    A. 最优解包含了部分子问题的最优解

    B. 问题的最优解不包含其子问题的最优解

C. 最优解包含了其子问题的最优解

D. 以上都不对

答：如果一个问题的最优解包含其子问题的最优解，则称此问题具有最优子结构性质。答案为 C。

5. 一般情况下，贪心法算法的时间复杂度为多项式级的，以下叙述中正确的是_____。

A. 任何回溯法算法都可以转换为贪心法算法求解

B. 任何分支限界法算法都可以转换为贪心法算法求解

C. 只有满足最优子结构性质与贪心选择性质的问题才能采用贪心法算法求解

D. 贪心法算法不能采用递归实现

答：用贪心法求解的问题必须满足最优子结构性质和贪心选择性质。答案为 C。

6. 以下_____不能使用贪心法解决。

A. 单源最短路径问题   B. n 皇后问题

C. 最小花费生成树问题   D. 背包问题

答：n 皇后问题的解不满足贪心选择性质。答案为 B。

7. 关于 0/1 背包问题，以下描述正确的是_____。

A. 可以使用贪心算法找到最优解

B. 能找到多项式时间的有效算法

C. 对于同一背包与相同物品，作为背包问题求出的总价值一定大于或等于作为 0/1 背包问题求出的总价值

D. 以上都不对

答：由于背包问题可以取物品的一部分，所以总价值一定大于或等于作为 0/1 背包问题求出的总价值。答案为 C。

8. 背包问题的贪心算法的时间复杂度为_____。

A. $O(n\times 2^n)$ B. $O(n\log_2 n)$

C. $O(2^n)$ D. $O(n)$

答：在背包问题的贪心算法中，时间主要花费在按单位重量价值递减的排序上，排序的时间复杂度为 $O(n\log_2 n)$。答案为 B。

9. 对 100 个不同字符进行编码构造的哈夫曼树中共有_____个结点。

A. 100   B. 200   C. 199   D. 198

答：n_0 个叶子结点的哈夫曼树的总结点个数 $n=2n_0-1$。答案为 C。

10. 采用贪心算法构造 n 个字符编码的哈夫曼树的时间复杂度为_____。

A. $O(n\times 2^n)$ B. $O(n\log_2 n)$ C. $O(2^n)$ D. $O(n)$

答：需要循环构造 $n-1$ 个非叶子结点,每次循环取两个权值最小的子树合并,采用小根堆的时间为 $O(\log_2 n)$,则总时间为 $O(n\log_2 n)$。答案为 B。

7.2 问答题及其参考答案 ✳

1. 简述贪心法求解问题应该满足的基本要素。

答：贪心算法应该满足的基本要素是最优子结构性质和贪心选择性质。最优子结构性质是问题的最优解包含其子问题的最优解。贪心选择性质是指整体最优解可以通过一系列局部最优选择得到。

2. 简述在求最优解时贪心法和回溯法的不同。

答：回溯法是在解空间中搜索所有路径(通过剪支终止一些路径的搜索),比较所有的可行解得到最优解。贪心法仅搜索一条路径,只要满足最优子结构性质和贪心选择性质,这条路径的解就是最优解。所以贪心法的时间性能好于回溯法。

3. 简述 Prim 算法中的贪心选择策略。

答：Prim 算法中每一步将所有顶点分为 U 和 $V-U$ 两个顶点集,贪心选择策略是在两个顶点集中选择权值最小的边。

4. 简述 Kruskal 算法中的贪心选择策略。

答：Kruskal 算法中将所有边按权值递增排序,贪心选择策略是每一步都考虑当前权值最小的边,如果加入生成树中不出现回路则加入,否则考虑下一条权值次小的边。

5. 简述 Dijkstra 算法中的贪心选择策略。

答：Dijkstra 算法的贪心选择策略是每次从 U 中选择最小距离的顶点 u($\text{dist}[u]$ 是 U 中所有顶点 dist 值的最小者),然后以 u 为中间点调整 U 中其他顶点的最短路径长度。

6. 举一个示例说明 Dijkstra 算法的最优子结构性质。

答：如图 7.1(a)所示的带权有向图,假设源点 $v=0$,在采用 Dijkstra 算法求 v 到图中其他顶点的最大路径时,第一步选择最小顶点 $u=1$,$S=\{0,1\}$,将 S 中的顶点 0 和 1 缩为一个顶点,对应的子问题如图 7.1(b)所示,子问题是求 v 到其他顶点集 $U=\{2,3,4\}$ 的最短路径,子问题的结果合并 v 到顶点 1 的最短路径(第一步的贪心选择)即为原问题的解。

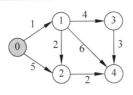
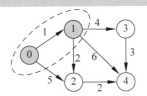

(a) 一个带权有向图　　　　　　　(b) 子问题

图 7.1　一个带权有向图和其子问题

7. 简述 Dijkstra 算法不适合含负权的原因。

答：例如如图 7.2 所示的含负权的有向图,源点 $v=0$,按照 Dijkstra 算法,第一步求出 v 到顶点 1 的最短路径长度为 1,将顶点 1 加入 S,以后不会调整其路径长度,实际上 v 到顶点 1 的最短路径长度为 -3。从中看出,Dijkstra 算法不适合含负权的原因是采用贪心法,一旦顶点 u 加入 S,其最短路径不再改变,不具有回溯的特点。

图 7.2　含负权的有向图

8. 简述带惩罚的调度问题中的贪心选择性质。

答：在带惩罚的调度问题中,贪心选择性质是选择当前惩罚值最大的作业优先加工,如果不满足截止时间的要求,再选择当前惩罚值次大的作业优先加工。

9. 在求解哈夫曼编码中如何体现贪心思路?

答：在构造哈夫曼树时每次都是将两棵根结点最小的树合并,从而体现贪心的思路。

10. 举一个反例说明 0/1 背包问题若使用背包问题的贪心法求解不一定能得到最优解。

答：例如,$n=3$,$w=\{3,2,2\}$,$v=\{7,4,4\}$,$W=4$ 时,由于单位重量价值 7/3 最大,若采用背包问题求解,只能取第一个物品,收益是 7。而此实例的最大收益应该是 8,取第 2、3 个物品。

11. 为什么 TSP 问题不能采用贪心算法求解?

答：通过一个示例说明,如图 7.3(a)所示的城市图,假设起始点 $v=0$,可以求出一条 TSP 回路是 0→3→1→2→0,最短路径长度为 9。如果采用贪心法,每次选择最小边,第一步选择(0,3)边,将顶点 0 和顶点 3 缩为一个顶点{0,3},如图 7.3(b)所示,这是对应的子问题,该子问题的 TSP 回路是{0,3}→1→2→{0,3},对应的路径长度是 14,将该子问题合并选择(0,3)边,结果路径长度为 15,不是原问题的最优解。从而看出 TSP 问题不满足贪心选择性质,所以不能采用贪心算法求解。

(a) 一个带权连通图　　　　(b) 子问题

图 7.3　带权图和选择(0,3)边后的子问题

12. 如果将 Dijkstra 算法中的所有求最小值改为求最大值,能否求出源点 v 到其他顶点的最长路径呢? 如果回答能,请予以证明;如果回答不能,请说明理由。

答：不能。例如如图 7.4 所示的带权图，源点为 0，按该方法求顶点 0 到顶点 2 的最长路径是 0→1→2，长度为 4，而实际上顶点 0 到顶点 2 的最长路径应该是 0→3→2，最长路径为 6，也就是说该方法不满足贪心选择性质，所以不能用于求最长路径。

图 7.4 一个带权图

7.3 算法设计题及其参考答案

1. 有 n 个会议，每个会议 i 有一个开始时间 b_i 和一个结束时间 $e_i (b_i < e_i)$，它是一个半开时间区间 $[b_i, e_i)$，但只有一个会议室。设计一个算法求可以安排的会议的最多个数。

解：与《教程》7.2.1 节的活动安排问题相同，即求最大活动兼容子集中的活动个数 ans。对应的算法如下：

```
struct Action                              //会议类型
{    int b;                                //会议的起始时间
     int e;                                //会议的结束时间
     bool operator <(const Action &s) const
     {
          return e<=s.e;                   //用于按会议结束时间递增排序
     }
};
int greedly(vector < Action > & a)         //求解算法
{    sort(a.begin(),a.end());
     int n=a.size();
     int ans=0;
     int preend=0;
     for (int i=0;i<n;i++)
     {    if (a[i].b>=preend)
          {    ans++;                       //选择 a[i]会议
               preend=a[i].e;
          }
     }
     return ans;
}
```

例如，$A = \{\{1,4\}, \{3,5\}, \{0,6\}, \{5,7\}, \{3,8\}, \{5,9\}, \{6,10\}, \{8,11\}, \{8,12\}, \{2,13\}, \{12,15\}\}$，求解结果为 4。

2. 有 n 个会议，每个会议需要一个会议室开会，每个会议 i 有一个开始时间 b_i 和一个结束时间 $e_i (b_i < e_i)$，它是一个半开时间区间 $[b_i, e_i)$。设计一个算法求安排所有会议至少需要多少个会议室。

解：采用贪心法求解，用 ans 表示最少会议室数目（初始为 0），先将全部会议按开始时间递增排序，用 i 遍历 a，若会议 i 尚未安排，置 ans++，在 $a[i..n-1]$ 中找出尚未安排并且

与会议 i 兼容的所有会议（为该兼容子集安排一个会议室）。最后返回 ans 即可，对应的算法如下：

```
struct Action                              //会议类型
{   int b;                                 //会议起始时间
    int e;                                 //会议结束时间
    bool operator <(const Action &s) const
        return b < s.b;                    //按会议开始时间递增排序
    }
};
int greedly(vector < Action > & a)         //求解算法
{   bool flag[MAXN];
    memset(flag,false,sizeof(flag));
    sort(a.begin(),a.end());
    int n=a.size();
    int ans=0;
    for(int i=0;i<n;i++)
    {   if(flag[i]==0)
        {   ans++;                         //会议室个数增加1
            printf("会议室%d: [%d,%d] ",ans,a[i].b,a[i].e);
            int preend=a[i].e;
            for(int j=i;j<n;j++)
            {   if(flag[j]==0 && a[j].b>=preend)
                {   printf("[%d,%d] ",a[j].b,a[j].e);
                    preend=a[j].e;
                    flag[j]=true;
                }
            }
            printf("\n");
        }
    }
    return ans;
}
```

例如，$A=\{\{1,4\},\{3,5\},\{0,6\},\{5,7\},\{3,8\},\{5,9\},\{6,10\},\{8,11\},\{8,12\},\{2,13\},\{12,15\}\}$，求解结果如下：

```
会议室 1：[0,6] [6,10] [12,15]
会议室 2：[1,4] [5,7] [8,11]
会议室 3：[2,13]
会议室 4：[3,5] [5,9]
会议室 5：[3,8] [8,12]
求解结果=5
```

3. 有一组会议 A 和一组会议室 B，$A[i]$ 表示第 i 个会议的参加人数，$B[j]$ 表示第 j 个会议室最多可以容纳的人数。当且仅当 $A[i]\leqslant B[j]$ 时，第 j 个会议室可以用于举办第 i 个会议。给定数组 A 和数组 B，试问最多可以同时举办多少个会议？例如，$A[]=\{1,2,3\}$，$B[]=\{3,2,4\}$，结果为 3；若 $A[]=\{3,4,3,1\}$，$B[]=\{1,2,2,6\}$，结果为 2。

解：采用贪心思路。每次都在还未安排的容量最大的会议室安排尽可能多的参会人数，即对于每个会议室，都安排当前还未安排的会议中参会人数最多的会议。若能容纳下，则选择该会议，否则找参会人数次多的会议来安排，直到找到能容纳下的会议。对应的算法如下：

```
int solve()                                //求解算法
```

```
{   sort(A,A+n);                              //递增排序
    sort(B,B+m);                              //递增排序
    int ans=0;
    int i=n-1,j=m-1;                          //从最多人数会议和最多容纳人数会议室开始
    for(i;i>=0;i--)
    {   if(A[i]<=B[j] && j>=0)
        {   ans++;                            //不满足条件,增加一个会议室
            j--;
        }
    }
    return ans;
}
```

4. 有两个向量 $x=(x_1,x_2,\cdots,x_n)$，$y=(y_1,y_2,\cdots,y_n)$，可以任意交换向量的各个分量。设计一个算法计算 x 和 y 的内积 $x_1 \times y_1 + x_2 \times y_2 + \cdots + x_n \times y_n$ 的最小值。

解：采用贪心思路,将 x 按分量递增排序,将 y 按分量递减排序,这样求出的内积是最小的。对应的算法如下:

```
void solve(int x[],int y[],int n)            //求最小内积问题
{   sort(x,x+n);                             //递增排序
    sort(y,y+n,greater<int>());              //递减排序
    for (int i=0;i<n;i++)
        bests+=x[i] * y[i];
}
```

5. 求解汽车加油问题。已知一辆汽车加满油后可行驶 d km,而旅途中有若干个加油站。设计一个算法求应在哪些加油站停靠加油使加油次数最少。用 a 数组存放各加油站之间的距离,例如 $a=\{2,7,3,6\}$,表示共有 $n=4$ 个加油站(加油站的编号是 $0 \sim n-1$),起点到 0 号加油站的距离为 2km,以此类推。

解：采用贪心思路。在汽车行驶过程中,应走到自己能走到并且最远的那个加油站加油,然后按照同样的方法处理。对应的算法如下:

```
int bestn=0;
void solve()                                 //求解汽车加油问题
{   int i,sum;
    for(i=0; i<n; i++)
    {   if(a[i]>d)                            //只要有一个距离大于d就没有解
        {   printf("没有解\n");
            return;
        }
    }
    for(i=0,sum=0; i<n; i++)
    {   sum += a[i];                          //累计行驶到i号加油站的距离
        if(sum>d)                             //不能到i号加油站,则在i-1号加油站加油
        {   printf("    在%d号加油站加油\n",i-1);
            bestn++;
            sum=a[i];                         //累计从i-1号加油站到i号加油站的距离
        }
    }
    printf("总加油次数:%d\n",bestn);
}
```

例如 $d=7,n=4,a=\{2,7,3,6\}$,求解结果是在 0、1 和 2 号加油站加油,总加油次数为 3。

6. 有 1 分、2 分、5 分、10 分、50 分和 100 分的硬币各若干枚,现在要用这些硬币来支付 W 分,设计一个算法求最少需要多少枚硬币。

解: 用结构体数组 a 存放硬币数据,$a[i].v$ 存放硬币 i 的面额,$a[i].c$ 存放硬币 i 的枚数。采用贪心思路,首先将数组 a 按面额递减排序,再兑换硬币,每次尽可能兑换面额大的硬币。对应的算法如下:

```
struct Coin                        //硬币类型
{   int v;                         //面额
    int c;                         //枚数
    bool operator <(const Coin &s)
    {                              //用于按面额递减排序
        return s.v < v;
    }
};
int solve()                        //兑换硬币算法
{   sort(a,a+n);                   //按面额递减排序
    int ans=0;                     //兑换的硬币枚数
    for (int i=0;i<n;i++)
    {   int t=min(W/a[i].v,a[i].c);   //使用硬币i的枚数
        if (t!=0)
            printf(" 支付%3d 面额: %3d 枚\n",a[i].v,t);
        W-=t*a[i].v;               //剩余的金额
        ans+=t;
        if (W==0) break;
    }
    return ans;
}
```

例如,Coin $a[] = \{\{1,12\},\{2,8\},\{5,6\},\{50,10\},\{10,8\},\{200,1\},\{100,4\}\}$,$n=7$,$W=325$ 的求解结果如下:

```
支付 325 分:
支付 200 面额:     1 枚
支付 100 面额:     1 枚
支付 10 面额:      2 枚
支付 5 面额:       1 枚
最少硬币的个数:    5 枚
```

7. 有 n 个人,第 i 个人体重为 $w_i(0 \leq i < n)$。每艘船的最大载重量均为 C,且最多只能乘两个人,设计一个算法求装载所有人需要的最少船数。

解: 采用贪心思路,首先按体重递增排序;再考虑前后的两个人(最轻者和最重者),分别用 i、j 指向,若 $w[i]+w[j] \leq C$,说明这两个人可以同乘(执行 i++,j--),否则 $w[j]$ 单乘(执行 j--),若最后只剩余一个人,该人只能单乘。对应的算法如下:

```
int Boat()                         //求解乘船问题
{   sort(w,w+n);                   //递增排序
    int bests=0;
    int i=0;
    int j=n-1;
    while (i<=j)
    {   if(i==j)                   //剩下最后一个人
        {   printf("船: %d\n",w[i]);
            bests++;
            break;
```

```
        }
        if (w[i]＋w[j]<＝C)                  //前后两个人同乘
        {   printf("船: %d %d\n",w[i],w[j]);
            bests++;
            i++;  j--;
        }
        else                                //w[j]单乘
        {   printf("船: %d\n",w[j]);
            bests++;
            j--;
        }
    }
    return bests;
}
```

例如,$n＝7$,$w＝\{50,65,58,72,78,53,82\}$,$C＝150$,求解结果如下:

船: 50 82
船: 53 78
船: 58 72
船: 65
最少的船数＝4

8. 给定一个带权有向图采用邻接矩阵 A 存放,利用 Dijkstra 算法求顶点 s 到 t 的最短路径长度。

解:利用 Dijkstra 算法以顶点 s 为源点开始搜索,当找到的最小顶点 u 为 t 时返回 $s \rightarrow t$ 的最短路径长度 dist$[u]$,否则继续搜索,如果算法执行完毕都没有找到顶点 t,返回 -1。对应的算法如下:

```
int Dijkstra(vector < vector < int >> & A, int s, int t)    //Dijkstra算法
{   int n＝A.size();
    vector < int > dist(n);
    vector < bool > S(n,false);
    for (int i＝0;i < n;i++)
        dist[i]＝A[s][i];                           //将距离初始化
    S[s]＝true;                                     //将源点 v 放入 S 中
    for (int i＝0;i < n−1;i++)                      //循环 n−1 次
    {   int u＝−1;
        int mindis＝INF;                            //使用 mindis 求最小路径长度
        for (int j＝0;j < n;j++)                    //选取 U 中具有最小距离的顶点 u
        {   if (S[j]==0 && dist[j]< mindis)
            {   u＝j;
                mindis＝dist[j];
            }
        }
        if(u==t) return dist[u];                    //到达顶点 t 时返回最短路径长度
        S[u]＝true;                                 //将顶点 u 加入 S 中
        for (int j＝0;j < n;j++)                    //修改 U 中顶点的距离
        {   if (!S[j] && A[u][j]!=0 && A[u][j]< INF)
                dist[j]＝min(dist[j],dist[u]＋A[u][j]);
        }
    }
    return −1;                                      //没有找到 s−> t 的路径,返回−1
}
```

7.4 上机实验题及其参考答案 ✳

7.4.1 畜栏保留问题

编写一个实验程序 exp7-1 求解畜栏保留问题。农场有 n 头奶牛,每头奶牛会有一个特定的时间区间 $[b,e]$ 在畜栏里挤牛奶,并且一个畜栏里在任何时刻只能有一头奶牛挤奶。现在农场主希望知道能够满足上述要求的最少畜栏个数,并给出每头奶牛被安排在哪个畜栏中(畜栏编号从 1 开始)。对于多种可行方案,输出一种即可。用相关数据进行测试。

解:牛的编号为 $0\sim n-1$,每头奶牛的挤奶时间相当于一个活动,与《教程》7.2.1节的活动安排问题不同,这里的活动时间是闭区间,例如 $[2,4]$ 与 $[4,7]$ 是交叉的,它们不是兼容活动。

采用与求解活动安排问题类似的贪心思路,将所有活动按开始时间递增排序,开始时间相同按结束时间递增排序。求出一个最大兼容活动子集,将它们安排在一个畜栏中(畜栏编号为 1),如果没有安排完,在剩余的活动中再求下一个最大兼容活动子集,将它们安排在另一个畜栏中(畜栏编号为 2),以此类推。也就是说,最大兼容活动子集的个数就是最少畜栏个数。

用数组 a 存放所有活动,nums 数组表示活动对应的畜栏编号。为了提高性能,设计一个优先队列 pqu,按结束时间越小越优先出队。例如有 5 个活动 $[1,10]$、$[2,4]$、$[3,6]$、$[5,8]$、$[4,7]$,排序后如表 7.1 所示,ans$=0$,将 $[1,10]$ 进队,为其分配畜栏 1,求解过程如下:

① $i=1$,取队顶 $e=[1,10]$,当前活动 $[2,4]$ 与 e 不兼容,为 $[2,4]$ 分配畜栏 2,将 $[2,4]$ 进队。

② $i=2$,取队顶 $e=[2,4]$,当前活动 $[3,6]$ 与 e 不兼容,为 $[3,6]$ 分配畜栏 3,将 $[3,6]$ 进队。

③ $i=3$,取队顶 $e=[2,4]$,当前活动 $[4,7]$ 与 e 兼容,为 $[4,7]$ 分配与 e 相同的畜栏 2,将 $[2,4]$ 出队。

④ $i=4$,取队顶 $e=[3,6]$,当前活动 $[5,8]$ 与 e 不兼容,为 $[5,8]$ 分配畜栏 4,将 $[5,8]$ 进队。

a 处理完毕,输出结果。

表 7.1 5 个活动排序后的结果

i	编号 id	开始时间 b	结束时间 e
0	0	1	10
1	1	2	4
2	2	3	6
3	4	4	7
4	3	5	8

对应的实验程序如下:

```cpp
#include <iostream>
#include <vector>
#include <algorithm>
#include <queue>
using namespace std;
struct Cow                                      //奶牛的类型
{   int id;                                     //奶牛的编号
    int b,e;                                    //开始时间和结束时间
    bool operator <(const Cow &a) const
    {
        return e > a.e;                         //按结束时间越小越优先出队
    }
};
bool cmp(const Cow& x,const Cow& y)             //用于排序
{   if(x.b==y.b)                                //开始时间相同按结束时间递增排序
        return x.e < y.e;
    return x.b < y.b;                           //开始时间不同按开始时间递增排序
}
void greedly(vector <Cow> & a)                  //贪心算法
{   int n=a.size();
    vector <int> nums(n,-1);
    priority_queue <Cow> pqu;
    sort(a.begin(),a.end(),cmp);
    int ans=0;
    pqu.push(a[0]);
    nums[a[0].id]=++ans;
    for(int i=1;i<n;i++)
    {   Cow e=pqu.top();                        //取队顶元素 e
        if(a[i].b>e.e)                          //兼容
        {   nums[a[i].id]=nums[e.id];           //a[i]与 e 共用畜栏
            pqu.pop();
        }
        else                                    //不兼容,畜栏个数增加 1
        {   ans++;
            nums[a[i].id]=ans;
        }
        pqu.push(a[i]);
    }
    printf("求解结果\n");
    printf("   畜栏总数=%d\n",ans);
    for(int i=0;i<n;i++)
        printf("   奶牛%d 在畜栏%d 中挤牛奶\n",a[i].id,nums[a[i].id]);
}
int main()
{   vector <Cow> a={{0,1,10},{1,2,4},{2,3,6},{3,5,8},{4,4,7}};
    greedly(a);
    return 0;
}
```

上述程序的执行结果如图 7.5 所示,其中 greedly 算法的时间复杂度为 $O(n\log_2 n)$。

7.4.2　删数问题

编写一个实验程序 exp7-2 求解删数问题。给定共有 n 位的正整数 d,去掉其中任意 $k \leqslant n$ 个数字后,剩下的数字按原次序排列组成一个新的正整数。对于给定的 n 位正整数 d

图 7.5　实验程序 exp7-1 的执行结果

和正整数 k，找出剩下数字组成的新数最小的删数方案。用相关数据进行测试。

解：采用贪心法求解。按高位到低位的方向搜索递减区间，若不存在递减区间，则删除尾数字，否则删除递减区间的首数字，这样形成一个新数串，然后回到串首，重复上述规则，删除下一个数字，直到删除 k 个数字为止。

例如，$d=5004321$，$k=3$，d 转换为数字串 $s=$ "5004321"，从 $s[0]$（最高位）开始找到递增区间 $[5]$，删除 5（第 1 次删除）；再找到递增区间 $[004]$，删除 4（第 2 次删除）；再找到递增区间 $[3]$，删除 3（第 3 次删除）；得到 $[0021]$，将其转换为整数后是 21。

对应的实验程序 exp7-2 如下：

```cpp
#include <iostream>
#include <algorithm>
using namespace std;
#define MAXN 20
long delk(long d,int k)                        //在整数 d 中删除 k 个数字的算法
{    string s=to_string(d);
     cout << "d 转换为字符串 s=" << s << endl;
     int n=s.size();
     if (k>=n)                                 //k≥n 时全部删除
         return 0;
     int i;
     while (k>0)                               //在 s 中删除 k 位
     {    for (i=0;i<n-1 && s[i]<=s[i+1];i++);  //找递增区间
          printf(" 删除 s[i]=%c\n",s[i]);
          s=s.erase(i,1);                      //删除 s[i]
          k--;
          n--;
     }
     return atol(s.c_str());                   //将 s 转换为整数并返回
}
int main()
{    long d=5004321;
     int k=3;
     printf("删除前:%ld\n",d);                  //输出 5004321
     printf("删除%d 个数字后:%ld\n",k,delk(d,k)); //输出:21
     return 0;
}
```

上述程序的执行结果如图 7.6 所示。

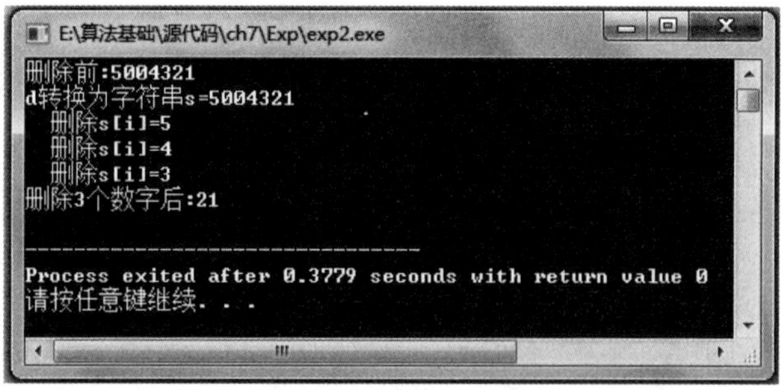

图 7.6　实验程序 exp7-2 的执行结果

7.4.3　求所有最小生成树

编写一个实验程序 exp7-3,给定一个带权连通图和起始点 v,输出该图的所有最小生成树(如果存在多棵最小生成树)。用相关数据进行测试。

解:《教程》第 7 章中的 Prim 算法是一个精致的算法,仅构造从源点 v 出发的一棵最小生成树。如果要求构造所有最小生成树,还是要回到 Prim 算法的基本过程。算法使用的路径变量如下:

① 一条边含两个顶点,用 vector < int > 向量 e 表示,$e[0]$ 表示边的起点编号,$e[1]$ 表示边的终点编号,为了方便判断重复,总是规定 $e[0] < e[1]$。

② 一棵最小生成树由若干条边构成,用 vector < vector < int >> 向量 mintree 表示。

③ 全部最小生成树用 vector < vector < vector < int >>> 向量 allmintree 表示。

对于带权连通图 $G=(V,E)$,用数组 U 划分两个顶点集合,$U[i]=1$ 表示,顶点 i 属于 U 集合,$U[i]=0$ 表示顶点 i 属于 $V-U$ 集合。在构造最小生成树时,Prim 算法指定源点为 v,首先设置 $U[v]=1$,用 Prim1(int U, rest, mintree) 递归算法构造所有最小生成树(结果存放在全局向量 allmintree 中),rest 表示最小生成树还有多少条边没有构造,当 rest=0 时表示构造好一棵最小生成树 mintree,将其添加到 allmintree 中,但可能存在重复的最小生成树,需要判重处理。

对应的实验程序 exp7-3 如下:

```
# include < iostream >
# include < vector >
using namespace std;
# define INF 0x3f3f3f3f
vector < vector < int >> A={{0,1,1,INF},{1,0,1,2},{1,1,0,2},{INF,2,2,0}};
int n=4;
vector < vector < vector < int >>> allmintree;          //存放所有最小生成树
void Dispmintree( )                                      //输出所有最小生成树
{   printf("共有%d 棵最小生成树\n",allmintree.size( ));
    for (int i=0;i<allmintree.size( );i++)
    {   printf(" 第%d 棵最小生成树: ",i+1);
        for (int j=0;j<allmintree[i].size( );j++)
            printf("(%d,%d) ",allmintree[i][j][0],allmintree[i][j][1]);
        printf("\n");
    }
}
bool Intree(vector < int > e,vector < vector < int >> tree)     //判断边 e 是否在 tree 中
```

```
{    for (int i=0;i<tree.size();i++)
         if (e[0]==tree[i][0] && e[1]==tree[i][1])
             return true;                          //e 在 tree 中
     return false;                                 //e 不在 tree 中
}
bool Sametree(vector<vector<int>> mintree,vector<vector<int>> tree)
//判断 mintree 和 tree 是否为同一棵生成树
{    for (int i=0;i<mintree.size();i++)
         if (!Intree(mintree[i],tree))
             return false;      //mintree 的一条边不在 tree 中,则两者不同
     return true;
}
void addmintree(vector<vector<int>> mintree)   //添加不重复的最小生成树
{    int flag=false;
     if (allmintree.size()==0)                 //将第一棵最小生成树直接插入
     {    allmintree.push_back(mintree);
          return;
     }
     for (int i=0;i<allmintree.size();i++)
     {    if (Sametree(mintree,allmintree[i]))
          {    flag=true;
               break;
          }
     }
     if (!flag)                                //仅插入不重复的最小生成树
         allmintree.push_back(mintree);
}
void Prim1(vector<int> U,int rest,vector<vector<int>> mintree)   //递归构造所有最小生成树
{    int minedge=INF;
     if (rest==0)                              //产生一棵最小生成树 mintree
     {    addmintree(mintree);                 //不重复插入 allmintree 中
          return;
     }
     for (int i=0;i<n;i++)   //求 U 和 V−U 集合之间的最小边长 minedge
     {    if (U[i]==1)
          {    for (int j=0;j<n;j++)
                   if (U[j]==0)
                   {    if (A[i][j]<INF && A[i][j]<minedge)
                        minedge=A[i][j];
                   }
          }
     }
     vector<int> edge;
     for (int i=0;i<n;i++)   //求 U 和 V−U 集合之间的最小边长的边
     {    if (U[i]==1)
          {    for (int j=0;j<n;j++)
                   if (!U[j])
                   {    if (A[i][j]==minedge)   //找所有最小边(i,j)
                        {    U[j]=1;
                             edge.clear();
                             if (i<j)
                             {    edge.push_back(i);          //构造边(i,j)
                                  edge.push_back(j);
                             }
                             else
                             {    edge.push_back(j);          //构造边(j,i)
                                  edge.push_back(i);
```

```
                              }
                    mintree. push_back(edge);
                    Prim1(U,rest-1,mintree);      //递归构造最小生成树
                    U[j]=0;                        //回溯
                    mintree.pop_back();
                }
            }
        }
    }
}
void Prim(int v)                                  //Prim 算法
{   vector < vector < int >> mintree;
    vector < int > U(n,0);
    U[v]=1;
    Prim1(U,n-1,mintree);
}
void dispA(vector < vector < int >> & A)          //输出图的邻接矩阵
{   for (int i=0;i < A. size();i++)
    {   for (int j=0;j < A. size();j++)
            if (A[i][j]==INF)
                printf("%4s","∞");
            else
                printf("%4d",A[i][j]);
        printf("\n");
    }
}
int main()
{   printf("图 G 的邻接矩阵:\n");
    dispA(A);                                     //输出邻接矩阵
    int v=3;                                      //设置源点为 3
    Prim(v);
    printf("Prim 算法结果(起始点为%d)\n",v);
    Dispmintree();                                //输出所有最小生成树
    return 1;
}
```

上述程序的执行结果如图 7.7 所示。

图 7.7 实验程序 exp7-3 的执行结果

7.4.4 改进 Dijkstra 算法

编写一个实验程序 exp7-4 改进 Dijkstra 算法,输出源点 v 到其他顶点的最短路径长度。用相关数据进行测试。

解:从两个方面考虑优化 Dijkstra 算法。

(1) 在 Dijkstra 算法中,当求出源点 v 到顶点 u 的最短路径长度后,仅调整顶点 u 出发的邻接点的最短路径长度,由于采用邻接矩阵存储图,Dijkstra 算法需要花费 $O(n)$ 的时间来调整顶点 u 出发的邻接点的最短路径长度,如果采用邻接表存储图性能会更好。

(2) 在求当前一个最短路径长度的顶点 u 时,Dijkstra 算法采用简单比较方法,可以改为采用优先队列(小根堆)求解提高性能。

对应的实验程序 exp7-4 如下:

```cpp
#include <iostream>
#include <queue>
#include <vector>
using namespace std;
#define INF 0x3f3f3f3f
#define MAXN 100
int n;                                  //顶点的个数
struct Edge
{   int vno;                            //顶点的编号
    int wt;                             //边权
    Edge(int v,int w):vno(v),wt(w) {}   //构造函数
};
vector<Edge> E[MAXN];                   //图的邻接表
struct QNode                            //队列中的结点类型
{   int vno;                            //顶点的编号
    int length;                         //路径长度
    bool operator <(const QNode &b) const
    {
        return length > b.length;       //按 length 越小越优先出队
    }
};
vector<int> Dijkstra(int v)             //改进 Dijkstra 算法
{   priority_queue<QNode> pqu;          //创建小根堆
    QNode e,e1;
    vector<bool> S(n,false);            //S[i]表示顶点 i 是否在 S 中
    vector<int> dist(n,INF);
    e.vno=v; e.length=0;                //源点 v 的结点进队
    pqu.push(e);
    dist[v]=0; S[v]=1;                  //源点 v 放入 S 中
    for (int i=0;i<n;i++)               //循环直到所有顶点的最短路径都求出
    {   e=pqu.top(); pqu.pop();         //出队 e
        int u=e.vno;                    //选取最小最短路径长度的顶点 u
        S[u]=1;                         //顶点 u 加入 S 中
        for (int j=0;j<E[u].size();j++)
        {   v=E[u][j].vno;              //相邻顶点为 v
            int w=E[u][j].wt;           //<u,v>的权为 w
            if (S[v]==0)                //考虑修改 U 中顶点 v 的最短路径长度
            {   if (dist[u]+w<dist[v])
                {   dist[v]=dist[u]+w;  //修改最短路径长度
                    e1.vno=v; e1.length=dist[v];
```

```
                    pqu.push(e1);              //修改最短路径长度的顶点进队
                }
            }
        }
    }
    return dist;
}
void addEdge(int i,int j,int w)                //图中添加一条边
{
    E[i].push_back(Edge(j,w));
}
int main()
{   n=7;
    addEdge(0,1,4); addEdge(0,2,6);            //添加 12 条边
    addEdge(0,3,6); addEdge(1,4,7);
    addEdge(1,2,1); addEdge(2,4,6);
    addEdge(2,5,4); addEdge(3,2,2);
    addEdge(3,5,5); addEdge(4,6,6);
    addEdge(5,4,1); addEdge(5,6,8);
    printf("图的邻接表:\n");
    for(int i=0;i<n;i++)
    {   printf("   顶点%d:",i);
        for(int j=0;j<E[i].size();j++)
            printf("   [%d,%d]:%d",i,E[i][j].vno,E[i][j].wt);
        printf("\n");
    }
    int v=0;
    vector<int> dist=Dijkstra(v);              //调用 Dijkstra 算法
    printf("v=%d 的求解结果\n",v);
    for (int i=0;i<n;i++)
    {   if (i!=v)
            printf("   到顶点%d 的最短路径长度: %d\n",i,dist[i]);
    }
    return 0;
}
```

上述程序的执行结果如图 7.8 所示。

图 7.8　实验程序 exp7-4 的执行结果

7.4.5　字符串的编码和解码

编写一个实验程序 exp7-5,给定一个英文句子,统计其中各个字符出现的次数,以其为频度构造对应的哈夫曼编码,将该英文句子进行编码得到 enstr,然后将 enstr 解码为 destr。用相关数据进行测试。

解:首先统计英文句子 str 中各个字符出现的次数,用 map < char, int > 容器 mp 存放。采用《教程》7.5.1 节的哈夫曼树和哈夫曼编码的原理构造哈夫曼树 ht,继而产生对应的哈夫曼编码 htcode。遍历 str,将字符 str[i] 用 htcode[str[i]] 替换得到编码 enstr。在对 enstr 解码时,扫描 enstr 的 0/1 字符串,从哈夫曼树的根结点开始匹配,当找到叶子结点时,用该叶子结点的字符替代匹配的 0/1 字符串,即可得到解码字符串 destr。对应的实验程序 exp7-5 如下:

```cpp
#include < iostream >
#include < queue >
#include < vector >
#include < string >
#include < map >
using namespace std;
#define MAX 101
int n;                                      //叶子结点个数
string str;                                 //英文句子字符串
struct HTreeNode                            //哈夫曼树结点类型
{   char data;                              //字符
    int weight;                             //权值
    int parent;                             //双亲的位置
    int lchild;                             //左孩子的位置
    int rchild;                             //右孩子的位置
};
HTreeNode ht[MAX];                          //哈夫曼树
map < char, string > htcode;                //哈夫曼编码
struct QNode                                //优先队列结点类型
{   int no;                                 //对应哈夫曼树中的位置
    char data;                              //字符
    int weight;                             //权值
    bool operator <(const QNode &s) const
    {                                       //用于创建小根堆
        return s.weight < weight;
    }
};
void Init()                                 //初始化哈夫曼树
{   int i;
    map < char, int > mp;
    for (i=0;i < str.length();i++)          //累计 str 中各个字符出现的次数
        mp[str[i]]++;
    n=mp.size();
    map < char, int >::iterator it;
    i=0;
    for (it=mp.begin();it!=mp.end();++it)   //设置叶子结点的 data 和 weight
    {   ht[i].data=it->first;
        ht[i].weight=it->second;
        i++;
    }
```

```cpp
        for (int j=0;j<2 * n-1;j++)                    //设置所有结点的指针域
            ht[j].lchild=ht[j].rchild=ht[j].parent=-1;
    }
    void CreateHTree()                                 //构造哈夫曼树
    {   QNode e,e1,e2;
        priority_queue<QNode> pqu;
        for (int i=0;i<n;i++)                          //将 n 个结点进队 qu
        {   e.no=i;
            e.data=ht[i].data;
            e.weight=ht[i].weight;
            pqu.push(e);
        }
        for (int j=n;j<2 * n-1;j++)                    //构造哈夫曼树的 n-1 个非叶子结点
        {   e1=pqu.top(); pqu.pop();                   //出队权值最小的结点 e1
            e2=pqu.top(); pqu.pop();                   //出队权值次小的结点 e2
            ht[j].weight=e1.weight+e2.weight;          //构造哈夫曼树的非叶子结点 j
            ht[j].lchild=e1.no;
            ht[j].rchild=e2.no;
            ht[e1.no].parent=j;                        //修改 e1.no 的双亲为结点 j
            ht[e2.no].parent=j;                        //修改 e2.no 的双亲为结点 j
            e.no=j;                                    //构造队列结点 e
            e.weight=e1.weight+e2.weight;
            pqu.push(e);
        }
    }
    void CreateHCode()                                 //构造哈夫曼编码
    {   string code;
        code.reserve(MAX);
        for (int i=0;i<n;i++)                          //构造叶子结点 i 的哈夫曼编码
        {   code="";
            int curno=i;
            int f=ht[curno].parent;
            while (f!=-1)
            {   if (ht[f].lchild==curno)               //curno 为双亲 f 的左孩子
                    code='0'+code;
                else                                   //curno 为双亲 f 的右孩子
                    code='1'+code;
                curno=f; f=ht[curno].parent;
            }
            htcode[ht[i].data]=code;
        }
    }
    void DispHCode()                                   //输出哈夫曼编码
    {   map<char,string>::iterator it;
        for (it=htcode.begin();it!=htcode.end();++it)
            cout << "\t" << it->first << ": " << it->second << endl;
    }
    void EnCode(string str,string &enstr)              //通过编码字符串 str 得到 enstr
    {   for (int i=0;i<str.length();i++)
            enstr = enstr+htcode[str[i]];
    }
    void DeCode(string enstr,string &destr)            //通过解码字符串 enstr 得到 destr
    {   int r=2 * n-2,p;                               //哈夫曼树的根结点为 ht[2 * n-2]结点
        int i=0;
        while (i<enstr.length())
        {   p=r;
            while (true)
```

```
        {   if (enstr[i] == '0')
                p = ht[p].lchild;
            else
                p = ht[p].rchild;
            if (ht[p].lchild == -1 && ht[p].rchild == -1)    //p 为叶子结点
                break;                              //找到对应的字符
            i++;
        }
        destr = destr + ht[p].data;                 //在解码字符串中添加 ht[p].data
        i++;
    }
}
int main()
{   str = "Long live the Chinese Communist Party";
    Init();
    CreateHTree();
    CreateHCode();
    cout << "哈夫曼编码:" << endl;
    DispHCode();
    string enstr = "";
    EnCode(str, enstr);
    cout << "编码结果:" << endl;
    cout << enstr << endl;
    string destr = "";
    DeCode(enstr, destr);
    cout << "解码结果:" << endl;
    cout << destr << endl;
    return 0;
}
```

上述程序的执行结果如图 7.9 所示。

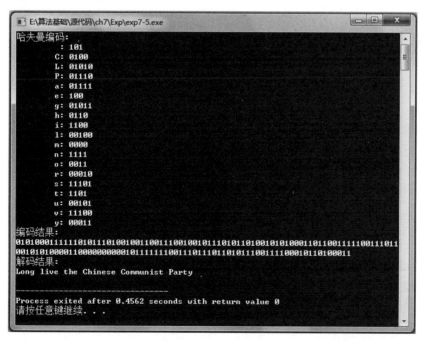

图 7.9　实验程序 exp7-5 的执行结果

7.5 在线编程题及其参考答案 ❋

7.5.1 LeetCode455——分发饼干

问题描述：有 $n(0 \leqslant n \leqslant 30000)$ 个孩子，孩子 i 的胃口值为 $g[i](1 \leqslant g[i] \leqslant 2^{31}-1)$，有 $m(0 \leqslant m \leqslant 30000)$ 块饼干，饼干 j 的尺寸为 $s[j](1 \leqslant s[j] \leqslant 2^{31}-1)$。将这些饼干分给孩子们，每个孩子最多只能分一块饼干。如果 $s[j] \geqslant g[i]$，在将饼干 j 分配给孩子 i 时这个孩子会得到满足。编程目标是让尽可能多的孩子得到满足，并求这个最大值。要求设计如下函数：

```
class Solution {
public:
    int findContentChildren(vector < int > & g, vector < int > & s) {    }
};
```

解：这里的最优解是最多得到满足的孩子个数，采用的贪心选择策略是优先给胃口值最小的孩子分配最少的、能够满足的饼干。为此将 g 和 s 递增排序，用 i 和 j 分别遍历 g 和 s，一旦满足 $g[i] \leqslant s[j]$ 则 i 增 1（得到满足的孩子个数增 1），每次 j 增 1，最后返回 i。对应的程序如下：

```
class Solution {
public:
    int findContentChildren(vector < int > & g, vector < int > & s)
    {   sort(g.begin(), g.end());
        sort(s.begin(), s.end());
        int n = g.size();
        int m = s.size();
        int i = 0, j = 0;
        while (i < n && j < m)
        {   if (g[i] <= s[j])
            i++;
            j++;
        }
        return i;
    }
};
```

上述程序提交时通过，执行时间为 28ms，内存消耗为 17.1MB。

7.5.2 LeetCode135——分发糖果

问题描述：老师想给孩子们分发糖果，有 n 个孩子站成了一条直线，老师会根据每个孩子的表现预先给他们评分。请帮助老师给这些孩子分发糖果，有两个要求，一是每个孩子要至少分配到一个糖果，二是评分更高的孩子必须比他两侧的邻位孩子获得更多的糖果。这样下来，老师至少需要准备多少颗糖果？要求设计如下函数：

```
class Solution {
public:
```

```
int candy(vector < int > & ratings) {   }
};
```

解：用 nums 数组存放每个孩子分发的糖果数，首先，给每个孩子分发一个糖果，将 nums 数组的所有元素初始化为 1，这样就满足了条件一。然后考虑条件二，先从左往右遍历一遍，如果右边孩子的评分比左边的高，则右边孩子的糖果数更新为左边孩子的糖果数加 1；再从右往左遍历一遍，如果左边孩子的评分比右边的高，且左边孩子当前的糖果数不大于右边孩子的糖果数，则左边孩子的糖果数更新为右边孩子的糖果数加 1；最后累加 nums 元素得到答案 ans。这里的贪心策略是在每次遍历中只考虑并更新相邻一侧的大小关系。

例如，ratings $=\{1,2,2\}$，首先 nums $=\{1,1,1\}$，从左往右遍历一遍更新 nums $=\{1,2,1\}$，再从右往左遍历一遍 nums 没有改变，ans $=4$。对应的程序如下：

```
class Solution {
public:
    int candy(vector < int > & ratings)
    {   int n = ratings.size();
        if (n < 2) return n;
        vector < int > nums(n, 1);
        for (int i = 1; i < n; i++)
        {   if (ratings[i] > ratings[i−1])
                nums[i] = nums[i−1] + 1;
        }
        for (int i = n−1; i > 0; i−−)
        {   if (ratings[i] < ratings[i−1])
                nums[i−1] = max(nums[i−1], nums[i] + 1);
        }
        int sum = 0;
        for(int i = 0; i < n; i++)
            sum += nums[i];
        return sum;
    }
};
```

上述程序提交时通过，执行时间为 20ms，内存消耗为 17.4MB。

7.5.3　LeetCode56——合并区间

问题描述：用数组 intervals 表示 n $(1 \leqslant n \leqslant 10000)$ 个区间的集合，其中单个区间为 intervals$[i]=[b,e]$ $(b<e, 0 \leqslant b,e \leqslant 10000)$。请合并所有重叠的区间，并返回一个不重叠的区间数组，该数组需恰好覆盖输入中的所有区间。要求设计如下函数：

```
class Solution {
public:
    vector < vector < int >> merge(vector < vector < int >> & intervals) {   }
};
```

解：用 ans 数组存放答案，将 A 数组（即 intervals）按区间的起始位置递增排序，用 $[b,e]$ 表示当前合并的区间，先置 $[b,e]=A[0]$，用 i 遍历其余区间，如果 $A[i][0] \leqslant e$，说明 $A[i]$ 可以合并，置 $e=\max(e,A[i][1])$，否则说明不能合并，将前面求出的最大合并区间 $[b,e]$ 添加到 ans 中，重置 $[b,e]=A[i]$ 后继续遍历。当 A 遍历完毕，将最后一个最大合并区间 $[b,e]$ 添加到 ans 中。这里的贪心策略是每次求最大合并区间 $[b,e]$。对应的程序如下：

```
struct Cmp
{   bool operator()(const vector < int > & s, const vector < int > &t) const
    {
        return s[0]<t[0];                    //按区间的起始位置递增排序
    }
};
class Solution {
public:
    vector < vector < int >> merge(vector < vector < int >> & intervals)
    {
        return greedly(intervals);
    }
    vector < vector < int >> greedly(vector < vector < int >> &A)
    {   sort(A.begin(),A.end(),Cmp());
        vector < vector < int >> ans;            //存放结果
        int b=A[0][0];                          //取首区间[b,e]
        int e=A[0][1];
        int n=A.size();
        for (int i=1;i<n;i++)                   //遍历 A 中的其余区间
        {   if (A[i][0]<=e)                     //重叠,可以合并
                e=max(e,A[i][1]);              //修改结束位置
            else                                //不重叠
            {   ans.push_back({b,e});          //将前面求出的合并区间[b,e]添加到 ans
                b=A[i][0];                      //重新开始
                e=A[i][1];
            }
        }
        ans.push_back({b,e});                  //将最后一个合并区间[b,e]添加到 ans
        return ans;
    }
};
```

上述程序提交时通过,执行时间为 16ms,内存消耗为 13.7MB。

7.5.4　HDU2037——看电视节目

问题描述：假设你已经知道了所有喜欢看的电视节目的转播时间表,你会合理安排以便看尽量多的完整节目吗？

输入格式：输入数据包含多个测试实例,每个测试实例的第一行只有一个整数 $n(n \leqslant 100)$,表示喜欢看的节目的总数。然后是 n 行数据,每行包括两个数据 Ti_s 和 Ti_e $(1 \leqslant i \leqslant n)$,分别表示第 i 个节目的开始和结束时间,为了简化问题,每个时间都用一个正整数表示。$n=0$ 表示输入结束,不做处理。

输出格式：对于每个测试实例,输出能完整看到的电视节目的个数,每个测试实例的输出占一行。

输入样例：

12
1 3
3 4
0 7
3 8

```
15 19
15 20
10 15
8 18
6 12
5 10
4 14
2 9
0
```

输出样例：

5

解：本题与《教程》7.2.1 节的活动安排问题的求解思路完全相同,仅需要求选择的最多兼容个数。对应的程序如下：

```cpp
#include<iostream>
#include<vector>
#include<algorithm>
using namespace std;
struct Action                       //节目的类型
{   int b;                          //节目的起始时间
    int e;                          //节目的结束时间
    Action(int b,int e):b(b),e(e) {}
    bool operator <(const Action &s) const
    {
        return e<=s.e;              //用于按节目结束时间递增排序
    }
};
int greedly(vector<Action> & A)
{   int n=A.size();
    sort(A.begin(),A.end());        //A 按节目结束时间递增排序
    int preend=0;                   //前一个兼容节目的结束时间
    int ans=0;
    for (int i=0;i<n;i++)
    {   if (A[i].b>=preend)
        {   ans++;                  //选择 A[i]节目
            preend=A[i].e;
        }
    }
    return ans;
}
int main()
{   int n,b,e;
    while(scanf("%d",&n) && n)
    {   vector<Action> A;
        for(int i=0;i<n;i++)
        {   scanf("%d%d",&b,&e);
            A.push_back(Action(b,e));
        }
        printf("%d\n",greedly(A));
    }
    return 0;
}
```

上述程序提交时通过,执行时间为 0ms,内存消耗为 1748KB。

7.5.5 HDU1009——老鼠的交易

问题描述：老鼠有 M 磅的猫粮，准备与守卫仓库的猫做交易，仓库里面装有鼠粮。仓库有 N 个房间，第 i 个房间包含 $J[i]$ 磅的鼠粮，需要用 $F[i]$ 磅的猫粮与之交换。老鼠不必得到所有的鼠粮，相反，如果它支付 $F[i] \times a\%$ 磅的猫粮，可能会得到 $J[i] \times a\%$ 磅的鼠粮，这里 a 是一个实数。请求出老鼠可以获得的最大鼠粮数量。

输入格式：输入包含多个测试用例。每个测试用例的第一行是两个非负整数 M 和 N，然后是 N 行，每行分别包含两个非负整数 $J[i]$ 和 $F[i]$。最后一个测试用例后跟两个 -1。所有整数不大于 1000。

输出格式：对于每个测试用例，在一行中输出一个精确到小数点后 3 位的实数，这是老鼠可以获得的最大鼠粮数量。

输入样例：

```
5 3
7 2
4 3
5 2
20 3
25 18
24 15
15 10
-1 -1
```

输出样例：

```
13.333
31.500
```

解：该问题与背包问题几乎相同，可以将 n 个房间看成 n 个物品，房间中的鼠粮 j 看成物品的价值，房间中的猫粮 f 看成物品的重量，背包容量为 m。采用背包问题的贪心法求解，先将所有房间按 j/f 递减排序，再一一选取，最后一个房间可能只交换部分鼠粮。对应的程序如下：

```cpp
# include < stdio. h >
# include < algorithm >
using namespace std;
# define MAXN 1010
struct Room                         //仓库中房间的类型
{   int j,f;
    double percent;                 //j/f
    bool operator <(const Room& b) const
    {
        return percent > b. percent;    //用于按 percent 递减排序
    }
};
Room A[MAXN];
double greedly(int m,int n)         //贪心算法
{   sort(A,A+n);
    double ans=0;
    int rm=m;                       //rm 表示老鼠剩余的猫粮
    for(int i=0;i < n;i++)
```

```
    {   if(rm > A[i].f)
        {   ans+=A[i].j;
            rm-=A[i].f;
        }
        else
        {   ans+=A[i].percent * rm;
            break;
        }
    }
    return ans;
}
int main( )
{   int n,m;
    while(scanf("%d%d",&m,&n))
    {   if(m==-1 && n==-1) break;
        for(int i=0;i<n;i++)
        {   scanf("%d%d",&A[i].j,&A[i].f);
            A[i].percent=(double)A[i].j/A[i].f;
        }
        printf("%.3lf\n",greedly(m,n));
    }
    return 0;
}
```

上述程序提交时通过,执行时间为 31ms,内存消耗为 1744KB。

7.5.6   HDU3177——装备问题

问题描述:一只蝎子有 N 个装备,每个装备占用 A_i 个单位的空间,它挖一个洞来存放这些装备,这个洞有 V 个单位的体积。当蝎子将一个装备拖入洞中时发现需要更多的空间才能确保存放该装备,第 i 个装备在移动过程中需要 B_i 个单位的空间,更准确地说,除非剩余空间为 B_i 个单位,否则无法将该装备移入洞中,当第 i 个装备移入洞后,洞的体积将减少 A_i。请问 A 是否可以将所有的装备都搬进洞中?

输入格式:第一行包含一个整数 $t(0<t\leqslant10)$,表示测试用例的数量。然后是 t 个测试用例,每个测试用例包含 $N+1$ 行,第一行包含两个整数 V 和 $N(1<V<10000,0<N<1000)$,分别是洞的体积和装备数量,接下来的 N 行每行包括两个整数 A_i 和 $B_i(0<A_i<V,A_i\leqslant B_i<1000)$。

输出格式:对于每个测试用例,如果 A 可以将所有装备移动到洞中,则输出"Yes",否则输出"No"。

输入样例:

2
20 3
10 20
3 10
1 7
10 2
1 10
2 11

输出样例:

Yes
No

解：每个装备有一个体积 A 和移动需要的空间 B，两者之间的差（即 $B-A$）称为移动差，这里的贪心策略是优先选择移动差最小的装备，这是最优移动方案。如果该方案不能将所有装备移动到洞中，则输出"Yes"，否则输出"No"。对应的程序如下：

```cpp
#include <iostream>
#include <algorithm>
#define MAXN 1010
using namespace std;
struct Equipment                                //装备的类型
{   int A;
    int B;
    int rv;                                     //B-A
    bool operator <(const Equipment& b) const
    {
        return rv > b.rv;                       //按 rv 递减排序
    }
};
Equipment a[MAXN];
int main()
{   int t, V, N;
    cin >> t;
    while(t--)
    {   cin >> V >> N;
        for(int i=0;i<N;i++)
        {   cin >> a[i].A >> a[i].B;
            a[i].rv=a[i].B-a[i].A;
        }
        sort(a,a+N);
        bool flag=true;
        for(int i=0;i<N;i++)
        {   if(V>=a[i].B)
                V-=a[i].A;                       //V 作为剩余空间
            else
            {   flag=false;                      //装备 i 不能移入时设置 flag 为 false
                break;
            }
        }
        if(flag)
            cout <<"Yes"<< endl;
        else
            cout <<"No"<< endl;
    }
    return 0;
}
```

上述程序提交时通过，执行时间为 15ms，内存消耗为 1800KB。

7.5.7　HDU2111——取宝贝

问题描述：A 有个容量为 v 的口袋，有 n 个宝贝，每个宝贝的价值不一样，每个宝贝单位体积的价格也不一样，宝贝可以分割，分割后的价值和对应的体积成正比。求 A 最多能取回多少价值的宝贝。

输入格式：输入包含多个测试用例，每个测试用例的第一行是两个整数 v 和 $n(v,n<100)$，分别表示口袋容量和宝贝个数，接着的 n 行每行包含两个整数 pi 和 mi($0<$pi,mi<10)，分别表示某个宝贝的单价和对应的体积，v 为 0 时结束输入。

输出格式：对于每个测试用例，在一行中输出 A 最多能取回多少价值的宝贝。

输入样例：

```
2 2
3 1
2 3
0
```

输出样例：

```
5
```

解：该问题与背包问题类似，每个宝贝对应一个物品，口袋容量相当于背包容量，只是这里直接给出了每个宝贝的单价 pi(相当于背包问题中的单位重量价值)，所以只需要按 pi 递减排序。贪心策略是优先选择 pi 大的宝贝，选择的宝贝价值＝该宝贝的单价×选择的体积，累计所选择宝贝的总价值 ans，最后输出 ans 即可。对应的程序如下：

```cpp
#include <iostream>
#include <algorithm>
#define MAXN 110
using namespace std;
struct Goods                            //宝贝的类型
{   int pi;                             //单价
    int mi;                             //体积
    bool operator <(const Goods& b) const
    {
        return pi > b.pi;               //按 pi 递减排序
    }
};
Goods a[MAXN];
int main()
{   int v,n;
    while (scanf("%d",&v) && v!=0)
    {   scanf("%d",&n);                 //读入的宝贝个数 n
        for(int i=0;i<n;i++)
            cin >> a[i].pi >> a[i].mi;
        sort(a,a+n);
        int ans=0;
        int rv=v;                       //口袋剩余容量
        for(int i=0;i<n;i++)
        {   if(a[i].mi<=rv)             //宝贝 i 可以全部取
            {   ans+=a[i].mi * a[i].pi; //累计价值
                rv-=a[i].mi;
            }
            else                        //宝贝 i 只能取一部分
            {   ans+=rv * a[i].pi;      //累计价值
                break;
            }
        }
        cout << ans << endl;
    }
    return 0;
}
```

上述程序提交时通过,执行时间为 31ms,内存消耗为 1812KB。

7.5.8　POJ2376——分配清洁班次

问题描述:农夫约翰正在分配他的 $N(1\leqslant N\leqslant 25000)$ 头奶牛在谷仓周围做一些清洁工作,他将一天分为 T 班次($1\leqslant T\leqslant 1000000$),从第一班开始,最后是第 T 班。

每头奶牛只能在一天的某个班次区间中做清洁工作,任何被选中的奶牛都将在其整个班次区间中工作。

请帮助约翰分配清洁班次,以满足以下两个条件:

① 每个班至少分配一头奶牛。

② 参与做清洁的奶牛尽可能少。

输入格式:输入包含几个测试用例,每个测试用例的第一行是两个由空格分隔的整数 N 和 T,第 $2\sim N+1$ 行每行包含奶牛可以工作的开始班次和结束班次,即 $[b,e]$。

输出格式:对于每个测试用例,在一行中输出需要参与的最少奶牛数量,如果无法为每个班次至少分配一头奶牛,则输出 -1。

输入样例:

```
3 10
1 7
3 6
6 10
```

输出样例:

```
2
```

解:简单地说,就是有一个大区间 $[1,T]$,有若干个小区间 $[b,e]$,所有这些小区间能否覆盖大区间。若能够覆盖,则求覆盖大区间的最少小区间的个数;若不能够覆盖,则输出 -1。

用数组 A 存放所有小区间。若开始班次相同,按结束班次递减排序;若开始班次不同,按结束班次递增排序。将其按开始班次(左边界)递增排序。用 ans 表示最小覆盖区间个数(初始为 0),用 curend 表示当前覆盖区域的右边界(实际上是当前覆盖区域首区间的右边界),若 $A[i]$ 与当前覆盖区域兼容(即 $A[i].b<=$ curend$+1$ && $A[i].e>=$ curend $+1$),则说明 $A[i]$ 不需要分配工作,置当前覆盖区域的最大右边界 maxend$=$max{(maxend, $A[i].e$)。若 $A[i]$ 与当前覆盖区域不兼容(即 $A[i].b>$ curend$+1$),如果 maxend$==-1$ 说明没有中间区间能衔接,则无解。最后返回 ans 的结果。对应的程序如下:

```cpp
# include < iostream >
# include < algorithm >
# include < cmath >
using namespace std;
# define MAXN 25010
struct Cow                                //奶牛的类型
{   int b,e;                              //奶牛的开始和结束班次
    bool operator < (const Cow &y) const
    {   if(b==y.b)                        //开始班次相同,按结束班次递减排序
            return e > y.b;
        return b < y.b;                   //按开始班次递增排序
    }
};
```

```
Cow A[MAXN];                              //存放所有奶牛的工作区间
int main()
{   int N,T;
    while(scanf("%d%d",&N,&T)!=EOF)
    {   for (int i=0;i<N;i++)
            scanf("%d%d",&A[i].b,&A[i].e);
        sort(A,A+N);                      //排序
        if(A[0].b>1)                      //不能安排第一班
        {   printf("-1\n");
            continue;
        }
        int ans=0;                        //存放最少小区间的个数
        int curend=0;                     //当前覆盖区域的右边界
        int maxend=-1;                    //当前覆盖区域的最大右边界
        for (int i=0;i<N;i++)
        {   if (A[i].b>curend+1)          //当前区间的左边界大于当前右边界
            {   if (maxend==-1) break;    //且没有中间区间能衔接,说明无解
                ans++;
                curend=maxend;            //将已覆盖区域的右边界设为最大右边界
                maxend=-1;                //重新置 maxend
            }
            if (A[i].b<=curend+1 && A[i].e>=curend+1)   //A[i]与当前覆盖区域兼容
            {   maxend=max(maxend,A[i].e);   //取最大右边界
                if (maxend>=T)               //已经覆盖完[1..T]区间,退出
                {   ans++;
                    break;
                }
            }
        }
        if (maxend>=T)
            printf("%d\n",ans);
        else
            printf("-1\n");
    }
    return 0;
}
```

上述程序提交时通过,执行时间为 $47\mathrm{ms}$,内存消耗为 $352\mathrm{KB}$ 。

7.5.9　POJ2726——假日酒店

问题描述:A 要去海边度假,需要选择一家酒店。他从网上得到了一份酒店列表,想选择一些价格便宜且靠近海边的候选酒店。候选酒店 M 满足以下两个要求:

① 任何比 M 更靠近海边的旅馆都会比 M 贵。

② 任何比 M 便宜的旅馆都会比 M 离海边更远。

输入格式:有几个测试用例,每个测试用例的第一行是一个整数 $N(1\leqslant N\leqslant 10000)$,即酒店的数量,以下 N 行中的每一行都描述了一个酒店,包含两个整数 D 和 $C(1\leqslant D,C\leqslant 10000)$, D 表示酒店到海边的距离, C 表示入住酒店的费用。可以假设没有两个酒店具有相同的 D 和 C 。以 $N=0$ 表示输入结束。

输出格式:对于每个测试用例,输出一行包含一个整数,即所有候选酒店的数量。

输入样例:

```
5
300 100
```

```
100 300
400 200
200 400
100 500
0
```

输出样例：

2

解：用 h 数组存放所有的酒店,距离相同按费用递减排序,距离不同按距离递增排序。如何遍历 h 求出所有候选酒店的数量 ans? 对应的程序如下：

```cpp
#include <iostream>
#include <algorithm>
using namespace std;
#define MAXN 10010
struct Hotel                          //酒店的类型
{    int D;                           //距离
     int C;                           //费用
     bool operator <(const Hotel& b)
     {    if(D==b.D)                   //距离相同按费用递减排序
              return C > b.C;
          return D < b.D;             //距离不同按距离递增排序
     }
};
Hotel h[MAXN];
int main()
{    int N;
     while(scanf("%d",&N) && N!=0)
     {    for(int i=0;i<N;i++)
              scanf("%d%d",&h[i].D,&h[i].C);
          sort(h,h+N);
          int minC=10001;             //当前最低酒店价格(初始为最高价格)
          int minD=-1;                //当前最低酒店距离(初始为-1)
          int ans=0;                  //所有候选酒店的数量
          for(int i=0;i<N;i++)
          {    if(h[i].C < minC)
               {    minC=h[i].C;
                    if(h[i].D!=minD)
                    {    ans++;
                         minD=h[i].D;
                    }
               }
          }
          printf("%d\n",ans);
     }
     return 0;
}
```

上述程序提交时通过,执行时间为 94ms,内存消耗为 236KB。

7.5.10　POJ1328——安装雷达

问题描述：假设海岸线是一条无限长的直线,一侧是陆地,另一侧是海洋,每个小岛都是位于海中的一个点,并且任何位于沿海的雷达只能覆盖 d 距离,如果一个小岛位于某个雷达的半径为 d 的范围内,则它会被覆盖。

    使用笛卡儿坐标系定义海岸线是 X 轴,海面在 X 轴上方,陆地面在下方。给定每个小岛的位置和雷达的覆盖距离,请编写一个程序找到覆盖所有小岛的最少雷达装置数量。注意,小岛的位置用其 x 和 y 坐标表示。

    输入格式:输入由几个测试用例组成,每个测试用例的第一行包含两个整数 $n(1 \leqslant n \leqslant 1000)$ 和 d,其中 n 是小岛的数量,d 是雷达的覆盖距离。接下来是 n 行,每行包含两个整数,代表每个小岛的位置坐标。然后跟随一个空行来分隔测试用例。输入由包含一对 0 的行终止。

    输出格式:对于每个测试用例,输出一行由测试用例编号和所需的最少雷达安装数量组成,若没有解决方案,输出 -1。

    输入样例:

```
3 2
1 2
-3 1
2 1

1 2
0 2

0 0
```

    输出样例:

```
Case 1: 2
Case 2: 1
```

    解:对于测试用例 1 的最少雷达装置数量为 2,如图 7.10 所示,小岛用小圆圈表示,雷达用小菱形表示。

    对于小岛 $P(x_1,y_1)$,以其位置为圆心画一个半径为 d 的圆,如果该范围内有雷达,则该小岛被覆盖,显然若 $y_1 > d$ 则不能被雷达覆盖。看看该圆与 X 轴(海岸线)相交的位置,该圆的方程是 $(x-x_1)^2+(y-y_1)^2=d^2$,当 $y=0$ 时,如图 7.11 所示,求出 $b=x_1-\sqrt{d^2+y_1^2}$,$e=x_1+\sqrt{d^2+y_1^2}$。将对每个小岛计算出的对应 $[b,e]$ 存放在 A 数组中,这样就转换为区间覆盖问题。简单地说,如果这样的区间能够合并为一个大区间,求出最小覆盖区间个数 ans,则可以通过 ans 个雷达覆盖所有小岛;如果不能合并为一个大区间,则输出 -1。

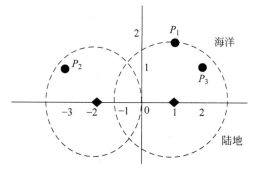

图 7.10   两个雷达的位置(1)

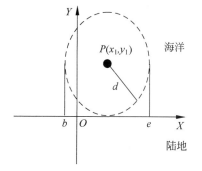

图 7.11   两个雷达的位置(2)

    对应的程序如下:

```cpp
#include <iostream>
#include <cstring>
#include <cmath>
#include <algorithm>
using namespace std;
#define MAXN 1005
struct Island                               //小岛(在 X 轴上位置)的类型
{   double b;
    double e;
    bool operator <(const Island& b) const
    {
        return e < b.e;                     //按 y 递增排序
    }
};
Island A[MAXN];                             //存放所有小岛
bool flag[MAXN];                            //小岛是否被覆盖
int main()
{   int n,cas=1;
    double x,y,d,dist;
    while(scanf("%d %lf", &n, &d) && n)
    {   bool cover=true;                    //能否覆盖
        for(int i=0;i<n;i++)
        {   scanf("%lf%lf", &x, &y);
            if(y>d)                         //海岸线上的雷达不可能覆盖该小岛
            {   cover=false;                //置 cover 为 false
                continue;
            }
            dist=sqrt(d*d-y*y);
            A[i].b=x-dist;
            A[i].e=x+dist;
        }
        if(!cover)                          //cover 为 false 时输出-1
        {   printf("Case %d: -1\n",cas++);
            continue;
        }
        sort(A,A+n);
        memset(flag,false,sizeof(flag));
        double preend;
        int ans=0;
        for(int i=0,j;i<n;i++)
        {   if(!flag[i])
            {   ans++;
                flag[i]=true;
                preend=A[i].e;
                for(j=i+1;j<n;j++)
                {   if(A[j].b<=preend)      //兼容
                        flag[j]=true;
                    else                    //不兼容
                        break;
                }
                i=j-1;
            }
        }
        printf("Case %d: %d\n",cas++,ans);
    }
    return 0;
}
```

上述程序提交时通过,执行时间为 32ms,内存消耗为 196KB。

第 8 章 动态规划

8.1 单项选择题及其参考答案

1. 下列算法中通常采用自底向上的方式求最优解的是_____。

    A. 备忘录法   B. 动态规划法

    C. 贪心法   D. 回溯法

  答：动态规划法采用自底向上的方式(非递归方式)求最优解。答案为 B。

2. 备忘录方法是_____的变形。

    A. 分治法   B. 回溯法

    C. 贪心法   D. 动态规划法

  答：备忘录方法是动态规划法的变形,采用递归方式求解,即用自顶向下的方式求最优解。答案为 D。

3. 以下是动态规划法基本要素的是_____。

    A. 定义最优解   B. 构造最优解

    C. 算出最优解   D. 子问题重叠性质

  答：动态规划法求解问题的性质应该满足最优子结构、无后效性和重叠子问题性质。答案为 D。

4. 一个问题可用动态规划法或贪心法求解的关键特征是问题的_____。

    A. 贪心选择性质   B. 重叠子问题

    C. 最优子结构性质   D. 定义最优解

  答：动态规划法求解问题的性质应该满足最优子结构、无后效性和重叠子问题性质,其中最优子结构和无后效性是关键特征。答案为 C。

5. 如果一个问题既可以采用动态规划法求解,也可以采用分治法求解,若_____,则应该选择动态规划法求解。

    A. 不存在重叠子问题　　　　　　　　B. 所有子问题是独立的

    C. 存在大量重叠子问题　　　　　　　D. 以上都不对

答：如果该问题存在大量重叠子问题则应该选择动态规划法求解,因为动态规划法可以避免重叠子问题的重复计算,提高了求解性能。答案为C。

6. 以下_____是贪心法与动态规划法的主要区别。

    A. 贪心选择性质　　　　　　　　　　B. 无后效性

    C. 最优子结构性质　　　　　　　　　D. 定义最优解

答：贪心法与动态规划法都必须满足最优子结构性质,但贪心法还必须满足贪心选择性质,而动态规划法不必满足贪心选择性质。答案为A。

7. 用动态规划法求 n 个整数的最大连续子序列和的时间复杂度是_____。

    A. $O(1)$　　　　　　　　　　　　　B. $O(n)$

    C. $O(n\log_2 n)$　　　　　　　　　　D. $O(n^2)$

答：在用动态规划法求 n 个整数的最大连续子序列和时,采用 dp[i] 存放以元素 a_i 结尾的最大连续子序列和,这样时间复杂度为 $O(n)$。答案为B。

8. 用动态规划法求 n 个整数的最长递增子序列长度的时间复杂度是_____。

    A. $O(1)$　　　　　　　　　　　　　B. $O(n)$

    C. $O(n\log_2 n)$　　　　　　　　　　D. $O(n^2)$

答：在用动态规划法求 n 个整数的最长递增子序列的长度时,采用 dp[i] 存放以 $a[i]$ 结尾的子序列 $a[0..i]$ 中的最长递增子序列的长度,需要通过 $dp[0..i-1]$ 求 $dp[i]$,所以时间复杂度为 $O(n^2)$。答案为D。

9. 给定一个高度为 n 的整数三角形,求从顶部到底部的最小路径和,时间复杂度为_____。

    A. $O(1)$　　　　　　　　　　　　　B. $O(n)$

    C. $O(n\log_2 n)$　　　　　　　　　　D. $O(n^2)$

答：在求整数三角形中从顶部到底部的最小路径和时,采用 $dp[i][j]$ 存放从顶部 $a[0][0]$ 到达 (i,j) 位置的最小路径和,通过两重循求 $dp[i][j]$,对应的时间复杂度为 $O(n^2)$。答案为D。

10. Flody 算法采用的是_____。

    A. 贪心法　　　　　　　　　　　　　B. 回溯法

    C. 动态规划法　　　　　　　　　　　D. 穷举法

答：Flody 算法属于典型的动态规划算法,依次考虑 $k=0\sim n-1$ 的顶点,对应阶段 0~阶段 $n-1$。答案为C。

8.2 问答题及其参考答案

1. 简述动态规划法的基本思路。

答: 动态规划法的基本思路是将待求解问题分解成若干个子问题,先求子问题的解并保存在动态规划数组中,然后通过查表获取子问题的解并且合并得到原问题的解。

2. 简述动态规划法与贪心法的异同。

答: 动态规划法的 3 个基本要素是最优子结构性质、无后效性和重叠子问题性质,而贪心法的两个基本要素是贪心选择性质和最优子结构性质,所以两者的共同点是都要求问题具有最优子结构性质。

两者的不同点如下。

① 求解方式不同:动态规划法是自底向上的,有些具有最优子结构性质的问题只能用动态规划法,有些可用贪心法,而贪心法是自顶向下的。

② 对子问题的依赖不同:动态规划法依赖于各子问题的解,所以应使各子问题最优才能保证整体最优;而贪心法依赖于过去所作过的选择,但决不依赖于将来的选择,也不依赖于子问题的解。

3. 动态规划法和分治法有什么区别和联系?

答: 动态规划法将求解大问题分成规模较小的子问题,但所得的各子问题之间有重复子问题,为了避免子问题的重复计算,用表存储子问题的解。采用自底向上的方式,根据子问题的最优值合并得到更大问题的最优值,进而可构造出所求问题的最优解。

分治法也是将待求解的大问题分成若干个规模较小的相同子问题,即该问题具有最优子结构性质,当规模缩小到一定的程度就可以容易地解决。所分解出的各子问题是相互独立的,即子问题之间不包含公共的子问题。利用该问题分解出的子问题的解可以合并为该问题的解。

4. 请说明动态规划法为什么需要最优子结构性质。

答: 最优子结构性质是指问题的最优解包含子问题的最优解。动态规划法是采用自底向上方式求问题的最优解,先计算各个子问题的解,再利用子问题的解构造大问题的解。如果子问题的解不是最优解,则构造出的大问题的解一定不是最优解,因此需要满足最优子结构性质。

5. 给定一个整数序列 a,将 a 中的所有元素递增排序,该问题满足最优子结构性质吗?为什么一般不采用动态规划法求解?

答: 序列 a 排序的最优解就是 a 中所有元素递增有序的结果,假设排序结果为 b,$b = \{b_0\}$ 合并 $\{a$ 中除 b_0 以外$\}$ 子问题的排序结果,满足最优子结构性质。因为其中没有重叠子问题,所以一般不采用动态规划法求解,适合采用分治法求解,例如快速排序和二路归并排序就是典型的分治法排序算法。

6. 为什么迷宫问题一般不采用动态规划法求解?

答：动态规划法的本质是将问题分解为若干子问题。针对迷宫问题,寻找从入口到出口路径的搜索方式是深度优先搜索,而采用深度优先搜索时当一个方块走不下去时就回退,这样不满足无后效性,所以不适合用动态规划法求解。

7. 给定 $a = \{-1,3,-2,4\}$,设计一维动态规划数组 dp,其中 dp[i] 表示以元素 $a[i]$ 结尾的最大连续子序列和,求 a 的最大连续子序列和,并且给出一个最大连续子序列和 dp 数组值。

答：求出 dp[0]$=-1$,dp[1]$=3$,dp[2]$=1$,dp[3]$=5$,a 的最大连续子序列和为 5,推导出的一个最大连续子序列为 3,-2,4。

8. 给定 $a = \{1,3,2,5\}$,设计一维动态规划数组 dp,其中 dp[i] 表示以 $a[i]$ 结尾的子序列的最长递增子序列长度,求 a 的最长递增子序列长度,并且给出一个最长递增子序列和 dp 数组值。

答：求出 dp[0]$=1$,dp[1]$=2$,dp[2]$=2$,dp[3]$=3$,a 的最长递增子序列长度为 3,推导出的一个最长递增子序列为 1,2,5。

9. 有一个活动安排问题 Ⅱ,$A = \{[4,6),[6,8),[1,10),[6,12)\}$,不考虑算法优化,求 A 的可安排活动的最长占用时间,并且给出一个最优安排方案的求解过程。

答：求出的 dp 数组和 pre 数组如表 8.1 所示,$n=4$,可安排活动的最长占用时间$=$dp[3]$=9$。求一个最优安排方案的过程是先置解向量 x 为空,$i=3$,pre[i]$=-1$,跳过 $A[i]$,将 $i-1 \Rightarrow i=2$,由于 pre[i]$\neq -1$,将活动 2 添加到 x 中,置 $i=$pre[2]$=-2$,说明没有前驱活动,算法结束。结果 x 中仅包含活动 2,即[1,10)。

表 8.1　dp 数组和 pre 数组

i	b	e	length	pre[i]	dp[i]
0	4	6	2	-2	2
1	6	8	2	0	4
2	1	10	9	-2	9
3	6	12	6	-1	9

10. 有这样一个 0/1 背包问题,$n=2$,$W=3$,$w=\{2,1\}$,$v=\{3,6\}$,给出利用 0/1 背包问题改进算法求解最大价值的过程。

答：i 从 1 到 2 循环,每次 r 从 3 到 1 循环,计算过程如下。

① 考虑物品 0($i=1$)

$r=3$,放入物品 0 $\Rightarrow$ dp[3]$=3$。

$r=2$,放入物品 0 $\Rightarrow$ dp[2]$=3$。

$r=1$,放不下物品 0 $\Rightarrow$ dp[1]$=0$。

② 考虑物品 1($i=2$)

$r=3$,放入物品 1 $\Rightarrow$ dp[3]$=$dp[$r-w[i-1]$]$+v[i-1]=$dp[3$-$1]$+6=$dp[2]$+6=9$ (前面状态是 dp[2])。

$r=2$，放入物品 $1 \Rightarrow \text{dp}[2]=\text{dp}[r-w[i-1]]+v[i-1]=\text{dp}[2-1]+6=\text{dp}[1]+6=6$（前面状态是 $\text{dp}[1]$）。

$r=1$，放入物品 $1 \Rightarrow \text{dp}[1]=\text{dp}[r-w[i-1]]+v[i-1]=\text{dp}[1-1]+6=\text{dp}[0]+6=6$（前面状态是 $\text{dp}[0]$）。

最后得到放入背包物品的最大总价值 $\text{dp}[W]=9$。

11. 有这样一个完全背包问题，$n=2,W=3,w=\{2,1\},v=\{3,6\}$，给出利用完全背包问题改进算法求解最大价值的过程。

答：i 从 1 到 2 循环，每次 r 从 1 到 3 循环，计算过程如下。

① 考虑物品 $0(i=1)$：

$r=1$，放不下物品 $0 \Rightarrow \text{dp}[1]=0$。

$r=2$，放入物品 $0 \Rightarrow \text{dp}[2]=3$。

$r=3$，放入物品 $0 \Rightarrow \text{dp}[3]=3$。

② 考虑物品 $1(i=2)$：

$r=1$，放入物品 $1 \Rightarrow \text{dp}[1]=\text{dp}[r-w[i-1]]+v[i-1]=\text{dp}[1-1]+6=\text{dp}[0]+6=6$（前面状态是 $\text{dp}[0]$）。

$r=2$，放入物品 $1 \Rightarrow \text{dp}[2]=\text{dp}[r-w[i-1]]+v[i-1]=\text{dp}[2-1]+6=\text{dp}[1]+6=12$（前面状态是 $\text{dp}[1]$）。

$r=3$，放入物品 $1 \Rightarrow \text{dp}[3]=\text{dp}[r-w[i-1]]+v[i-1]=\text{dp}[3-1]+6=\text{dp}[2]+6=18$（前面状态是 $\text{dp}[2]$）。

最后得到放入背包物品的最大总价值 $\text{dp}[W]=18$。

8.3　算法设计题及其参考答案

1. 某个问题对应的递归模型如下：

$f(1)=1$
$f(2)=2$
$f(n)=f(n-1)+f(n-2)+\dots+f(1)+1$　　　　当 $n>2$ 时

可以采用如下递归算法求解：

```
long f( int n)
{   if (n==1) return 1;
    if (n==2) return 2;
    long sum=1;
    for (int i=1;i<=n-1;i++)
        sum+=f(i);
    return sum;
}
```

但其中存在大量的重复计算，请采用备忘录方法求解。

解：设计一个 dp 数组，$\text{dp}[i]$ 对应 $f(i)$ 的值，首先将 dp 数组的所有元素初始化为 0，在计算 $f(i)$ 时，若 $\text{dp}[0]>0$ 表示 $f(i)$ 已经求出，直接返回 $\text{dp}[i]$ 即可，这样避免了重复计算。

对应的算法如下：

```
long dp[MAXN];                    //dp[n]保存 f(n)的计算结果
long f11(int n)                   //被 f1 调用
{   if (n==1)
    {   dp[n]=1;
        return dp[n];
    }
    if (n==2)
    {   dp[n]=2;
        return dp[n];
    }
    if (dp[n]>0) return dp[n];
    long sum=1;
    for (int i=1;i<=n-1;i++)
        sum+=f11(i);
    dp[n]=sum;
    return dp[n];
}
long f1(int n)                    //求解算法
{   memset(dp,0,sizeof(dp));      //所有元素初始化为 0
    return f11(n);
}
```

2. 给定一个长度为 n 的数组 a，其中元素可正可负可零，设计一个算法求 a 中的序号 s 和 t，使得 $a[s..t]$ 的元素之和最大(该元素之和至少是 0)。

解：算法原理参见《教程》8.2.1 节，在求 dp 数组的同时求出最大元素 dp[maxi]，则 $t=$maxi，置 rsum=dp[maxi]，$i=$maxi，向前面查找和最大的连续子序列，当 $i \geqslant 0$ 并且 rsum$\neq$ 0 时循环，每次循环执行 rsum=rsum$-a[i]$，$i=i-1$。循环结束后 $s=i+1$。对应的算法如下：

```
void getst(vector < int > & a,int &s,int &t)
{   int n=a.size();
    vector < int > dp(n,0);
    int maxi=0;                   //最大 dp 数组元素的序号
    for(int i=1;i<n;i++)
    {   dp[i]=max(dp[i-1]+a[i],a[i]);
        if(dp[i]>dp[maxi]) maxi=i;
    }
    t=maxi;
    int rsum=dp[maxi];
    int i=maxi;
    while(i>=0 && rsum!=0)         //向前查找
    {   rsum-=a[i];
        i--;
    }
    s=i+1;
}
```

3. 一个机器人只能向下和向右移动，每次只能移动一步，设计一个算法求它从 $(0,0)$ 移动到 (m,n) 有多少条路径。

解：设计二维动态规划数组 dp，其中 $dp[i][j]$ 表示从 $(0,0)$ 移动到 (i,j) 的路径条数。由于机器人只能向下和向右移动，对于位置 (i,j) 只有左边 $(i,j-1)$ 和上方 $(i-1,j)$ 位置到达的路径。对应的状态转移方程如下：

```
dp[0][j]=1
dp[i][0]=1
dp[i][j]=dp[i][j-1]+dp[i-1][j]          当 i、j>0 时
```

最后结果是 $dp[m][n]$。对应的动态规划算法如下：

```
int pathcnt(int m,int n)                        //求解算法
{   int dp[MAXX][MAXY];                          //二维动态规划数组
    memset(dp,0,sizeof(dp));
    for (int i=1;i<=m;i++)
        dp[i][0]=1;
    for (int j=1;j<=n;j++)
        dp[0][j]=1;
    for (int i=1;i<=m;i++)
    {   for (int j=1;j<=n;j++)
            dp[i][j]=dp[i][j-1]+dp[i-1][j];
    }
    return dp[m][n];
}
```

4. 有若干面值为 1 元、3 元和 5 元的硬币，设计一个算法求凑够 n 元的最少硬币个数。

解：设计一维动态规划数组 dp，$dp[x]$ 表示凑够 x 元的最少硬币个数。首先置 dp 数值的所有元素为 ∞，对应的状态转移方程如下：

```
dp[0]=0
dp[i]=min{dp[i-1]+1,dp[i-3]+1,dp[i-5]+1)}    当 i>0 时
```

其中，$dp[i-1]+1$ 表示凑上一个 1 元的硬币($i \geqslant 1$)，$dp[i-3]+1$ 表示凑上一个 3 元的硬币($i \geqslant 3$)，$dp[i-5]+1$ 表示凑上一个 5 元的硬币($i \geqslant 5$)。最后 $dp[n]$ 就是问题的解。对应的算法如下：

```
int mincnt(int n)                               //求解算法
{   int dp[MAXN];
    memset(dp,0x3f,sizeof(dp));                  //所有元素初始化为∞
    dp[0]=0;
    for (int i=1;i<=n;i++)
    {   if (i>=1) dp[i]=min(dp[i],dp[i-1]+1);
        if (i>=3) dp[i]=min(dp[i],dp[i-3]+1);
        if (i>=5) dp[i]=min(dp[i],dp[i-5]+1);
    }
    return dp[n];
}
```

5. 给定一个整数数组 a，设计一个算法求 a 中最长递减子序列的长度。

解：算法原理参见《教程》8.2.3 节，仅仅将求最长递增子序列长度改为求最长递减子序列长度。对应的算法如下：

```
int maxDeclen(vector<int> &a)                   //求最长递减子序列的长度
{   int n=a.size();
    int dp[MAXN];
    for(int i=0;i<n;i++)
    {   dp[i]=1;
        for(int j=0;j<i;j++)
        {   if (a[i]<a[j])
                dp[i]=max(dp[i],dp[j]+1);
        }
```

```
        }
        int ans=dp[0];
        for(int i=1;i<n;i++)
            ans=max(ans,dp[i]);
        return ans;
    }
```

6. 给定一个整数数组 a，设计一个算法求 a 中最长连续递增子序列的长度。例如，$a=\{1,5,2,2,4\}$，最长连续递增子序列为 $\{2,2,4\}$，结果为 3。

解：注意该问题与最长递增子序列不同，这里是指最长连续递增(非严格)子序列即最长递增子数组。设计动态规划数组为一维数组 dp，其中 $dp[i]$ 表示以 $a[i]$ 结尾的子序列 $a[0..i]$(共 $i+1$ 个元素)中的最长连续递增子序列的长度，初始时置 $dp[0]=1$，计算顺序是 i 从 1 到 $n-1$，对于每个 $a[i]$，$dp[i]$ 置为 1，分为以下两种情况：

① 若 $a[i] \geqslant a[i-1]$，则 $dp[i]=\max(dp[i],dp[i-1]+1)$。

② 否则最长递增子序列没有改变。

在求出 dp 数组后，通过顺序遍历 dp 数组求出最大值 $dp[maxi]$，该值就是 a 中最长连续递增子序列的长度。对应的状态转移方程如下：

$$
\begin{aligned}
&dp[0]=1 && \text{初始条件}\\
&dp[i]=1 && 1\leqslant i\leqslant n-1\\
&dp[i]=\max(dp[i],dp[i-1]+1) && a[i]\geqslant a[i-1]
\end{aligned}
$$

对应的算法如下：

```
int maxDeclen(vector < int > &a)          //求最长连续递增子序列的长度
{   int n=a.size();
    int dp[MAXN];
    dp[0]=1;
    int maxi=0;                           //表示 dp 数组中最大元素的序号
    for(int i=1;i<n;i++)
    {   dp[i]=1;
        if(a[i]>=a[i-1])
            dp[i]=max(dp[i],dp[i-1]+1);
        if(dp[i]>dp[maxi]) maxi=i;
    }
    return dp[maxi];
}
```

7. 有 $n(2\leqslant n\leqslant 100)$ 位同学站成一排，他们的身高用 $h[0..n-1]$ 数组表示，音乐老师要请其中的 $n-k$ 位同学出列，使得剩下的 k 位同学(不能改变位置)排成合唱队形。合唱队形是指这样的一种队形，设 k 位同学从左到右的编号依次为 $1\sim k$，他们的身高分别为 $h_1,h_2,\cdots,h_k$，则他们的身高满足 $h_1<\cdots<h_i>h_{i+1}>\cdots>h_k(1\leqslant i\leqslant k)$。设计一个算法求最少需要几位同学出列，可以使得剩下的同学排成合唱队形。例如，$n=8$，$h=\{186,186,150,200,160,130,197,220\}$，最少出列 4 位同学，一种满足要求的合唱队形是 $\{150,200,160,130\}$。

解：要使出列人数最少，也就是说留的人最多，即序列最长。对于同学 i，求出前面小于其身高的最大子序列人数(含自己)，再求出后面大于其身高的最大子序列人数(含自己)，求出两者之和(含自己两次)，对于每位同学求出这样的最大值 ans，显然答案就是 $n-ans+1$。求出前面小于其身高的最大子序列人数就是求最大递增子序列问题，求出后面大于其身高

的最大子序列人数就是求反向最大递减子序列问题。对应的算法如下:

```
int dp1[MAXN];
int dp2[MAXN];
void preless(vector < int > & a)              //求前面身高较小的人数(含自己)
{   int n=a.size();
    for(int i=0;i<n;i++)
    {   dp1[i]=1;
        for(int j=0;j<i;j++)
        {   if (a[j]<a[i])
                dp1[i]=max(dp1[i],dp1[j]+1);
        }
    }
}

void postgreater(vector < int > & a)          //求后面身高较大的人数(含自己)
{   int n=a.size();
    for(int i=n-1;i>=0;i--)                    //i 从后向前循环
    {   dp2[i]=1;
        for(int j=i+1;j<n;j++)                 //比较 a[i+1..n-1]中的元素
        {   if (a[j]<a[i])
                dp2[i]=max(dp2[i],dp2[j]+1);
        }
    }
}

int solve(vector < int > & a)                 //求解算法
{   int n=a.size();
    preless(a);
    postgreater(a);
    int ans=dp1[0]+dp2[0];
    int maxi=0;
    for(int i=1;i<n;i++)
        ans=max(ans,dp1[i]+dp2[i]);
    return n-ans+1;
}
```

8. 两种名字分别为 a 和 b 的水果杂交出一种新水果,现在给新水果取名,要求这个名字是 a 和 b 的最长公共子序列。设计一个算法求新水果的一种名字。例如,a="ananas",b="banana",新水果的一种名字是"anana"。

解: 算法原理参见《教程》8.5.1节的最长公共子序列问题。对应的算法如下:

```
int dp[MAX][MAX];                             //二维动态规划数组
int m,n;
void LCSlength(string& a,string& b)           //求 dp 数组
{   m=a.size();
    n=b.size();
    for (int i=0;i<=m;i++)                     //将 dp[i][0]置为 0,边界条件
        dp[i][0]=0;
    for (int j=0;j<=n;j++)                     //将 dp[0][j]置为 0,边界条件
        dp[0][j]=0;
    for (int i=1;i<=m;i++)
    {   for (int j=1;j<=n;j++)                 //用两重 for 循环处理 a、b 的所有字符
        {   if (a[i-1]==b[j-1])                //比较的字符相同
                dp[i][j]=dp[i-1][j-1]+1;
            else                               //比较的字符不同
                dp[i][j]=max(dp[i][j-1],dp[i-1][j]);
```

```
                    }
                }
            }
string getsubs(string&a)                            //由 dp 数组构造 subs
{    string subs="";
     int k=dp[m][n];                                //k 为 a 和 b 的最长公共子序列的长度
     int i=m;
     int j=n;
     while (k>0)                                     //在 subs 中放入最长公共子序列(反向)
     {    if (dp[i][j]==dp[i-1][j])
             i--;
         else if (dp[i][j]==dp[i][j-1])
             j--;
         else
         {    subs+=a[i-1];                          //在 subs 中添加 a[i-1]
             i--; j--; k--;
         }
     }
     reverse(subs.begin(),subs.end());              //逆置 subs
     return subs;
}
string solve(string&a,string&b)                     //求解算法
{    LCSlength(a,b);                                 //求出 dp 数组
     string ans=getsubs(a);                         //求出一个 LCS
     return ans;
}
```

9. 给定一个字符串 s,求字符串中最长回文的长度。例如,s="aferegga",最长回文的长度为3(回文子串为"ere")。

解:采用区间动态规划方法,算法原理参见《教程》8.8.2节,这里仅求最长回文子串的长度。对应的算法如下:

```
int maxPallen(string s)
{    int n=s.size();
     if (n==1) return 1;
     bool dp[n][n];                                 //二维动态规划数组
     memset(dp,false,sizeof(dp));
     int ans=0;
     for (int len=1;len<=n;len++)                   //按长度 len 枚举区间[i,j]
     {    for (int i=0;i+len-1<n;i++)
         {    int j=i+len-1;
             if (len==1)                            //区间中只有一个字符时为回文子串
                 dp[i][j]=true;
             else if (len==2)                       //区间长度为2的情况
                 dp[i][j]=(s[i]==s[j]);
             else                                   //区间长度大于2的情况
                 dp[i][j]=(s[i]==s[j] && dp[i+1][j-1]);
             if(dp[i][j])                           //s[i..j]为回文子串时
                 ans=max(ans,len);                  //求最长回文子串的长度
         }
     }
     return ans;
}
```

10. 给定一个字符串 s,求字符串中最长回文子序列的长度。例如,s="aferegga",最长

回文子序列的长度为5(回文子序列为"aerea")。

解：采用区间动态规划方法求解,注意子序列中的字符不一定是连续的。设置二维动态规划数组 dp(初始化所有元素为0),dp$[i][j]$表示 s$[i..j]$中最长回文子序列的长度,显然有 dp$[i][i]=1(0{\leqslant}i{<}n)$。对于长度为 len 的子序列 s$[i..j]$分为以下两种情况:

① 如果两端字符相同(s$[i]=$s$[j]$),若其长度 len=2,则 dp$[i][j]=2$,若其长度大于 2,则 dp$[i][j]=$dp$[i+1][j-1]+2$。

② 如果两端字符不相同,则 dp$[i][j]=$max(dp$[i+1][j]$,dp$[i][j-1]$)。

对应的状态转移方程如下:

dp$[i][i]=1$
dp$[i][j]=2$ 若 s$[i]=$s$[j]$且长度等于 2
dp$[i][j]=$dp$[i+1][j-1]+2$ 若 s$[i]=$s$[j]$且长度大于 2
dp$[i][j]=$max(dp$[i+1][j]$,dp$[i][j-1]$)   其他情况

最终的 dp$[0][n-1]$即为所求。对应的算法如下:

```
int maxPallen(string s)
{   int n=s.size();
    int dp[n][n];
    memset(dp,0,sizeof(dp));                //dp 初始化
    for (int i=0;i<n;i++)                    //边界情况
        dp[i][i]=1;
    for (int len=2;len<=n;len++)             //枚举长度为 len 的子序列
    {   for (int i=0;i+len-1<n;i++)          //考虑 s[i..j]子序列
        {   int j=i+len-1;
            if (s[i]==s[j])                  //两端字符相同
            {   if (len==2)                  //子序列的长度为 2
                dp[i][j]=2;
                else                         //子序列的长度大于 2
                dp[i][j]=dp[i+1][j-1]+2;
            }
            else                             //两端字符不相同
                dp[i][j]=max(dp[i+1][j],dp[i][j-1]);
        }
    }
    return dp[0][n-1];
}
```

11. 给定一个含 $n(2{\leqslant}n{\leqslant}10)$个整数的数组 a,其元素值可正、可负、可零,求 a 的最大连续子序列乘积的值。例如,$a=\{-2,-3,2,-5\}$,其结果为 $30(-3{\times}2{\times}(-5))$;$a=\{-2,0\}$,其结果为 0。

解：用 ans 存放最大连续子序列乘积的值。考虑存在负数的情况,由于两个负数相乘结果为正数,所以设置两个一维动态规划数组 maxdp 和 mindp,maxdp$[i]$和 mindp$[i]$分别表示以 $a[i]$结尾的最大连续子序列乘积和最小连续子序列乘积。求 maxdp 的状态转移方程如下:

maxdp$[0]=a[0]$
maxdp$[i]=$max3($a[i]$,maxdp$[i-1]{*}a[i]$,mindp$[i-1]{*}a[i]$)

在上述第二个式子中,$a[i]$表示选择 $a[i]$为最大连续子序列乘积的第一个元素,maxdp$[i-1]{*}a[i]$表示选择前面的最大相乘连续子序列加上 $a[i]$作为当前最大相乘连续子序列,mindp$[i-1]{*}a[i]$表示选择前面的最小相乘连续子序列加上 $a[i]$作为当前最

大相乘连续子序列(一般是 mindp[i-1]和 a[i]均为负数的情况)。求 mindp 的状态转移方程如下:

$$mindp[0]=a[0]$$
$$mindp[i]=min3(a[i], maxdp[i-1]*a[i], mindp[i-1]*a[i])$$

在上述第二个式子中,a[i]表示选择 a[i]为最小连续子序列乘积的第一个元素,maxdp[i-1]*a[i]表示选择前面的最大相乘连续子序列加上 a[i]作为当前最小相乘连续子序列(一般是 maxdp[i-1]为正、a[i]为负的情况),mindp[i-1]*a[i]表示选择前面的最小相乘连续子序列加上 a[i]作为当前最小相乘连续子序列。

在求出 maxdp 后,通过 maxdp[i]($0 \leqslant i < n$)比较求出的最大值就是最终结果。对应的算法如下:

```cpp
#define max3(x,y,z) max(max(x,y),z)
#define min3(x,y,z) min(min(x,y),z)
int maxmulti(vector < int > & a)          //求解算法
{   int n=a.size();
    int mindp[n],maxdp[n];
    int ans=maxdp[0]=mindp[0]=a[0];
    for (int i=1;i<n;i++)
    {   maxdp[i]=max3(a[i],maxdp[i-1]*a[i],mindp[i-1]*a[i]);
        mindp[i]=min3(a[i],maxdp[i-1]*a[i],mindp[i-1]*a[i]);
        ans=max(maxdp[i],ans);
    }
    return ans;
}
```

12. 给定一棵整数二叉树,采用二叉链 b 存储,根结点的层次为1,根结点的孩子结点的层次为2,以此类推。每个结点对应一个层次,要么取所有奇数层次的结点,要么取所有偶数层次的结点,设计一个算法求这样取结点的最大结点值之和。例如,如图 8.1(a)所示的二叉树的结果为10(取所有奇数层次的结点),如图 8.1(b)所示的二叉树的结果为18(取所有偶数层次的结点)。

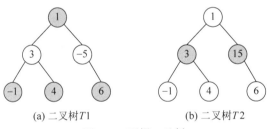

(a) 二叉树$T1$　　　　　　　(b) 二叉树$T2$

图 8.1　两棵二叉树

解: 本题采用树形动态规划求解,原理参见《教程》8.7.2节的动态规划方法。对于当前结点 root,有取和不取两种可能,设计一维动态规划数组 dp[2],dp[0]表示不取结点 root 的最大收益,dp[1]表示取结点 root 的最大收益,取左、右孩子的动态规划数组分别用 leftdp[]和 rightdp[]表示。

① 不取结点 root,则必须取 root 的左、右孩子结点,以 root 为根结点的树的最大收益=左子树的最大收益+右子树的最大收益,其中左子树的最大收益=取左孩子结点,右子树的最大收益=取右孩子结点,这样有 dp[0]=leftdp[1]+rightdp[1]。

② 取结点 root,则不能取左、右孩子结点,对应的最大收益＝ root−>val＋不取左子结点时左子树的最大收益＋不取右子结点时右子树的最大收益,即 dp[1]＝root−>val＋leftdp[0]＋rightdp[0]。

最后返回 max(dp[0],dp[1])即可。对应的算法如下:

```
vector < int > order(TreeNode * root)          //动态规划算法
{    if (root==NULL) return {0,0};
        vector < int > dp(2,0);
    vector < int > leftdp=order(root−> left);
    vector < int > rightdp=order(root−> right);
    dp[0]=leftdp[1]+rightdp[1];
    dp[1]=root−> val+leftdp[0]+rightdp[0];
    return dp;
}

int maxSum(TreeNode * root)                    //求解算法
{    if (root==NULL) return 0;
        vector < int > dp=order(root);
    return max(dp[0],dp[1]);
}
```

13. 长江游艇俱乐部在长江上设置了 $n(1\leq n\leq 100)$ 个游艇出租站,编号为 $0\sim n-1$。游客可在这些游艇出租站租用游艇,并在下游的任何一个游艇出租站归还游艇。游艇出租站 i 到游艇出租站 j 的租金为 $C[i][j](0\leq i<j\leq n-1)$。设计一个算法计算出从游艇出租站 0 到游艇出租站 $n-1$ 所需的最少租金。例如 $n=3,C[0][1]=5,C[0][2]=15,C[1][2]=7$,则结果为 12,即从出租站 0 到出租站 1,花费为 5,再从出租站 1 到出租站 2,花费为 7,总计 12。

解: 这是一道典型的区间动态规划题,采用《教程》8.8.1 节中戳气球问题的解法,设置二维动态规划数组 dp,dp[i][j]表示区间[i,j](从出租站 i 到出租站 j)的最小费用,区间 [i,j] 至少包含两个元素,采用直接枚举区间,即 i 从 0 到 $n-1$、j 从 $i+1$ 到 $n-1$(这样可以保证区间长度至少为 2)的两重循环,状态转移方程如下:

$$dp[i][i]=0$$
$$dp[i][j]=C[i][j] \qquad i<j$$
$$dp[i][j]=\min(dp[i][j],dp[i][m]+dp[m][j]) \qquad 枚举[i,j]区间的分割点 m$$

最后 dp[0][n−1]就是答案。对应的算法如下:

```
int mincost(int C[MAXN][MAXN], int n)
{    int dp[MAXN][MAXN];
    for(int i=0;i< n;i++)
        dp[i][i]=0;
    for(int i=0;i< n;i++)
    {    for(int j=i+1;j< n;j++)
            dp[i][j]=C[i][j];
    }
    for(int i=n−1;i>=0;i--)
    {    for(int j=i+1;j< n;j++)
        {    for(int m=i+1;m< j;m++)
                dp[i][j]=min(dp[i][j],dp[i][m]+dp[m][j]);
        }
    }
    return dp[0][n−1];
}
```

8.4.1　求矩阵最小路径和

编写一个实验程序 exp8-1 求解矩阵最小路径和问题。给定一个 m 行 n 列的矩阵,从左上角开始每次只能向右或者向下移动,最后到达右下角的位置,路径上所有的数字累加起来作为这条路径的路径和,求所有路径和中的最小路径和。例如,以下矩阵中的路径 1⇨3⇨1⇨0⇨6⇨1⇨0 是所有路径中路径和最小的,返回结果是 12。

```
1   3   5   9
8   1   3   4
5   0   6   1
8   8   4   0
```

解：将矩阵采用二维数组 a 存放,查找从左上角到右下角的路径,每次只能向右或者向下移动,所以结点 (i,j) 的前驱结点只有 $(i,j-1)$ 和 $(i-1,j)$ 两个,前者是水平走向(用 1 表示),后者是垂直走向(用 0 表示),如图 8.2 所示。

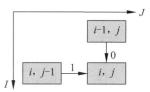

图 8.2　从相邻位置到达 (i,j)

用二维数组 dp 作为动态规划数组,dp$[i][j]$ 表示从顶部 $a[0][0]$ 查找到 (i,j) 结点时的最小路径和。显然这里有两个边界,即第 0 列和第 0 行,到达它们中结点的路径只有一条而不是常规的两条。对应的状态转移方程如下：

dp$[0][0]$＝a$[0][0]$
dp$[i][0]$＝dp$[i-1][0]$＋a$[i][0]$　　　　　考虑第 0 列的边界,$1{\leqslant}i{\leqslant}m-1$
dp$[0][j]$＝dp$[0][j-1]$＋a$[0][j]$　　　　　考虑第 0 行的边界,$1{\leqslant}j{\leqslant}n-1$
dp$[i][j]$＝min(dp$[i][j-1]$,dp$[i-1][j]$)＋a$[i][j]$　　其他,有两条到达路径的结点

求出的 dp$[m-1][n-1]$ 就是最终结果 ans。为了求最小和路径,设计一个二维数组 pre,pre$[i][j]$ 表示查找到 (i,j) 结点时最小路径上的前驱结点,由于前驱结点只有水平(用 1 表示)和垂直(用 0 表示)两个走向,pre$[i][j]$ 根据路径的走向取 1 或者 0。在求出 ans 后,通过 pre$[m-1][n-1]$ 反推求出反向路径,最后正向输出该路径。对应的实验程序 exp8-1 如下：

```cpp
# include < iostream >
# include < vector >
using namespace std;
# define MAXM 100
# define MAXN 100
int a[MAXM][MAXN]={{1,3,5,9},{8,1,3,4},{5,0,6,1},{8,8,4,0}};
int m=4,n=4;
int ans;                        //最小路径长度
int dp[MAXM][MAXN];
int pre[MAXM][MAXN];
void Minpath( )                 //求最小和路径 ans
{   dp[0][0]=a[0][0];
    for(int i=1;i < m;i++)      //计算第一列的值
```

```
    {   dp[i][0]=dp[i-1][0]+a[i][0];
        pre[i][0]=0;                    //垂直路径
    }
    for(int j=1;j<n;j++)                //计算第0行的值
    {   dp[0][j]=dp[0][j-1]+a[0][j];
        pre[0][j]=1;                    //水平路径
    }
    for(int i=1;i<m;i++)                //计算其他dp值
    {   for(int j=1;j<n;j++)
        {   if (dp[i][j-1]<dp[i-1][j])
            {   dp[i][j]=dp[i][j-1]+a[i][j];
                pre[i][j]=1;
            }
            else
            {   dp[i][j]=dp[i-1][j]+a[i][j];
                pre[i][j]=0;
            }
        }
    }
    ans=dp[m-1][n-1];
}
void Disppath()                         //输出最小和路径
{   int i=m-1,j=n-1;
    vector<int> path;                   //存放反向最小路径
    vector<int>::reverse_iterator it;
    while (true)
    {   path.push_back(a[i][j]);
        if (i==0 && j==0) break;
        if (pre[i][j]==1) j--;          //同行
        else i--;                       //同列
    }
    printf("    最短路径: ");
    for (it=path.rbegin();it!=path.rend();++it)
        printf("%d ", *it);             //反向输出构成正向路径
    printf("\n    最短路径和:%d\n",ans);
}
int main()
{   Minpath();                          //求最小路径和
    printf("求解结果\n");
    Disppath();                         //输出最小路径与最小路径和
    return 0;
}
```

上述程序的执行结果如图8.3所示。

图 8.3 实验程序 exp8-1 的执行结果

8.4.2　双核处理问题

编写一个实验程序 exp8-2 求解双核处理问题。一种双核 CPU 的两个核能够同时处理任务,现在有 n 个任务需要交给 CPU 处理,给出每个任务采用单核处理的时间数组 a。求出采用双核 CPU 处理这批任务的最少时间。例如,$n=5,a=\{3,3,7,3,1\}$ 时,采用双核 CPU 处理这批任务的最少时间为 9。

解:完成所有 n 个任务需要 sum 时间,放入两个核中执行。假设第一个核的处理时间为 n_1,第二个核的处理时间为 $\text{sum}-n_1$,并假设 $n_1\leqslant\text{sum}/2,\text{sum}-n_1\geqslant\text{sum}/2$,要使处理时间最小,则 n_1 尽可能靠近 $\text{sum}/2$,最终目标是求 $\max(n_1,\text{sum}-n_1)$ 的最大值。

转换为这样的 0/1 背包问题即求背包容量为 $\text{sum}/2$ 的最大装入重量和 n_1。这里仅求最少时间,采用《教程》8.6.1 节的 0/1 背包问题的优化算法,对应的实验程序 exp8-2 如下:

```cpp
#include <iostream>
#include <vector>
#include <algorithm>
using namespace std;
int mintime(vector <int> &a)                 //求解双核处理问题
{   int n=a.size();
    int sum=0;                               //求所有任务的时间和
    for(int i=0;i<n;i++)
        sum+=a[i];
    vector <int> dp(sum/2+1,0);              //一维动态规划数组,所有元素初始化为 0
    for(int i=0;i<n;i++)
    {   for(int j=sum/2;j>=a[i];j--)
            dp[j]=max(dp[j],dp[j-a[i]]+a[i]);
    }
    return max(dp[sum/2],sum-dp[sum/2]);
}
int main()
{   vector <int> a={3,3,7,3,1};
    printf("a: ");
    for(int i=0;i<a.size();i++)
        printf("%d ",a[i]);
    printf("\n求解结果\n");
    printf("    最小的时间=%d\n",mintime(a));
    return 0;
}
```

上述程序的执行结果如图 8.4 所示。

图 8.4　实验程序 exp8-2 的执行结果

8.4.3　划分集合为和相等的两个子集合

编写一个实验程序 exp8-3,将 $1\sim n$ 的连续整数组成的集合划分为两个子集合,且保证每个集合的数字和相等。例如,对于 $n=4$,对应的集合 $\{1,2,3,4\}$ 能被划分为 $\{1,4\}$、$\{2,3\}$ 两个集合,使得 $1+4=2+3$,且划分方案只有此一种。求给定 n 时符合题意的划分方案数。

解:观察子集合的和,对于任一正整数 n,集合 $\{1,2,3,\cdots,n\}$ 的和为 $\text{sum}=n(n+1)/2$。若 sum 不是 2 的倍数,则不能划分为两个数字和相等的子集合。

若 sum 是 2 的倍数,假设划分为子集合 A 和 B,每个子集合的数字和为 $\text{sum}/2$,所以取 $\text{sum}=\text{sum}/2$,设置二维动态规划数组 dp,$dp[i][j]$ 表示 $\{1,2,\cdots,i\}$ 的整数集合划分为子集合 A 的一个数字和为 j 的划分方案数,首先将 dp 数组的所有元素设置为 0,对应的状态转移方程如下:

$dp[i][0]=1$　　　　　　　　　　　$i>0$,子集合 A 为空的情况
$dp[i][j]=dp[i-1][j]$　　　　　　　$i>\text{sum}$ 时,不能将整数 i 添加到子集合 A 中
$dp[i][j]=dp[i-1][j]+dp[i-1][j-i]$　$i\leq\text{sum}$ 时,分为将整数 i 添加到子集合 A 中或者 B 中

最终结果为 $dp[n][\text{sum}]$,考虑子集合 A 和 B 的对称性,正确的划分方案数为 $dp[n][\text{sum}]/2$。由于 $dp[i][j]$ 仅与 $dp[i-1][*]$ 相关,可以采用滚动数组,即将 dp 数组改为一维数组,$dp[j]$ 表示子集合 A 的一个数字和为 j 的划分方案数,对应的状态转移方程如下:

$dp[0]=1$
$dp[j]=dp[j]+dp[j-i]$　　　　　　当 $j\geq i$ 时

上述两种解法对应的实验程序 exp8-3 如下:

```cpp
#include <iostream>
#include <cstring>
using namespace std;
int splitcnt(int n)                      //解法 1 的算法
{   int sum=n*(n+1)/2;
    if (sum%2!=0)
        return 0;
    sum=sum/2;
    int dp[n+1][sum+1];
    memset(dp,0,sizeof(dp));
    for (int i=0;i<=n;i++)
        dp[i][0]=1;
    for (int i=1;i<=n;i++)
    {   for (int j=1;j<=sum;j++)
        {   if (i>sum)
                dp[i][j]=dp[i-1][j];
            else
                dp[i][j]=dp[i-1][j]+dp[i-1][j-i];
        }
    }
    return dp[n][sum]/2;
}
int splitcnt1(int n)                     //解法 2 的算法
{   int sum=n*(n+1)/2;
    if (sum%2!=0)
        return 0;
```

```
        sum=sum/2;
        int dp[sum+1];
        memset(dp,0,sizeof(dp));
        dp[0]=1;
        for (int i=1;i<=n;i++)
        {    for (int j=sum;j>=i;j--)
                dp[j]+=dp[j-i];
        }
        return dp[sum]/2;
}
int main()
{    printf("求解结果\n");
     for(int n=2;n<=10;n++)
     {    printf("     n=%2d 解法1:划分方案数=%d\t", n,splitcnt(n));
          printf("解法2:划分方案数=%d\n", splitcnt1(n));
     }
     return 0;
}
```

上述程序的执行结果如图 8.5 所示。

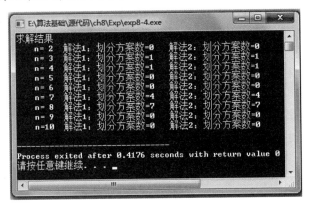

图 8.5　实验程序 exp8-3 的执行结果

8.4.4　员工分配问题

编写一个实验程序 exp8-4 求解员工分配问题。某公司有 $m=3$ 个商店 A、B、C,拟将新招聘的 $n=5$ 名员工分配给这些商店,各商店得到新员工后每年的盈利情况如表 8.2 所示,采用 v 数组表示,求如何分配给各商店才能使公司的盈利最大。

表 8.2　分配员工数和盈利情况

商店	员工数(人)					
	0	1	2	3	4	5
A	0	3	7	9	12	13
B	0	5	10	11	11	11
C	0	4	6	11	12	12

解:采用动态规划法求解该问题。员工数 $n=5$,商店数 $m=3$,商店 A、B、C 的编号分别为 $0\sim2$。设置二维动态规划数组为 dp,其中 $dp[i][s]$ 表示商店 0~商店 i(共 $i+1$ 个商店)共分配 s 个人后的最优盈利,另外设置二维数组 fk,其中 $fk[i][s]$ 表示求出 $dp[i][s]$ 时

对应商店 i 的分配人数。对应的状态转移方程如下：

$$dp[0][j]=0 \qquad\qquad 边界情况$$
$$dp[i][s]=\max_{0\leqslant j\leqslant s}\{v[i][j]+dp[i-1][s-j]\}$$
$$fk[i][s]=dp[i][s]取最大值的\ j\ (0\leqslant j\leqslant n)$$

显然，$dp[m][n]$ 就是最优赢利，从 $fk[m][n]$ 开始推导出各个商店分配的人数。对应的实验程序 exp8-4 如下：

```cpp
#include<iostream>
#include<vector>
using namespace std;
#define MAXM 10                        //最多商店数
#define MAXN 10                        //最多人数
int m=3,n=5;                           //商店数为 m、总人数为 n
int v[MAXM][MAXN]={{3,7,9,12,13},      {5,10,11,11,11},{4,6,11,12,12}};
int dp[MAXM][MAXN];
int fk[MAXM][MAXN];
int Plan()                             //求最大盈利
{   for (int j=0;j<=n;j++)             //置边界情况
        dp[0][j]=0;
    for (int i=1;i<=m;i++)
    {   for (int s=1;s<=n;s++)         //将各人数分配给第 k 个商店
        {   int maxf=0;
            int maxj=0;
            for (int j=0;j<=s;j++)     //找该商店的最优分配人数 j
            {   if ((v[i][j]+dp[i-1][s-j])>=maxf)
                {   maxf=v[i][j]+dp[i-1][s-j];
                    maxj=j;
                }
            }
            dp[i][s]=maxf;
            fk[i][s]=maxj;
        }
    }
    return dp[m][n];
}
vector<int> getx()                     //求一个最优分配方案
{   vector<int> x(m,0);                //存放一个解
    int s=fk[m][n];
    int r=n-s;                         //r 为余下的人数
    for (int i=m;i>=1;i--)             //从 m 到 1
    {   x[i-1]=s;                      //商店 i-1 分配 s 人
        s=fk[i-1][r];                  //求下一个阶段分配的人数
        r=r-s;                         //余下的人数递减
    }
    return x;
}
int main()
```

```
{    int maxv=Plan();
     vector<int> x=getx();
     printf("最优资源分配方案:\n");
     for(int i=0;i<m;i++)
         printf("  %c商店分配%d人\n",'A'+i,x[i]);
     printf("  分配方案的总盈利为%d",maxv);
     return 0;
}
```

上述程序的执行结果如图 8.6 所示。

图 8.6　实验程序 exp8-4 的执行结果

8.5　在线编程题及其参考答案 ✳

8.5.1　LeetCode64——最小路径和

问题描述:给定一个包含非负整数的 $m \times n$ 网格 grid($1 \leqslant m, n \leqslant 200, 0 \leqslant \mathrm{grid}[i][j] \leqslant 100$),请找出一条从左上角到右下角的路径,使得路径上的数字总和为最小,注意每次只能向下或者向右移动一步。要求设计如下函数:

```
class Solution
{
public:
    int minPathSum(vector<vector<int>> & grid) {    }
};
```

解:对于位置(i,j),向下移动一格对应的位置是$(i-1,j)$,向右移动一格对应的位置是$(i,j+1)$。设置一个二维动态规划数组 dp[m][n],dp[i][j]表示到达位置(i,j)的路径的最小数字和,对应的状态转移方程如下:

```
dp[0][0]=grid[0][0]                            //起始位置:边界条件①
dp[i][0]= dp[i-1][0]+grid[i][0]                //第 0 列的情况:边界条件②
dp[0][j]=dp[0][j-1]+grid[0][j]                 //第 0 行的情况:边界条件③
dp[i][j]=min(dp[i-1][j],dp[i][j-1])+grid[i][j] //其他行、列的情况
```

在求出 dp 数组后,dp[$m-1$][$n-1$]就是到达右下角的路径的最小数字和。对应的函数如下:

```
class Solution
{
```

```
public:
    int minPathSum(vector < vector < int >> & grid)
    {   int m=grid.size();
        if(m==0) return 0;
        int n=grid[0].size();
        int dp[m][n];
        dp[0][0]=grid[0][0];                            //起始位置:边界条件①
        for(int i=1;i<m;i++)                            //第0列的情况:边界条件②
            dp[i][0]=dp[i-1][0]+grid[i][0];
        for(int j=1;j<n;j++)                            //第0行的情况:边界条件③
            dp[0][j]=dp[0][j-1]+grid[0][j];
        for(int i=1;i<m;i++)                            //其他行、列的情况
        {   for(int j=1;j<n;j++)
                dp[i][j]=min(dp[i-1][j],dp[i][j-1])+grid[i][j];
        }
        return dp[m-1][n-1];
    }
};
```

上述程序提交时通过,执行时间为 $8ms$,内存消耗为 $9.5MB$。

8.5.2 LeetCode1289——下降路径最小和Ⅱ

问题描述:给定一个 n 阶($1 \leqslant n \leqslant 200$)整数方阵 arr($-99 \leqslant arr[i][j] \leqslant 99$),定义"非零偏移下降路径"是从 arr 数组中的每一行选择一个数字,且在按顺序选出来的数字中,相邻数字不在原数组的同一列。请编程返回非零偏移下降路径数字和的最小值。要求设计如下函数:

```
class Solution {
public:
    int minFallingPathSum(vector < vector < int >> & arr) { }
};
```

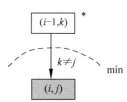

图 8.7 到达 (i,j) 位置的多条路径

解:设计二维动态规划数组 $dp[n][n]$,$dp[i][j]$ 表示在 arr 的第 0 行~第 i 行中最后选择 $arr[i][j]$ 元素时非零偏移下降路径的最小和。

从第 0 行的某个位置到达 (i,j) 位置有多条路径,也就是说对于上一行中的任意位置 $(i-1,k)$,只要满足 $k \neq j$,都可能存在到达 (i,j) 位置的路径,如图 8.7 所示,则有 $dp[i][j] = arr[i][j] + \min\limits_{0 \leqslant k \leqslant n-1 且 k!=j} dp[i-1][k]$。

考虑边界条件,当 $i=0$ 时 $dp[0][j]=arr[0][j]$($0 \leqslant j \leqslant n-1$)。

在求出 dp 数组后,第 $n-1$ 行中的最小值就是答案。对应的程序如下:

```
class Solution {
public:
    int minFallingPathSum(vector < vector < int >> & arr)
    {   int n=arr.size();
        int dp[n][n];
        memset(dp,0,sizeof(dp));
        for (int j=0;j<n;j++)                           //第0行:边界情况
            dp[0][j]=arr[0][j];
        for (int i=1;i<n;i++)
```

```
    {    for (int j=0;j<n;j++)
         {    int tmp=INT_MAX;
         for (int k=0;k<n;k++)
         {    if (k!=j)
                 tmp=min(tmp,dp[i-1][k]);
         }
         dp[i][j]=arr[i][j]+tmp;
         }
    }
    int ans=dp[n-1][0];
    for (int j=1;j<n;j++)
        if (dp[n-1][j]<ans) ans=dp[n-1][j];
    return ans;
    }
};
```

上述程序提交时通过,执行时间为 88ms,内存消耗为 11.3MB。另外,也可以采用滚动数组优化空间,对应的程序如下:

```
class Solution {
public:
    int minFallingPathSum(vector < vector < int >> & arr)
    {    int n=arr.size();
    int dp[2][n];
    memset(dp,0,sizeof(dp));
    for (int j=0;j<n;j++)                          //第0行:边界情况
        dp[0][j]=arr[0][j];
    int c=0;
    for (int i=1;i<n;i++)
    {    c=1-c;
        for (int j=0;j<n;j++)
        {    int tmp=INT_MAX;
            for (int k=0;k<n;k++)
            {    if (k!=j)
                    tmp=min(tmp,dp[1-c][k]);
            }
            dp[c][j]=arr[i][j]+tmp;
        }
    }
    int ans=dp[c][0];
    for (int j=1;j<n;j++)
        if (dp[c][j]<ans) ans=dp[c][j];
    return ans;
    }
};
```

上述程序提交时通过,执行时间为 88ms,内存消耗为 11.2MB。

8.5.3　LeetCode638——大礼包

问题描述:在 LeetCode 商店中有许多在售的物品,也有一些大礼包,每个大礼包以优惠的价格捆绑销售一组物品。现给定每个物品的价格、每个大礼包包含物品的清单以及待购物品清单,请输出确切完成待购清单的最低花费。每个大礼包由一个数组中的一组数据描述,最后一个数字代表大礼包的价格,其他数字分别表示内含的其他种类物品的数量。任意大礼包可无限次购买。例如,输入[2,5],[[3,0,5],[1,2,10]],[3,2],输出为 14。解释如下,有 A 和 B 两种物品,价格分别为 2 元和 5 元。大礼包 1 表示可以以 5 元的价格购买 3A 和 0B,大礼包 2 表示可以以 10 元的价格购买 1A 和 2B。由于需要购买 3 个 A 和 2 个 B,所以付 10 元购买 1A 和 2B(大礼包 2),以及 4 元购买 2A。

要求设计如下函数:

```
class Solution {
public:
    int shoppingOffers(vector < int > & price, vector < vector < int >> & special, vector < int > & needs) { }
};
```

其中,price 和 needs 的长度均为 $n(1 \leqslant n \leqslant 6)$,special$[i]$ 的长度为 $n+1$,price$[i]$ 和 needs$[i]$ 的取值范围是 $0 \sim 10$。

解:采用递归回溯法求解,再改为备忘录方法优化时间性能。这里用 needs 表示需要购买的剩余物品数量,设 f(needs)为购买 needs 的最优价格,假设 needs$=(x_0, x_1, x_2, x_3, x_4, x_5)$,置 key$=x_5 + x_4*10 + x_3*100 + x_2*1000 + x_1*10000 + x_0*100000$,以 key 作为关键字,采用 unordered_map $<$ int, int $>$ 类型的容器 hmap 存放该问题的解,在递归调用时一旦在 hmap 中找到关键字为 key 的元素,说明该子问题解已经求出,直接返回 hmap$[$key$]$ 即可。对应的程序如下:

```
class Solution {
public:
    int shoppingOffers(vector < int > & price, vector < vector < int >> & special, vector < int > & needs)
    {   unordered_map < int, int > hmap;
        int ans = dfs(price, special, needs, hmap);
        return ans;
    }
    int dfs(vector < int > & price, vector < vector < int >> & special, vector < int > needs,
                    unordered_map < int, int > hmap)
    {   int key = getKey(needs);
        if (hmap[key]) return hmap[key];              //该子问题已经求出时直接返回
        int ans = Sum(price, needs);
        for (int i = 0; i < special.size(); i++)
        {   vector < int > rest = needs;
            if(valid(needs, special[i]))               //大礼包 i 有效时使用一次
            {   for (int j = 0; j < price.size(); j++)
                    rest[j] -= special[i][j];
                ans = min(ans, special[i].back() + dfs(price, special, rest, hmap));
            }
        }
        hmap[key] = ans;
        return ans;
    }
    int getKey(vector < int > needs)                   //将 needs 转换为一个整数(作为关键字)
    {   int key = 0;
        for(int i = 0; i < needs.size(); i++)
            key = key * 10 + needs[i];
        return key;
    }
    bool valid(vector < int > & rest, vector < int > & bagi)   //判断使用一次大礼包 i 是否有效
    {   for (int i = 0; i < rest.size(); i++)
            if (rest[i] < bagi[i])
                return false;
        return true;
```

```
    }
    int Sum(vector < int > & price, vector < int > & rest)      //计算 rest 中所有物品单买的总价格
    {    int sum=0;
         for(int i=0;i < price.size();i++)
             sum+=price[i] * rest[i];
         return sum;
    }
};
```

上述程序提交时通过,执行时间为 36ms,内存消耗为 16.6MB。

8.5.4 LeetCode139——单词拆分

问题描述:给定一个非空字符串 s 和一个包含非空单词的列表 wordDict,判定 s 是否可以被空格拆分为一个或多个在字典中出现的单词。在拆分时可以重复使用字典中的单词。可以假设字典中没有重复的单词。例如,输入 s = "leetcode",wordDict=["leet","code"],输出为 true。解释如下,返回 true 是因为"leetcode"可以被拆分成"leet code"。

要求设计如下函数:

```
class Solution {
public:
    bool wordBreak(string s, vector < string > & wordDict) { }
};
```

解:设计一维 bool 动态规划数组 dp[n+1],dp[j]表示 s[0..j−1](共 j 个字符)是否可以拆分为一个或多个在字典中出现的单词。单词列表 wordDict 采用 unordered_set < string > 哈希集合 hset 表示(查找单词的性能为 $O(1)$)。

初始时置 dp 数组的所有元素为 false。显然 dp[0]=true(认为空串出现在字典中)。用 j 从1到 n 循环,i 从0到 j−1 循环,取出 s[i..j−1]子串,若它出现在 hset 中并且 dp[i]为 true(dp[i]为 true 时表示 s[0..i−1]可以拆分),则说明 s[0..j−1]也可以拆分,置 dp[j]=true。

在求出 dp 数组后,如果 dp[n]为 true,说明 s 可以拆分,否则说明 s 不可以拆分,返回该元素即可。对应的程序如下:

```
class Solution {
public:
    bool wordBreak(string s, vector < string > & wordDict)
    {    unordered_set < string > hset(wordDict.begin(), wordDict.end());
         int n=s.size();
         vector < bool > dp(n+1, false);
         dp[0]=true;
         for (int j=1;j <= n;j++)
         {    for (int i=0;i < j;i++)
              {    string word=s.substr(i,j−i);      //word=s[i..j−1]
                   if (dp[i] && hset.find(word)!=hset.end())
                        dp[j]=true;
              }
         }
         return dp[n];
    }
};
```

上述程序提交时通过,执行时间为 24ms,内存消耗为 14.1MB。

8.5.5 LeetCode377——组合总和Ⅳ

问题描述：给定一个由正整数组成且不存在重复数字的数组，找出和为给定目标正整数的组合的个数。例如，nums＝[1,2,3]，target＝4，所有可能的组合为[1,1,1,1]，[1,1,2]，[1,2,1]，[1,3]，[2,1,1]，[2,2]，[3,1]，顺序不同的序列被视作不同的组合，因此输出为 7。要求设计如下函数：

```
class Solution {
public:
    int combinationSum4(vector < int > & nums, int target) { }
};
```

解：采用动态规划方法求解，类似完全背包问题。对应的程序如下：

```
class Solution {
public:
    int combinationSum4(vector < int > & nums, int target)
    {   vector < int > dp(target+1,0);
        dp[0]=1;
        for (int i=0;i < nums.size();i++)
        {   for (int j=0;j <= target;j++)
            {   if (j >= nums[i])
                    dp[j]=dp[j]+dp[j-nums[i]];
            }
        }
        return dp[target];
    }
};
```

但是在提交时出现执行错误，本题实际上是求排列数，为此将两重 for 循环颠倒过来，这样针对每个 j（$0 \leqslant j \leqslant$ target）求出用 nums 中的全部或者部分元素凑成 j 的元素的排列数，用 dp[j]存储，最后的 dp[target]就是答案。

由于理论上 nums 中的每个元素可以重复任意次，这样 dp[j]可能非常大，甚至大于最大的 int 整数 INT_MAX，这样的 dp[j]没有意义，因此忽略这样的 dp[j]。对应的函数如下：

```
class Solution {
public:
    int combinationSum4(vector < int > & nums, int target)
    {   vector < int > dp(target+1,0);
        dp[0]=1;
        for (int j=0;j <= target;j++)              //类似完全背包问题中遍历背包容量
        {   for (int i=0;i < nums.size();i++)      //类似完全背包问题中遍历物品
            {   if (j-nums[i] >= 0 && dp[j] < INT_MAX-dp[j-nums[i]])
                    dp[j]=dp[j]+dp[j-nums[i]];     //保证 dp[j] < INT_MAX
            }
        }
        return dp[target];
    }
};
```

上述程序提交时通过，执行时间为 4ms，内存消耗为 6.6MB。从中看出，与完全背包问题对比，如果求组合数就是外层 for 循环遍历物品，内层 for 循环遍历背包；如果求排列数就是外层 for 循环遍历背包,内层 for 循环遍历物品。

8.5.6 LeetCode354——俄罗斯套娃信封问题

问题描述:给定一些标记了宽度和高度的信封,宽度和高度以整数对形式(w, h)出现。当另一个信封的宽度和高度都比这个信封大时,这个信封就可以放进另一个信封里,如同俄罗斯套娃一样。请计算最多有多少个信封能组成一组"俄罗斯套娃"信封(即可以把一个信封放到另一个信封里面)。例如,输入 envelopes=$[[5,4],[6,4],[6,7],[2,3]]$,最多信封个数为 3,其组合为 $[2,3]=>[5,4]=>[6,7]$。要求设计如下函数:

```
class Solution {
public:
    int maxEnvelopes(vector < vector < int >> & envelopes) { }
};
```

解:采用动态规划方法,与《教程》8.2.3 节的最长递增子序列问题的思路相同,只是需要先对 envelopes 按宽 w 和高 h 递增排序。同样设置一维动态规划数组 dp,dp$[i]$ 表示以 i 结尾的最长套娃长度,每次更新 dp$[i]$ 为 dp$[0 \sim i-1]$ 里能套上的最大值加 1。对应的程序如下:

```
bool cmp(const vector < int > &s, const vector < int > &t)
{   //按宽度递增排列,如果宽度一样,则按高度递增排列
    if (s[0]==t[0])
        return s[1]<t[1];
    return s[0]<t[0];
}
class Solution {
public:
    int maxEnvelopes(vector < vector < int >> & envelopes)
    {   int n=envelopes.size();
        if (n==0 || n==1) return n;
        sort(envelopes.begin(), envelopes.end(), cmp);
        int dp[n];
        int ans=0;
        for(int i=0;i<n;i++)
        {   dp[i]=1;
            for(int j=0;j<i;j++)
            {   if(envelopes[j][0]<envelopes[i][0] && envelopes[j][1]<envelopes[i][1])
                    dp[i]=max(dp[i],dp[j]+1);
            }
            ans=max(ans,dp[i]);
        }
        return ans;
    }
};
```

上述程序提交时通过,执行时间为 1168ms,内存消耗为 13.4MB。

8.5.7 LeetCode583——两个字符串的删除操作

问题描述:给定两个单词 word1 和 word2(单词的长度不超过 500,单词中的字符只含小写字母),找到使得 word1 和 word2 相同所需的最小步数,每步可以删除任意一个字符串中的一个字符。例如,输入"sea"和"eat",输出为 2,第一步将"sea"变为"ea",第二步将"eat"

变为"ea"。要求设计如下函数：

```
class Solution {
public:
    int minDistance(string word1, string word2) { }
};
```

解：设字符串 a、b 的长度分别为 m、n。设计一个动态规划二维数组 dp，其中 $dp[i][j]$ 表示使得 $a[0..i-1]$（$1 \leqslant i \leqslant m$）与 $b[0..j-1]$（$1 \leqslant j \leqslant n$）相同所需的最小步数。

显然，当 b 为空串时，要删除 a 中的全部字符转换为 b，即 $dp[i][0]=i$（删除 a 中全部 i 个字符，共 i 次操作）；当 a 为空串时，要删除 b 中的全部字符转换为 a，即 $dp[0][j]=j$（删除 b 中全部 j 个字符，共 j 次操作）。

对于非空的情况，当 $a[i-1]=b[j-1]$ 时，这两个字符不需要任何操作，即 $dp[i][j]=dp[i-1][j-1]$。当 $a[i-1] \neq b[j-1]$ 时，以下 3 种操作都可以达到目的：

① 删除 $a[i-1]$ 字符，对应的最小步数是 $dp[i-1][j]+1$，也就是 $dp[i][j]=dp[i-1][j]+1$。

② 删除 $b[j-1]$ 字符，对应的最小步数是 $dp[i][j-1]+1$，也就是 $dp[i][j]=dp[i][j-1]+1$。

③ 同时删除 a 中的 $a[i-1]$ 和 b 中的 $b[j-1]$ 字符，对应的最小步数是 $dp[i-1][j-1]+2$，也就是 $dp[i][j]=dp[i-1][j-1]+2$。

此时 $dp[i][j]$ 取 3 种操作的最小值。所以得到的状态转移方程如下：

$$dp[i][j]=dp[i-1][j-1] \qquad \text{当} \ a[i-1]=b[j-1] \ \text{时}$$
$$dp[i][j]=\min(dp[i-1][j]+1, dp[i][j-1]+1, dp[i-1][j-2]+2) \qquad \text{当} \ a[i-1] \neq b[j-1] \ \text{时}$$

最后得到的 $dp[m][n]$ 即为所求。对应的程序如下：

```
class Solution {
public:
    int minDistance(string word1, string word2)
    {   int m=word1.size();
        int n=word2.size();
        int dp[m+1][n+1];
        memset(dp,0,sizeof(dp));
        for (int i=0;i<=m;i++)
            dp[i][0]=i;
        for (int j=0;j<=n;j++)
            dp[0][j]=j;
        for (int i=1;i<=m;i++)
        {   for (int j=1;j<=n;j++)
            {   if (word1[i-1]==word2[j-1])
                    dp[i][j]=dp[i-1][j-1];
                else
                    dp[i][j]=min(dp[i-1][j-1]+2,min(dp[i-1][j],dp[i][j-1])+1);
            }
        }
        return dp[m][n];
    }
};
```

上述程序提交时通过，执行时间为 12ms，内存消耗为 7.4MB。

8.5.8 LeetCode122——买卖股票的最佳时机Ⅱ

问题描述：给定一个长度为 $n(1 \leqslant n \leqslant 3 \times 10^4)$ 的数组 prices($0 \leqslant \text{prices}[i] \leqslant 10^4$)，它的第 i 个元素是一支给定股票第 i 天的价格。设计一个算法计算所能获取的最大利润。可以尽可能地完成更多的交易(多次买卖一支股票)，注意不能同时参与多笔交易(必须在再次购买前出售掉之前的股票)。例如，输入 prices＝[7,1,5,3,6,4]，输出为7。解释如下，在第2天(股票价格＝1)的时候买入，在第3天(股票价格＝5)的时候卖出，这笔交易所能获得的利润＝5－1＝4。随后，在第4天(股票价格＝3)的时候买入，在第5天(股票价格＝6)的时候卖出，这笔交易所能获得的利润＝6－3＝3。要求设计如下函数：

```
class Solution {
public:
    int maxProfit(vector < int > & prices) { }
};
```

解：采用动态规划方法，利润是从0开始的，利润与当前的持股状态有关，持股状态有两种，即持股和不持股。设置二维动态规划数组 dp，$dp[i][j]$ 表示第 i 天持股状态为 j 时的最大利润，$j=0$ 表示当前不持股，$j=1$ 表示当前持股(最多持股数量为1)。

显然 $dp[0][0]=0$(第0天不持股的最大利润为0)，$dp[0][1]=-\text{prices}[0]$(第0天持股只能是买入股票，其最大利润为 $-\text{prices}[0]$，此时有股票而没有卖出，利润为负数)。

对于 $dp[i][0]$，表示今天(对应第 i 天)不持股，有以下两种情况：

① 昨天(对应第 $i-1$ 天)不持股，今天什么都不做，利润与昨天相同，即 $dp[i][0]=dp[i-1][0]$。

② 昨天持股，今天卖出股票，利润为 $dp[i-1][1]+\text{prices}[i]$，即 $dp[i][0]=dp[i-1][1]+\text{prices}[i]$。

合起来有 $dp[i][0]=\max(dp[i-1][0],dp[i-1][1]+\text{prices}[i])$。

对于 $dp[i][1]$，表示今天(对应第 i 天)持股，有以下两种情况：

① 昨天(对应第 $i-1$ 天)持股，今天什么都不做，利润与昨天相同，即 $dp[i][1]=dp[i-1][1]$。

② 昨天不持股，今天买入股票，由于允许多次交易，所以今天的利润就是昨天的利润减去当天买入的股价，即 $dp[i][1]=dp[i-1][0]-\text{prices}[i]$(这是与 LeetCode121——买卖股票的最佳时机问题的唯一差别)。

合起来有 $dp[i][1]=\max(dp[i-1][1],dp[i-1][0]-\text{prices}[i])$。

对应的状态转移方程如下：

$$dp[0][0]=0$$
$$dp[0][1]=-\text{prices}[0]$$
$$dp[i][0]=\max(dp[i-1][0],dp[i-1][1]+\text{prices}[i]) \qquad \text{当} i>0 \text{时}$$
$$dp[i][1]=\max(dp[i-1][1],dp[i-1][0]-\text{prices}[i])$$

求出 dp 数组后最大利润就是 $dp[n-1][0]$。对应的程序如下：

```
class Solution {
public:
    int maxProfit(vector < int > & prices)
    {   int n=prices.size();
```

```
        if (n < 2) return 0;
        int dp[n][2];
        dp[0][0]=0;
        dp[0][1]=-prices[0];
        for (int i=1;i<n;i++)
        {   dp[i][0]=max(dp[i-1][0], dp[i-1][1]+prices[i]);
            dp[i][1]=max(dp[i-1][1], dp[i-1][0]-prices[i]);
        }
        return dp[n-1][0];
    }
};
```

上述程序提交时通过,执行时间为 8ms,内存消耗为 12.8MB。将每一天看成一个阶段,由于每个阶段仅与前一个阶段相关,所以可采用滚动数组优化空间。对应的程序如下:

```
class Solution {
public:
    int maxProfit(vector < int > & prices)
    {   int n=prices.size();
        if (n < 2) return 0;
        int dp[2];
        dp[0]=0;
        dp[1]=-prices[0];
        for (int i=1;i<n;i++)
        {   dp[0]=max(dp[0], dp[1]+prices[i]);
            dp[1]=max(dp[1], dp[0]-prices[i]);
        }
        return dp[0];
    }
};
```

上述程序提交时通过,执行时间为 8ms,内存消耗为 12.7MB。

8.5.9 HDU2602——收集物品

问题描述:一个物品收集者有一个体积为 V 的大袋子,在他收集的过程中收集了很多物品,显然不同的物品具有不同的价值和不同的体积,现在给定每个物品的价值,请计算出物品收集者可以得到的总价值的最大值。

输入格式:第一行包含一个整数 T,表示测试用例的个数。接下来是 T 个测试用例,每个测试用例 3 行,第一行包含两个整数 N 和 $V(N \leqslant 1000, V \leqslant 1000)$,分别表示物品的数量和袋子的体积;第二行包含 N 个整数,表示每个物品的价值;第三行包含 N 个整数,表示每个物品的体积。

输出格式:每个测试用例输出一行包含一个整数,表示放入袋子的物品的最大价值(该整数小于 2^{31})。

输入样例:

```
1
5 10
1 2 3 4 5
5 4 3 2 1
```

输出样例:

14

解：本题属于典型的 0/1 背包问题，其原理参见《教程》8.6.1 节的 0/1 背包问题的求解过程。对应的程序如下：

```cpp
#include<iostream>
#include<cstring>
#include<algorithm>
using namespace std;
#define INF 0x3f3f3f3f
#define MAXN 1010
int n,W;
int w[MAXN];
int v[MAXN];
int dp[MAXN][MAXN];                              //二维动态规划数组
int Knap()                                        //用动态规划法求 0/1 背包问题
{   memset(dp,0,sizeof(dp));
    for (int i=1;i<=n;i++)
    {   for (int r=0;r<=W;r++)
        {   if (r<w[i-1])
                dp[i][r]=dp[i-1][r];
            else
                dp[i][r]=max(dp[i-1][r],dp[i-1][r-w[i-1]]+v[i-1]);
        }
    }
    return dp[n][W];
}
int main()
{   int t;
    scanf("%d",&t);
    while(t--)
    {   scanf("%d%d",&n,&W);
        for(int i=0;i<n;i++)
            scanf("%d",&v[i]);
        for(int i=0;i<n;i++)
            scanf("%d",&w[i]);
        int ans=Knap();
        printf("%d\n",ans);
    }
    return 0;
}
```

上述程序提交时通过，执行时间为 62ms，内存消耗为 5736KB。采用滚动数组优化空间的程序如下：

```cpp
#include<iostream>
#include<cstring>
#include<algorithm>
using namespace std;
#define INF 0x3f3f3f3f
#define MAXN 1010
int n,W;
int w[MAXN];
int v[MAXN];
int Knap2()                                        //改进算法
```

```
{   int dp[MAXN];                           //一维动态规划数组
    memset(dp, 0, sizeof(dp));              //置边界情况
    for (int i=1; i<=n; i++)
    {   for (int r=W; r>=w[i-1]; r--)       //r按1到W的逆序排列(重点)
            dp[r]=max(dp[r], dp[r-w[i-1]]+v[i-1]);
    }
    return dp[W];
}
int main()
{   int t;
    scanf("%d", &t);
    while(t--)
    {   scanf("%d%d", &n, &W);
        for(int i=0; i<n; i++)
            scanf("%d", &v[i]);
        for(int i=0; i<n; i++)
            scanf("%d", &w[i]);
        int ans=Knap2();
        printf("%d\n", ans);
    }
    return 0;
}
```

上述程序提交时通过,执行时间为 46ms,内存消耗为 1736KB。

8.5.10 HDU1114——存钱罐

问题描述:有一个存钱罐可以放入各种硬币,已知存钱罐为空和装满硬币的重量,以及各种硬币的金额和重量,求存钱罐装满时的最小金额。

输入格式:输入由 T 个测试用例组成,开头的一行输入 T。每个测试用例的第一行包含两个整数 E 和 $F(1 \leqslant E \leqslant F \leqslant 10000)$,分别表示存钱罐为空和装满硬币的重量,均以克为单位,任何硬币的重量都不会超过 10kg。第二行包含一个整数 $N(1 \leqslant N \leqslant 500)$,给出了各种硬币的数量,紧随其后有 N 行,每行指定一种硬币类型,这些行分别包含两个整数 W 和 $P(1 \leqslant P \leqslant 50000, 1 \leqslant W \leqslant 10000)$,$P$ 是硬币金额,W 是以克为单位的重量。

输出格式:每个测试用例输出一行,该行包含"The minimum amount of money in the piggy-bank is X.",其中 X 是使用给定总重量的硬币可以获得的最小金额。如果无法精确达到给定总重量的金额,则输出"This is impossible."。

输入样例:

```
3
10 110
2
1 1
30 50
10 110
2
1 1
50 30
1 6
2
10 3
```

20 4

输出样例：

The minimum amount of money in the piggy—bank is 60.
The minimum amount of money in the piggy—bank is 100.
This is impossible.

解：E 和 F 分别表示存钱罐为空和装满硬币的重量，硬币重量 $W=F-E$，题目是求能否选择各种类型的硬币（每种硬币可以放入多个）恰好将存钱罐装满。在上述第 3 个测试用例中，$W=6-1=5$，两种类型的硬币重量分别是 3 和 4，无论如何都不可能选择重量为 W 的硬币。所以题目类似完全背包问题，判断背包容器为 W 时是否有解，如果有解求最小价值。

采用《教程》8.6.2 节的改进算法，只是这里不是求最大价值，而是求最小价值，所以初始化 dp 数组的所有元素为 ∞，将求最大值改为求最小值。对应的程序如下：

```cpp
#include <iostream>
#include <algorithm>
#include <cstring>
using namespace std;
#define MAXN 502
#define MAXW 10002
#define INF 0x3f3f3f3f
int w[MAXN],v[MAXN];
int dp[MAXW];                           //一维动态规划数组
int N,W;
int completeKnap()                      //求最小价值的完全背包问题的算法
{   memset(dp,0x3f,sizeof(dp));
    dp[0]=0;
    for (int i=1;i<=N;i++)
    {   for (int r=w[i-1];r<=W;r++)
            dp[r]=min(dp[r],dp[r-w[i-1]]+v[i-1]);
    }
    return dp[W];
}
int main()
{   int T,E,F;
    scanf("%d",&T);
    while (T--)
    {   scanf("%d%d",&E,&F);
        W = F-E;
        scanf("%d",&N);
        for (int i=0;i<N;i++)
            scanf("%d%d",&v[i],&w[i]);
        int ans=completeKnap();
        if (ans<INF)                    //有解
            cout << "The minimum amount of money in the piggy—bank is "
                << dp[W] <<"."<< endl;
        else                            //无解
            cout << "This is impossible." << endl;
    }
    return 0;
}
```

上述程序提交时通过，执行时间为 62ms，内存消耗为 1848KB。

8.5.11 HDU2044——一只小蜜蜂

问题描述：有一只经过训练的蜜蜂只能爬向右侧相邻的蜂房，不能反向爬行。请编程计算蜜蜂从蜂房 a 爬到蜂房 b 的可能路线数。其中蜂房的结构如图 8.8 所示。

输入格式：输入数据的第一行是一个整数 t，表示测试用例的个数，然后是 t 行数据，每行包含两个整数 a 和 $b(0 < a < b < 50)$。

图 8.8 蜂房的结构

输出格式：对于每个测试实例，请输出蜜蜂从蜂房 a 爬到蜂房 b 的可能路线数，每个实例的输出占一行。

输入样例：

```
2
1 2
3 6
```

输出样例：

```
1
3
```

解：在一个蜂房结构中每个蜂房有一个 $1 \sim n$ 的编号 $(n \leqslant b < 50)$，设 $f(a,b)$ 表示从蜂房 a 爬到蜂房 b 的可能路线数。对于蜂房 b，只有 $b-1$ 和 $b-2$ 两个蜂房一步爬到蜂房 b，所以有 $f(a,b) = f(a,b-1) + f(a,b-2)$。另外考虑特殊情况：

① 从蜂房 a 爬到蜂房 $a+1$ 只有一条路线，即 $b = a+1$ 时 $f(a,b) = 1$。

② 从蜂房 a 爬到蜂房 $a+2$ 有两条路线（直接从蜂房 a 爬到蜂房 $a+2$，从蜂房 a 经过蜂房 $a+1$ 爬到蜂房 $a+2$），即 $b = a+2$ 时 $f(a,b) = 2$。

采用动态规划方法，设计二维动态规划数组 dp，dp$[i][j]$ 存放 $f(i,j)$ 值。由于 a、b 的值不大，先求出 dp 数组，对于查询 a、b，返回 dp$[a][b]$ 即可。对应的程序如下：

```cpp
#include <iostream>
#include <cstring>
using namespace std;
typedef long long LL;
#define MAXN 55
LL dp[MAXN][MAXN];                    //二维动态规划数组
LL getdp(int a, int b)                //求 dp 数组
{    if(b==a+1) return 1;
     if(b==a+2) return 2;
     else return dp[a][b-1]+dp[a][b-2];
}
int main()
{    memset(dp,0,sizeof(dp));
     for(int i=1;i<MAXN;i++)
     {    for(int j=i+1;j<MAXN;j++)
               dp[i][j]=getdp(i,j);
     }
     int t;
     scanf("%d",&t);
     for(int i=0;i<t;i++)
```

```
{   int a, b;
    scanf("%d%d", &a, &b);
    printf("%lld\n", dp[a][b]);
}
return 0;
}
```

上述程序提交时通过,执行时间为15ms,内存消耗为1756KB。

8.5.12 POJ1050——最大子矩形和

问题描述见3.3.8节,这里采用动态规划求解。

解:将该问题转换为求一个序列的最大子序列和。设计一维动态规划数组dp,dp[j]表示右下角列号为j的最大子矩阵和。如同求最大子序列和时不必关心子序列的起始位置一样,这里不关心子矩阵的左上角列号,另外定义一个一维临时数组tmp,tmp[j]表示左上角为($i1, *$)、右下角为($i2, j$)的子矩阵和。

$i1$从0到$N-1$循环,初始化tmp数组的所有元素为0,$i2$从$i1$到$N-1$循环(通过$i1$和$i2$两重循环枚举所有子矩阵的起始和终止行号),j从0到$N-1$循环(枚举所有子矩阵的终止列号),通过执行tmp[j]+=a[$i2$][j]求出子矩阵和tmp[j]。对于每个$i1$,求出对应的tmp数组,显然tmp[j]就是左上角为($i1, *$)、右下角为($i2, j$)的子矩阵和,此时采用求最大子序列和的方式求出最大的dp[j],其过程是当$j=0$时置dp[0]=tmp[0],否则置dp[j]=max(dp[$j-1$]+tmp[j], tmp[j])。当$i1$循环完毕,dp[j]为所有右下角列号为j的最大子矩阵和,其中的最大值就是最大子矩阵和。对应的程序如下:

```
# include < iostream >
# include < cstring >
using namespace std;
# define INF 0x3f3f3f3f
# define MAXN 110
int main()
{   int N;
    int a[MAXN][MAXN];
    int dp[MAXN];                              //一维动态规划数组
    int tmp[MAXN];
    int ans=-INF;
    scanf("%d", &N);                           //本题只有一个测试用例
    for(int i=0;i < N;i++)                      //接受输入
    {   for(int j=0;j < N;j++)
            scanf("%d", &a[i][j]);
    }
    for(int i1=0;i1 < N;i1++)
    {   memset(tmp, 0, sizeof(tmp));            //每个i1均初始化tmp元素为0
        for(int i2=i1;i2 < N;i2++)
        {   for(int j=0;j < N;j++)
            {   tmp[j] += a[i2][j];            //求i1~i2行终止列号为j的子矩阵和
                if(j==0)
                    dp[0]=tmp[0];
                else
```

```
            dp[j]=max(dp[j-1]+tmp[j],tmp[j]);
            ans=max(ans,dp[j]);
        }
    }
}
printf("%d\n",ans);
return 0;
}
```

上述程序提交时通过,执行时间为 16ms,内存消耗为 144KB。

8.5.13　POJ1157——花店

问题描述:一个花店有 F 束花,每束都是不同种类的,由 $1\sim F$ 的整数唯一标识;有 V 个花瓶,从左到右依次编号为 1 到 V,花瓶 1 是最左边的,花瓶 V 是最右边的,每束花放在不同花瓶中的美观分是不同的。假设 $F=3,V=5$,表 8.3 给出了鲜花放在不同花瓶中的美观分,从中看出杜鹃花放在花瓶 2 中是很棒的,但放在花瓶 4 中很糟糕。现在按花束编号的顺序(当 $i<j$ 时,花束 i 必须放在花束 j 的花瓶左侧的花瓶中)将所有花束放入花瓶,空花瓶的美观分为 0。求所有花束放入花瓶中的最大美观分。

表 8.3　鲜花放在不同花瓶中的美观分

花束	花瓶				
	1	2	3	4	5
1(杜鹃花)	7	23	-5	-24	16
2(海棠)	5	21	-4	10	23
3(康乃馨)	-21	5	-4	-20	20

输入格式:第一行包含两个整数 $F(1\leqslant F\leqslant 100)$ 和 $V(F\leqslant V\leqslant 100)$。以下 F 行每一行都包含 V 个整数,$A_{ij}(-50\leqslant A_{ij}\leqslant 50)$ 作为输入文件第 $i+1$ 行上的第 j 个数字给出,A_{ij} 是将花束 i 放入花瓶 j 中获得的美观分。

输出格式:在一行中输出最大的美观分。

输入样例:

```
3 5
7 23 -5 -24 16
5 21 -4 10 23
-21 5 -4 -20 20
```

输出样例:

```
53
```

解:该问题类似 0/1 背包问题,但由于花瓶可以为空,所以更复杂一些。为了统一,将花束和花瓶的编号均改为从 0 开始,设计二维动态规划数组 dp,其中 dp[i][j] 表示(花束 0,花束 1,…,花束 i)放入 j 个花瓶中所获得的最大美观分。初始时花束 0 放入 j 个花瓶中所获得的最大美观分为 a[0][j](因为一个花束可以放入 j 个花瓶的任何花瓶中)。

考虑花束 $i-1(i>0)$,它可能放在 $j\in[i-1,V-1]$ 的花瓶中,由于 $i\leqslant j$,可能有以下多种放入花瓶的方法。

① 将花束 $i-1$ 放入花瓶 $i-1$ 中,对应的美观分为 $dp[i-1][i-1]+a[i][j]$。

② 将花束 $i-1$ 放入花瓶 i 中,对应的美观分为 $dp[i-1][i]+a[i][j]$。

③ 将花束 $i-1$ 放入花瓶 $j-1$ 中,对应的美观分为 $dp[i-1][j-1]+a[i][j]$。

在上述所有的情况中取最大值得到 $dp[i][j]$,如图 8.9 所示。

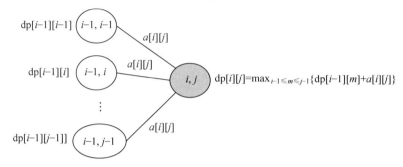

图 8.9 花店问题的状态转移图

在求出 dp 数组后,$dp[F-1][F-1..V-1]$(因为 $V>F$ 时有些花瓶为空)中的最大值就是答案。对应的程序如下:

```cpp
# include < iostream >
# include < algorithm >
using namespace std;
# define INF 0x3f3f3f3f
# define MAXN 110
int a[MAXN][MAXN];
int dp[MAXN][MAXN];
int main()
{   int F,V;
    scanf("%d%d", &F, &V);
    for(int i=0;i < F;i++)
    {   for(int j=0;j < V;j++)
            scanf("%d", &a[i][j]);
    }
    for(int j=0;j < V;j++)
        dp[0][j]=a[0][j];                    //初始化
    for(int i=1;i < F;i++)
    {   for(int j=i;j < V;j++)               //花瓶 j 的所有可能取值
        {   dp[i][j]=-INF;                   //初始化为最小值
            for(int m=i-1;m < j;m++)         //试探将花束 i 放入各种花瓶 j
                dp[i][j]=max(dp[i][j],dp[i-1][m]+a[i][j]);     //取其中的最大值
        }
    }
    int ans=dp[F-1][V-1];
    for(int i=V-1;i >= F-1;i--)
        ans=max(ans,dp[F-1][i]);
    printf("%d\n",ans);
    return 0;
}
```

上述程序提交时通过,执行时间为 16ms,内存消耗为 188KB。

8.5.14 POJ1159——回文

问题描述:回文是对称的字符串,即从左到右以及从右到左读法相同的字符串。请编写一个程序,在给定一个字符串的情况下确定使其变为回文要插入的最少字符个数。例如,在字符串"Ab3bd"中插入两个字符可以变为回文("dAb3bAd"或"Adb3bdA"),插入少于两个字符不会变为回文。

输入格式:输入的第一行为表示字符串长度的整数 $n(3 \leqslant n \leqslant 5000)$,第二行包含一个长度为 n 的字符串,该字符串由从'A'到'Z'的大写字母、从'a'到'z'的小写字母和从'0'到'9'的数字字符组成,其中大写和小写字母被认为是不同的。

输出格式:输出一行包含一个整数,它是所需插入的最少字符个数。

输入样例:

5
Ab3bd

输出样例:

2

解:输入包含 n 个字符的字符串 a,由其逆序得到字符串 b,采用动态规划方法求出 a 和 b 的最大公共子串的个数 m,返回 $n-m$ 即可。对应的程序如下:

```cpp
#include <iostream>
#include <cstring>
#include <algorithm>
using namespace std;
#define MAXN 5010
char a[MAXN];
char b[MAXN];
short dp[MAXN][MAXN];
int maxlen(int n)
{   memset(dp, 0, sizeof(dp));
    for(int i=1;i<=n;i++)
    {   for(int j=1;j<=n;j++)
        {   if(a[i-1]==b[j-1])
                dp[i][j]=dp[i-1][j-1]+1;
            else
                dp[i][j]=max(dp[i-1][j],dp[i][j-1]);
        }
    }
    return dp[n][n];
}
int main()
{   int n;
    scanf("%d",&n);
    scanf("%s",a);
    for(int i=n-1;i>=0;i--)
        b[n-1-i]=a[i];
    printf("%d\n",n-maxlen(n));
    return 0;
}
```

上述程序提交时通过,执行时间为 1079ms,内存消耗为 49276KB。

8.5.15 POJ1243——猜价格游戏

问题描述:在猜价格游戏中只有一个玩家,玩家允许进行 $G(1 \leqslant G \leqslant 30)$ 次猜测并有

$L(0\leqslant L\leqslant30)$个生命分。玩家每次猜测后都会被告知猜对、过低或过高。如果猜测正确,则参赛者获胜,否则会用掉一次猜测。此外,如果猜测太高,也会失去一个生命分。当玩家的所有猜测次数用完或猜测太高并且没有生命分时,他就输了。另外,所有价格都是正整数。

事实证明,给定一对特定的G和L值,对于某些价格N,如果价格在$1\sim N$(含),则玩家可以保证获胜。组织者不希望每个玩家都赢,所以必须确保实际价格超过N,同时也不希望比赛难度太大或者没有足够的赢家来吸引玩家,因此希望根据实际价格调整G和L的值。为了帮助组织者确定G和L的正确值,请解决以下问题:给定G和L,求只要价格在$1\sim N$(含),按照该策略就可以获胜的最大N是多少。

输入格式:输入包含几个测试用例,每个测试用例包含两个整数G和L,用一个空格隔开。输入$G=L=0$表示结束。

输出格式:对于每个测试用例,输出一行的格式为"Case c: N",其中c是测试用例的编号(从1开始),N是计算出的数字。

输入样例:

```
3 0
3 1
10 5
7 7
0 0
```

输出样例:

```
Case 1: 3
Case 2: 6
Case 3: 847
Case 4: 127
```

解: 例如,$G=3$,$L=0$时,保证玩家获胜的最大N值是3,因为玩家从1开始可以猜测3次,分别猜价格为1、2、3即可获胜。设计二维动态规划数组dp,其中dp$[i][j]$表示玩家做i次猜测并有j个生命分时保证玩家获胜的最大N值。对于任何$i(1\leqslant i\leqslant30)$,如果生命分为0,则不能猜太高的价格,最大$N$值就是$i$。

考虑第i次猜测,若$i<j$,第i次猜测不影响结果(因为即使猜高了也有足够的生命分可以消耗),则dp$[i][j]$=dp$[i-1][j]$。若$i\geqslant j$,假设第i次猜测的价格是k,分为以下3种情况:

① 如果猜低了,说明正确答案比k大,正确答案位于$[k+1,\infty]$,消耗一次猜测,没有消耗生命分。假设已经知道了dp$[i-1][j]$,那么答案只能出现在$[k+1,$dp$[i-1][j]+k]$范围内,才能保证一定猜到它。

② 如果猜高了,说明正确答案比k小,正确答案位于$[1,k-1]$,消耗一次猜测,消耗一个生命分。假设已经知道了dp$[i-1][j-1]$,那么为了最大化,必定有dp$[i-1][j-1]=k-1$,即$k=$dp$[i-1][j-1]+1$。

③ 如果猜对了玩家获胜,结束。

所以第i次猜测可以确定正确答案的范围是$[1,$dp$[i-1][j]+k]$,取最大值得到dp$[i][j]=$dp$[i-1][j]+k=$dp$[i-1][j]+$dp$[i-1][j-1]+1$。

求出dp数组后,dp$[G][L]$就是最大的N。由于G、L的值不超过31,先按MAXN=35求

出所有的 dp 数组元素,对于每个测试用例直接输出 dp[G][L]即可。对应的程序如下:

```cpp
#include<iostream>
using namespace std;
#define MAXN 35
using namespace std;
int dp[MAXN][MAXN];
int main()
{   for(int i=1;i<=MAXN;i++)
    {   dp[i][0]=i;
        for(int j=1;j<=MAXN;j++)
        {   if(i<j)
                dp[i][j]=dp[i][j-1];
            else
                dp[i][j]=dp[i-1][j]+dp[i-1][j-1]+1;
        }
    }
    int G,L,cas=0;
    while(scanf("%d%d",&G,&L))
    {   if(G==0 && L==0) break;
        printf("Case %d: %d\n", ++cas,dp[G][L]);
    }
    return 0;
}
```

上述程序提交时通过,执行时间为 0ms,内存消耗为 104KB。

8.5.16 POJ3311——送比萨

问题描述:某个比萨店(编号为 0)接到 n 个订单(编号为 1~n),求比萨店交付所有订单的最短时间。

输入格式:输入包含多个测试用例。每个测试用例的第一行是表示订单数量的整数 n($1 \leq n \leq 10$),接下来是 $n+1$ 行,每行包含 $n+1$ 个整数,第 i 行上的第 j 个整数表示从订单 i 位置直接到达订单 j 位置而不沿途访问任何其他位置的时间。注意,由于不同的速度限制、交通灯等,可能有更快的方式从订单 i 位置经由其他位置到达订单 j 位置。此外,时间值可能不对称,即从订单 i 位置直接前往订单 j 位置的时间可能与直接从订单 j 位置到订单 i 位置的时间不同。以输入 $n=0$ 结束。

输出格式:对于每个测试用例,输出一个整数表示比萨店交付所有订单的最短时间。

输入样例:

```
3
0 1 10 10
1 0 1 2
10 1 0 10
10 2 10 0
0
```

输出样例:

```
8
```

解: n 个顶点的编号为 1~n,题目就是求从顶点 0 出发经过这 n 个顶点回到顶点 0 的最短路径长度(最短时间)。由于顶点 i 到顶点 j 的直接路径不一定是最短的,所以先采用

Floyd 算法求出所有 $n+1$ 个顶点之间的最短路径长度,存放在二维数组 dist 中,剩下的问题就是 TSP 旅行商问题了。

采用动态规划法求解 TSP 问题,设计二维动态规划数组 dp,其中 $dp[S][i]$(S 为顶点集合)表示从顶点 0 出发经过 S 中所有顶点到达顶点 i 的最短路径长度(不含顶点 i 到顶点 0 的回边长度)。对应的状态转移方程如下:

$$dp[0][0]=0;$$
$$dp[S][i]=\min\{dp[state][i], dist[0][i]\} \qquad 若 S=\{i\}$$
$$dp[S][i]=\min_{S1=S-\{i\}, j\in S1}\{dp[S][i], dp[S1][j]+dist[j][i]\} \qquad 若 i\in S$$

当求出 dp 数组后,令 $S=\{1,2,\cdots,n\}$,则 $\min_{1\leqslant i\leqslant n}\{dp[S][i]+dist[i][0]\}$ 就是题目的答案。由于 n 的最大值为 10,S 可以采用《教程》6.4.6 节的二进制表示形式,只是这里顶点编号为 $1\sim n$,二进制的位操作如下:

① $S=\{1,2,\cdots,n\}$ 对应 n 个 1,即 S 为 $(1\ll n)-1$。
② 若 $S\&(1\ll(i-1))$ 为 true,表示顶点 i 在 S 中,否则表示顶点 i 不在 S 中。
③ 从 S 中删除顶点 i 得到 S_1 的操作是 $S_1=S\^(1\ll(i-1))$。

对应的程序如下:

```cpp
#include<iostream>
#include<algorithm>
using namespace std;
#define INF 0x3f3f3f3f
#define MAXN 15
int dist[MAXN][MAXN];
int dp[1<<MAXN][MAXN];                   //二维动态规划数组
int n;
void Floyd()                             //Floyd算法求n+1个顶点间最短路径长度
{    for(int k=0;k<=n;k++)
{    for(int i=0;i<=n;i++)
{    for(int j=0;j<=n;j++)
{    if(dist[i][j]>dist[i][k]+dist[k][j])
dist[i][j]=dist[i][k]+dist[k][j];
}
}
}
}

void solve()                             //用动态规划算法求dp
{    for(int i=0;i<=n;i++)               //初始化
{    for(int state=0;state<(1<<n);state++)
dp[state][i]=INF;                //均设置为∞
}
dp[0][0]=0;
for(int S=1;S<(1<<n);S++)
{    for(int i=1;i<=n;i++)           //顶点i从1到n循环
{    if(S & (1<<(i-1)))          //顶点i在S中
{    if(S==(1<<(i-1)))       //S中只有一个顶点i
dp[S][i]=min(dp[S][i],dist[0][i]);
else                    //S中有多个顶点
{    int S1=S^(1<<(i-1));    //从S中删除顶点i得到S1
for(int j=1;j<=n;j++)
{    if(S1 & (1<<(j-1)))    //顶点j在S1中
dp[S][i]=min(dp[S][i],dp[S1][j]+dist[j][i]);
```

```
                    }
                }
            }
        }
    }
}
int main()
{   while(scanf("%d",&n)!=EOF && n!=0)
    {   for(int i=0;i<=n;i++)                      //接受输入
        {   for(int j=0;j<=n;j++)
            scanf("%d",&dist[i][j]);
        }
        Floyd();                                    //调用 Floyd 算法
        solve();                                    //求 dp
        int ans=INF;
        for(int i=1;i<=n;i++)                       //求答案
            ans=min(ans,dp[(1<<n)-1][i]+dist[i][0]);
        printf("%d\n",ans);                         //输出答案
    }
    return 0;
}
```

上述程序提交时通过,执行时间为 $0ms$,内存消耗为 $164KB$。

第9章 NP完全问题

9.1 单项选择题及其参考答案

1. 下面的说法错误的是_____。
   A. 可以用确定性算法在运行多项式时间内得到解的问题属于 P 类问题
   B. NP 问题是指可以在多项式时间内验证一个解的问题
   C. 所有的 P 类问题都是 NP 问题
   D. NP 完全问题不一定属于 NP 问题

   答：NP 完全问题一定属于 NP 问题。答案为 D。

2. 求单源最短路径的 Dijkstra 算法属于_____。
   A. P 类问题　　　　　　　　　　　　B. NP 类问题

   答：求单源最短路径的 Dijkstra 算法的时间复杂度为 $O(n^2)$，它是多项式级的算法,属于 P 类问题。答案为 A。

3. 快速排序算法属于_____。
   A. P 类问题　　　　　　　　　　　　B. NP 类问题

   答：快速排序算法的时间复杂度为 $O(n\log_2 n)$，它是多项式级的算法,属于 P 类问题。答案为 A。

4. 求子集和算法属于_____。
   A. P 类问题　　　　　　　　　　　　B. NP 完全问题

   答：求子集和算法的时间复杂度为 $O(2^n)$，它是非多项式级的算法,可以证明属于 NP 完全问题。答案为 B。

5. 求全排列算法属于_____。

    A. P 类问题   B. NP 完全问题

答：求全排列算法的时间复杂度为 $O(n!)$，它是非多项式级的算法，可以证明属于 NP 完全问题。答案为 B。

9.2 问答题及其参考答案

1. 简述 P 类问题和 NP 类问题的不同点。

答：一个判断问题Ⅱ如果可以用一个确定性算法在多项式时间内判定或者解出，则该判断问题属于 P 类问题。

    一个判断问题Ⅱ如果可以用一个确定性算法在多项式时间内检测或者验证它的解，则该判断问题属于 NP 类问题。

2. 简述为什么说 NP 完全问题是最难问题。

答：如果对所有的Ⅱ$'\in$NP，Ⅱ$'\leqslant_p$Ⅱ，则称Ⅱ是 NP 难的。NP 完全问题的定义是如果Ⅱ是 NP 难的并且Ⅱ$\in$NP 类问题，则Ⅱ是 NP 完全问题。从中看出，NP 完全问题不会比 NP 类问题中的任何问题容易，反过来可以说 NP 完全问题是 NP 类问题中最难的问题。

3. 证明求两个 m 行 n 列的二维整数矩阵相加问题属于 P 类问题。

答：C＝A＋B 的确定性算法如下。

```
void add( vector < int > &A, vector < int > &B, vector < int > &C)
{   int m＝A. size();
    int n＝A[0]. size();
    for(int i＝0;i < m;i++)
    {    for(int j＝0;j < n;j++)
              C[i][j]＝A[i][j]＋B[i][j];
    }
}
```

上述算法是多项式时间算法，所以该问题属于 P 类问题。

4. 给定一个整数序列 a，求 a 中所有元素是否都是唯一的，写出对应的判定问题。

答：对应的判定问题是，一个整数序列 a 中存在两个相同的元素吗？

5. 证明 0/1 背包问题属于 NP 类问题。

证明：0/1 背包问题的判定问题是，对于正整数 W 和 C，问能否在背包中装入总重量不超过 W 且总价值不少于 C 的物品？

    如果以 W 作为背包总重量的一个实例求出的最大价值为 c，容易建立一个确定性算法来验证 c 是否确实是一个解，若 $c \geqslant C$ 则回答 yes。所以 0/1 背包问题属于 NP 类问题。

6. 顶点覆盖问题是这样描述的，给定一个无向图 $G=(V,E)$，求 V 的一个最小子集 V' 的大小，使得如果 $(u,v) \in E$，则有 $u \in V'$ 或者 $v \in V'$，或者说 E 中的每一条边至少有一个顶

点属于 V'。写出对应的判定问题 VCOVER。

答：顶点覆盖判定问题 VCOVER 是给定无向图 $G=(V,E)$ 和一个正整数 k，问 G 中是否存在大小为 k 的子集 V'，使得 E 中的每一条边至少有一个顶点属于 V'？

7. 利用团集判断问题 CLIQUE 是 NP 完全问题证明第 6 题的 VCOVER 问题属于 NP 完全问题。

证明：这里主要证明 CLIQUE $\leqslant_p$ VCOVER 成立。

对于含 n 个顶点的无向图 $G=(V,E)$，假设有一个大小为 k 的团集 V'，构造 G 的补图 $G'=(V,E'),E'=\{(u,v)|u,v\in V\ 且\ (u,v)\notin E\}$。

首先证明 $V-V'$ 是图 G' 的顶点覆盖。任意给 $(u,v)\in E'$，则 $(u,v)\notin E$，由于 V' 中任意一对顶点都是相连的，因而 u 或者 v 至少有一个顶点不在 V' 中，否则与 $(u,v)\notin E$ 矛盾。也就是说 u 或者 v 至少有一个顶点在 $V-V'$ 中，因此边 (u,v) 被集合 $V-V'$ 覆盖，从而 E 中任意一条边都被 $V-V'$ 覆盖。因此 $V-V'$ 是图 $G'=(V,E')$ 的一个顶点覆盖，并且其大小为 $n-k$。

反过来，假设图 $G'=(V,E')$ 有一个大小为 $n-k$ 的顶点覆盖，对于任意的 $u,v\in V$，如果 $(u,v)\in E'$，则 $u\in V'$，或者 $v\in V'$，或者均在 V' 中。反过来，对于任意的 $u,v\in V$，如果 $u\notin V'$ 且 $v\notin V'$，则 $(u,v)\in E$，这意味着 $V-V'$ 构成图 G 的一个完全子图，其大小为 $n-|V'|=k$。

上述由 G 构造 G' 是多项式时间，所以有 CLIQUE $\leqslant_p$ VCOVER，所证成立。

8. 利用 VCOVER 是 NP 完全问题证明团集判断问题 CLIQUE 是 NP 完全问题。

证明：这里主要证明 VCOVER $\leqslant_p$ CLIQUE 成立。

对于含 n 个顶点的无向图 $G=(V,E)$，假设有一个大小为 k 的顶点覆盖 V'，构造 G 的补图 $G'=(V,E'),E'=\{(u,v)|u,v\in V\ 且\ (u,v)\notin E\}$。

V' 中有 k 个顶点，则 G 中任何一条边至少有一个顶点在 V' 中，这样 $V-V'$ 含 $n-k$ 个顶点，并且 $V-V'$ 中的顶点在 G 中不存在边，则它们在 G' 中都存在边，构成一个大小为 $n-k$ 的团集。假设 $V-V'$ 不是 G' 的大小为 $n-k$ 的团集，则 $V-V'$ 中存在顶点对 (u,v) 在 G' 中没有边，那么这条边就在 G 中，但由于 u 和 v 都不在 V' 中，故产生矛盾，假设不成立。

反过来，如果 $V-V'$ 是 G' 中一个大小为 $n-k$ 的团集，则 V' 是 G 的一个大小为 k 的覆盖。假设 (u,v) 是 G 中的边，但没有被 V' 覆盖，则 u 和 v 都在 $V-V'$ 中，但边 (u,v) 不在 G' 中，故产生矛盾。

上述由 G 构造 G' 是多项式时间，所以有 VCOVER $\leqslant_p$ CLIQUE，所证成立。